普通高等教育“十三五”规划教材
新能源科学与工程专业系列教材

新能源光伏发电及控制

李天福　钱　斌
潘启勇　胡雷振　编著

科学出版社
北　京

内容简介

本书以光伏发电系统及其能量变换的控制技术为主要研究对象，在简要介绍太阳能辐射和太阳电池的基础上，全面、深入地介绍光伏阵列发电、储电、光伏最大功率点跟踪、光伏控制器、并网逆变器技术及光伏发电系统的构成、设计、仿真等内容。全书共8章，第1、2章为太阳能和发电系统总体知识，第3、4章介绍光伏发电和储电，第5～7章介绍光伏能量控制和变换技术，第8章为光伏发电系统的设计、工程与管理知识。

本书可作为高等学校新能源科学与工程专业的本科生教学用书，也可作为高等职业院校光伏新能源及相近专业的教学参考书，还可作为从事光伏产业的工程技术人员、管理人员的岗前培训和技术参考书。

图书在版编目(CIP)数据

新能源光伏发电及控制/李天福等编著. —北京：科学出版社，2017.9
普通高等教育“十三五”规划教材·新能源科学与工程专业系列教材
ISBN 978-7-03-054530-5

Ⅰ. ①新… Ⅱ. ①李… Ⅲ. ①太阳能光伏发电-高等学校-教材
Ⅳ. ①TM615

中国版本图书馆CIP数据核字(2017)第228960号

责任编辑：余 江 张丽花/责任校对：郭瑞芝
责任印制：张 伟/封面设计：迷底书装

科学出版社出版
北京东黄城根北街16号
邮政编码：100717
http://www.sciencep.com
北京盛通商印快线网络科技有限公司 印刷
科学出版社发行 各地新华书店经销
*
2017年9月第 一 版 开本：720×1000 B5
2019年6月第二次印刷 印张：18 1/4
字数：368 000

定价：58.00元

(如有印装质量问题，我社负责调换)

前　言

电能已成为现代人们生产和日常生活必不可少的能量物质，同时随着社会的飞速发展，电能的供给量可能制约人类的发展和需求，因此开发和利用资源丰富、采集方便、清洁无污染的可再生新能源成为人类的共同愿望。

太阳能是一种清洁、无污染和可再生的自然资源，是人类可以长期依赖的重要能源之一，太阳能的转化利用是全球可再生能源发展战略的重要组成部分。近年来国内外的太阳能研究发展迅速，克服了诸多难题，太阳电池及其利用技术逐渐成熟，为大规模太阳能发电和利用开创了有利的局面。

新能源科学与工程专业作为一个新专业，教材建设是专业建设的重要内容之一，因此，需要编写适合理工类大学新能源专业的太阳能发电与控制技术的教材。常熟理工学院在前期的授课过程中，发现学生虽然学习了一些基础的电路原理、电力电子技术、光伏电池组件等课程，但是无法尽快地将以上课程有效融合，完成对光伏发电系统的开发和应用，甚至面对一些小的光伏供电的应用产品的设计都无法理解或毫无思路。本书就是在前期基础课程的学习基础上，给出条理清晰的分类、多种设计思路、简单实用的设计方案，给初学者快速的入门引导。本书基于教学中的讲稿并结合工程设计中的一些方案整理完成，希望能够对光伏发电与控制技术有一个全面的、基本的知识介绍，对培养专业学生及对从事光伏发电的开发、施工维护的工程技术人员提供帮助。

全书共 8 章，第 1 章为绪论，主要介绍太阳辐射的特点、计算方法，太阳能利用的方法；第 2 章为光伏发电系统，主要介绍离网型、并网型、互补型光伏发电系统的构成和主要特点，为掌握太阳能发电系统和能量变换提供一个全局性的认识；第 3 章为太阳电池阵列，主要介绍光伏组件与阵列产生电能的原理、构成、指标、连接方式、安装方式，光伏出现的问题以及解决办法；第 4 章为储能电池，以铅酸蓄电池为主介绍蓄电池结构、原理、应用以及锂离子电池的特点与保护；第 5 章为最大功率点跟踪，主要介绍最大功率点跟踪原理、跟踪的主要算法、直流-直流变换器常用电路、MPPT 实现的方法；第 6 章为光伏控制器，主要介绍光伏控制器的功能、工作原理、选型与使用要求，光伏控制器的几种设计方案；第 7 章为光伏逆变器，主要介绍逆变器的分类、结构、功能要求，光伏逆变器的控制技术，大功率逆变技术；第 8 章为光伏发电系统设计与工程，主要介绍光伏发电系统的设计方法、光伏电站设备；每章附有思考题。

本书着重讲述光伏发电与电能变换的基本知识和通用技术，也适当地介绍一些最新的理论与方法；在叙述上，尽可能避免繁杂的公式推导，力求简单易懂，直接引出结果；在内容安排上，先总后分，由简入繁，逐步深化，多角度研究。由于光伏发电系统涉及半导体物理、化学、电工技术、电力电子技术、自动控制等多个学科，具有多学科交叉的特点，因此本书适合学习者快速学习基本原理和方法，但也需要具备一定的相关专业知识才可以深入研究和掌握。

本书由常熟理工学院的李天福、钱斌、潘启勇和苏州腾晖光伏技术有限公司的胡雷振编著。淮海工学院的邵理堂、孟春站、刘学东、黄增光以及中国人民解放军重庆通信学院的杨贵恒参与了写作。另外，苏州宇量电池有限公司的毛焕宇博士、卢洪波经理以及众多技术人员和职员，苏州腾晖光伏技术有限公司的领导和技术人员，常熟理工学院的领导和众多教师对本书的写作提供了支持，在此表示衷心感谢。

科学出版社的编辑对本书的出版做了大量的工作，不断的督促和鼓励给了编者压力与动力，使本书得以顺利出版，在此表示衷心感谢。在本书的编写过程中，编者还参阅了大量的文献资料，引用了许多图表、网上的资料，许多文档无法查找原作者，不能在参考文献中一一列出，在此对这些文献资料的作者一并表示衷心的感谢。编者的家人给予大力支持，在此也表示感谢。

限于编者水平，疏漏和不足之处在所难免，恳请同行和读者不吝指正。

编　者

2017 年 5 月

目　　录

第1章　绪　　论

1.1　电力新能源

能源同物质、信息一样，是自然界的基本要素，是指可产生各种能量或可做功的物质的统称，能源也称能量资源或能源资源。

1.1.1　能量的划分

能源种类繁多，根据不同的划分方式，能源也可分为不同的类型。能源(按照生成方式、认识过程)可分为一次能源，二次能源；新能源和常规能源等。

1. 按照能量的生成方式分

一次能源，即天然能源，指在自然界现成存在的能源，如煤炭、石油、天然气、水能等。一次能源又分为可再生能源(如太阳能、风能、水能、海洋能、生物质能等)和不可再生能源(如石油、天然气、原煤、核燃料等)。可再生能源消耗后仍可获得，不可再生能源在消耗后消失或转化为非能源物质。

二次能源，又称人工能源，指经过消耗一次能源加工转化而产生的能源，如电能、热能、煤气、柴油、氢能、焦炭、沼气等。

2. 按照对能量的认识过程分

常规能源是已得到广泛利用的能源，如煤、石油、水力、电能。新能源是指原子能、太阳能、雷电能、宇宙射线能、火山能、地震能等逐渐得到开发利用的能源。

电能较其他一次能源的突出优点是效率高、距离传输远、清洁、应用范围广泛，是现代工业社会的基石。

1.1.2　传统电力能源的来源

传统电力能源的来源主要有3种，即火力发电、水力发电和核电。

1. 火力发电

火力发电，利用可燃物在燃烧时产生的热能，如煤、天然气和石油发电，通过发电动力装置转换成电能的一种发电方式。从能量转换观点分析，能量利用的基本过程是燃料的热能转化为机械能，机械能再转化为电能。

优点：燃料资源丰富，成本低。

缺点：火电需要燃烧煤、石油等化石燃料。一方面化石燃料蕴藏量有限、越烧越少，正面临着枯竭的危险；另一方面化石燃料燃烧有废气排放，会污染环境。

2. 水力发电

水力发电是利用水位落差，水的位能转化为水轮的机械能，再以机械能推动水轮发电机产生电力。能量利用的转换过程是水能转化为机械能，机械能转化为电能。

优点：水力是可以再生的能源；发电成本低；没有污染。

缺点：水电一次性投资大；要淹没大量土地，有可能导致生态环境破坏，而且大型水库一旦塌崩，后果将不堪设想；水力资源也是有限的，还受到季节的影响。

3. 核电

世界上一切物质都是由原子构成的，原子又是由原子核和它周围的电子构成的。轻原子核的融合和重原子核的分裂都能放出能量，分别称为核聚变能和核裂变能，简称核能。普通的压水反应堆核电站用的燃料是重金属铀，核燃料在反应堆内发生裂变而产生大量热能，再用高压下的水把热能带出，在蒸汽发生器内产生蒸汽，通过蒸汽推动汽轮机带着发电机一起旋转，产生电能。

优点：核能发电量大，但技术复杂。

缺点：核废料和热污染是核电的两大难题。一方面核废料万一发生核泄漏，后果是可怕的；另一方面现有蒸汽轮机热效率较低，因而它比一般化石燃料电厂会排放更多废热，故核能电厂的热污染较严重。

1.1.3　可再生能源的利用

随着经济的发展和社会的进步，人们对能源的需求越来越大，寻找新能源特别是对可再生能源的利用，成为当前人类面临的迫切课题。

1. 风能利用

风力发电是把风能转化为机械能，机械能转化为电能。

风能利用的主要特点是清洁无污染，但是能量的密度低、随机性大。

2. 太阳能利用

太阳能的直接利用方式有光-热转换、光-电转换和光-化转换，分别称为“太阳能光热利用”、“太阳能光电利用”和“太阳能光化学利用”。

太阳能的特点是分布广、能量大、时间久、无污染，但也有分散性、间歇性、随机性的缺点。

3. 生物质能利用

生物质能是绿色植物通过叶绿素将太阳能转化为化学能而储存在生物质内

部的能量。生物质能由太阳能转化而来，也是可再生能源。

生物质能发电的特点如下：生物质能的转化配套技术非常重要，且转化设备必须安全可靠、维护方便；利用当地的原料，必须储存足够数量的原料；装机容量一般较小，多为独立运行的方式；就地利用，适于居住分散、人口稀少、用电负荷较小的农牧业地区及山区；城市垃圾和工业有机废水对环境污染严重，用于发电，变废为宝。

4. 燃料电池、地热能、海洋能利用

燃料电池是一种将储存在燃料和氧化剂中的化学能，直接转化为电能的装置。当源源不断地从外部向燃料电池供给燃料和氧化剂时，它可以连续发电。

地热能是地下的热水、热气等资源，海洋能是海洋中的海流、波浪等资源。

新能源的利用包括以上可再生能源(风能、太阳能、生物质能、水能、海洋能)和地热能、氢能、核能转化及其利用技术。一方面利用可再生能源，获得电能；另一方面对电能通过变换、控制与管理，满足用户对能源的消费需求，产生了新能源发电及其控制技术。

1.2 太阳与太阳能

1.2.1 太阳

1. 太阳基本物理参数

太阳是距地球最近的恒星，是太阳系里唯一自己发光的天体，给地球带来光和热。它的质量占太阳系总质量的99.865%，是地球质量的33万倍。太阳半径为6.96×10^5km (地球半径的109倍)；体积为1.41×10^{18}km^3 (地球体积的130万倍)；质量约为1.99×10^{27}t(地球质量的 33 万倍)；平均密度为 1.40g/cm^3(地球密度的1/4)；表面温度为5770K，核心温度为1.56×10^7K；日地平均距离为1.5×10^8km。

太阳是一个主要由氢和氦组成的炽热的气体火球，太阳的能量主要来源于氢聚变成氦的聚变反应。虽然太阳并不是一个恒定温度的黑体，而是由许多层构成的不同波长放射、吸收的辐射体，但通常还是将太阳看作温度为5770K的黑色辐射体。

2. 太阳的结构

太阳的结构分为里三层和外三层，如图1-1所示，用R表示太阳的半径。

里三层是指太阳内部分为核反应区、辐射区、对流区。

核反应区：0.25R内，是太阳的核心，集中了太阳一半以上的质量，温度为1.5×10^7K，压力约为2500亿个大气压(1标准大气压=1.01×10^5N/m^2)，密度接近158g/cm^3。这部分产生的能量占太阳产生的总能量的99%，并以对流和辐射方式向外传播。

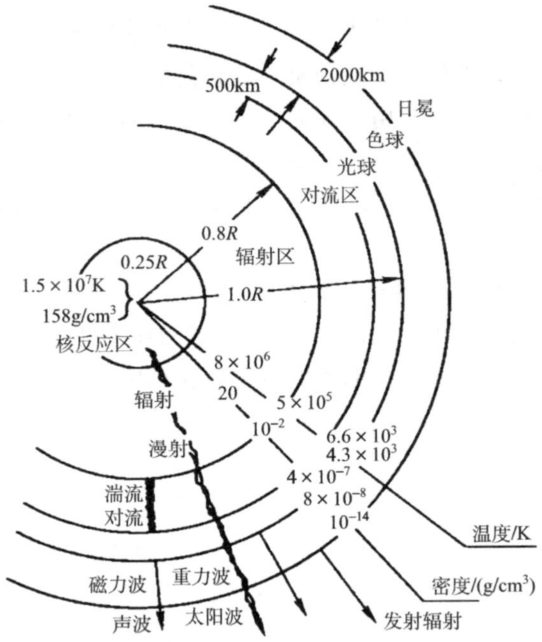

图 1-1　太阳的结构

辐射区：0.25R～0.8R，温度为1.3×10^5K，密度下降为 0.079 g/cm^3，太阳核心产生的能量通过这个区域辐射出去。

对流区：0.8R～1.0R，温度为 5000K，密度为 10^{-8} g/cm^3；太阳能量主要靠对流传播。

外三层是指太阳外部(太阳大气)，分为光球层、色球层、日冕层。

外三层的各层次的物理性质有明显区别。太阳大气分层并不严格，它们的温度、密度随着高度实际是连续变化的。太阳大气的底层称为光球，厚度约为 500 km，太阳的全部光能几乎都从这个层次发出。太阳的连续光谱基本上就是光球的光谱，太阳光谱内的吸收线基本上也是在这一层内形成的。色球是太阳大气的中层，是光球向外的延伸，一直可延伸到几千公里的高度。太阳大气的最外层称为日冕。日冕是极端稀薄的气体壳，可以延伸到几个太阳半径之远。

1.2.2　太阳与地球

1. 太阳与地球的位置关系

地球每天绕着通过自身南极和北极的“地轴”自西向东地自转，24 小时转一周为一天，每小时自转 15°。地球绕太阳的运行公转，转一周 365 天为一年。地球的自转轴与公转运行的轨道面(黄道面)的法线倾斜角为 23.45°(23°27′)，也就是黄赤交角。地球公转的时候，它的自转轴的方向始终不变，总是指向天球的北极。春分日、秋分日太阳直射赤道表面；在夏至日，太阳直射北回归线地区，而与赤道平面交角 23.45°；地球处于运行轨道的不同位置时，阳光投射到地球上的方向也就不同，形成地球四季的变化。图 1-2 为太阳和地球的相对运动图，其中图 1-2(a)表示地球绕太阳运行的四个典型季节日的地球公转的行程图，图 1-2(b)表示对应于上述四个典型季节日地球受到太阳照射的情况。

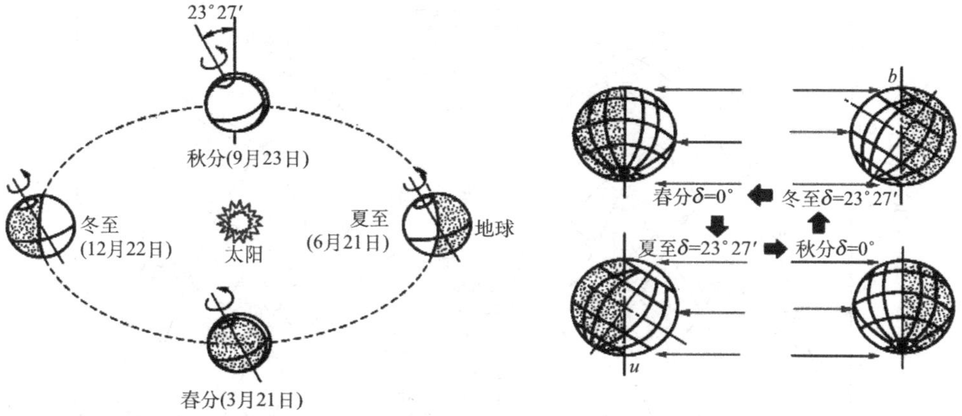

(a) 地球公转的行程图　　(b) 四个季节日地球受太阳照射的情况

图 1-2　太阳和地球的相对运动

在地球上人们观察到的太阳运动轨迹，称太阳视运动，实质是地球和太阳的相对运动。如图 1-3 所示，观察者面向南，在北纬某地区，观察太阳的运动，太阳从东边升起，西边降落；冬天太阳高度角低，夏天太阳高度角高。

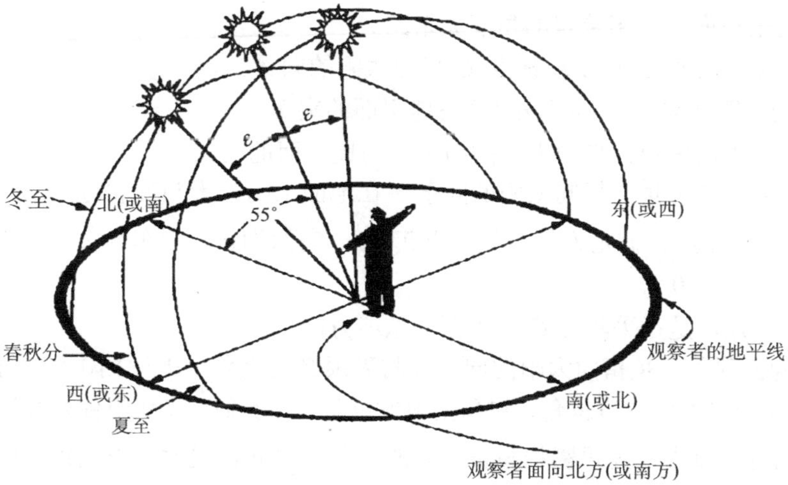

图 1-3　观察者在北纬某地观察的太阳视运动

图 1-4 是观察者在北纬 31.4°位置观察的太阳视运动的轨迹图(高度角-方位角的太阳运动轨迹图)，⑦号～①号～⑦号线分别对应 12 月～6 月～12 月，横轴为方位角 (°)，纵轴为高度角 (°)，时间值为法定时 (legal time) 而非太阳时 (solar time)。

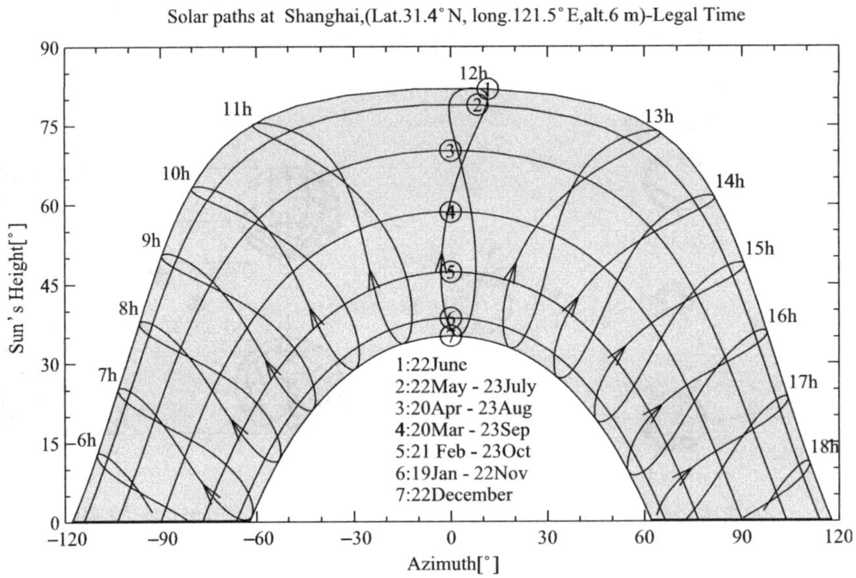

图 1-4　观察者在北纬 31.4°位置观察的太阳视运动的轨迹图

2. 太阳位置角度的定义

光伏组件表面的几个角度有天顶角、方位角、高度角等。图 1-5 表示光伏组件太阳能采集面与太阳位置的角度关系图。

S 为太阳能采集点(或观察点) O 指向太阳的向量。

β 为太阳能采集面(光伏组件)与地平面的夹角。

h 为太阳高度角，指向太阳的向量 S 与地平面的夹角。

γ 为太阳方位角，指向太阳的向量 S 在地面上的投影与南北方向线间夹角；并规定正南方为 0°(假定方位角从南点起算)，向西为正、向东为负。它的变化范围是 $-180° \sim +180°$。

Z 为天顶，是指采集点 O 地平面的法线方向。

θ_z 为天顶角，是指向太阳的向量 S 与天顶 Z 的夹角。θ 为太阳入射角。

γ_n 为光伏组件的方位角，它和太阳方位角 γ 相类似，光伏组件表面法线在地平面上也有一投影，此投影线与正南方的夹角称为光伏组件的方位角。度量方法与太阳方位角相同。

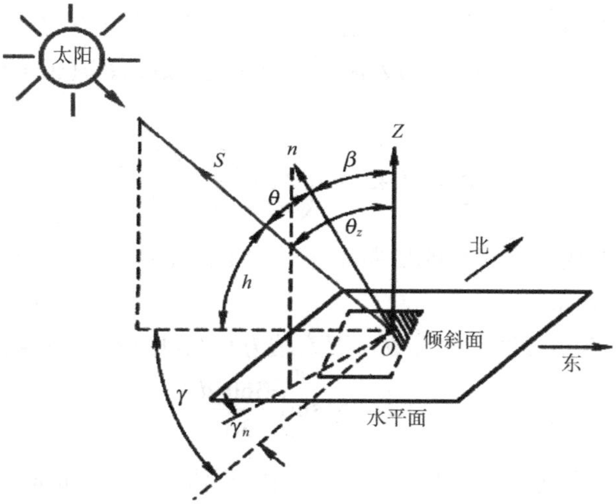

图 1-5　太阳能采集面与太阳位置的角度关系

从以上角度关系图中可得出，高度角与天顶角互余；假如光伏组件水平放置，则入射角与高度角互为余角。每日每时太阳的高度角、方位角都会产生变化，要想计算太阳能采集面上获得的能量，需要获得太阳赤纬角、太阳高度角、太阳方位角、太阳时角、日照时间等信息。

3. 太阳赤纬角

太阳光线与地球赤道面的交角就是太阳赤纬角，以 δ 表示。在一年中，太阳赤纬角每天都在变化，但不超过±23.45°，如图 1-6 所示。夏天最大变化到夏至日的+23.45°，冬天最小变化到冬至日的–23.45°。

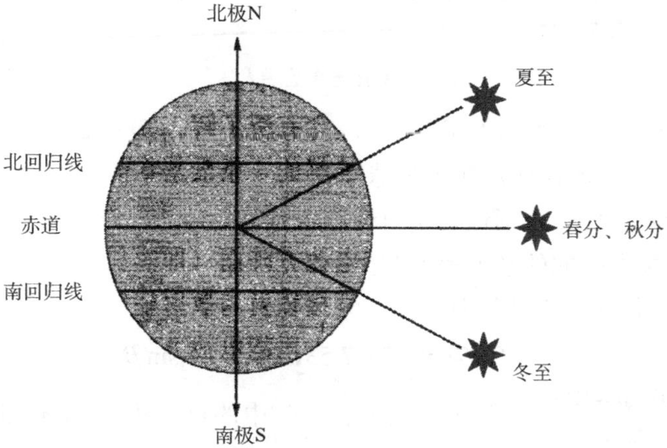

图 1-6　太阳赤纬角的变化范围

对某一指定日而言(即在这一日之内)，太阳赤纬角 δ 变化缓慢，可以近似地认为是一个定值。某一指定日的太阳赤纬角可以按照库珀(Cooper)方程，由式(1-1)计算：

$$\delta = 23.45^\circ \sin\left(2\pi \times \frac{284+n}{365}\right) \tag{1-1}$$

式中，n 为一年中从元旦算起的日期序号，如 1 月 1 日，n=1；2 月 1 日，n=32；春分日，n=81，δ= 0。

如果 d 是从春分日算起的天数，则库珀方程(1-1)变为式(1-2)：

$$\delta = 23.45^\circ \sin\left(\frac{360^\circ d}{365}\right) \tag{1-2}$$

注意：太阳位于赤道以北时太阳赤纬角取正值，位于赤道时太阳赤纬角取 0，位于赤道以南时取负值。

4. 太阳时角

用角度表示的太阳时称为太阳时角(简称时角)，以 ω 表示。

地球始终绕着地轴由西向东在自转，每转一周(360°)为一昼夜(24h)。因此时间可以用角度来表示，每小时相当于地球自转 15°。每昼夜变化为±180°，每隔 1 小时增加 15°，它是以一昼夜为变化周期的量。

规定某地的太阳正南方位角为 0°时对应当地太阳时正午 12 点，此时太阳时角为 0°，则可以推算出其他时间对应的太阳时角。

注意：太阳时角上午取负值，下午取正值，正午时太阳时角为 0°。

在太阳能工程计算中，涉及的时间都是当地太阳时。太阳时的特点是午时(中午 12 点)阳光正好通过当地子午线，即在空中最高点处，它与日常使用的标准时间并不一致。转换公式为

$$t_s = t + E \pm 4(L - L_s) \tag{1-3}$$

式中，t_s 为太阳时；t 为当地标准时间；L 为当地经度(°)；L_s 为制定标准时间采用的标准经度(°)。所在地点在东半球取正号，西半球取负号。

转换时的两项修正包括地球绕日公转时进动和转速变化而产生的时差 E 修正和经度与制定标准时间的经度差所产生的修正。

(1)时差 E 修正，E 以分为单位，可按式(1-4)计算：

$$E = 9.87\sin 2B - 7.53\cos B - 1.5\sin B \tag{1-4}$$

式中，$B = \dfrac{360^\circ(n-81)}{364}$；$n$ 为所求日期在一年中的日子数，$1 \leqslant n \leqslant 365$。

(2)经度差所产生的修正。由于经度每相差 1°，在时间上就相差 4min，所以

公式中最后一项乘 4，单位也是分。

【例 1-1】 求上午 8 点、上午 11 点、下午 1 点、下午 1 点半的太阳时角。

上午 8 点，$\omega=15°\times(8-12)=-60°$；

上午 11 点，$\omega=-15°$；

下午 1 点，$\omega=15°$；

下午 1 点半，$\omega=22.5°$。

5. *太阳高度角*

太阳中心直射到地面的光线与当地水平面间夹角为太阳高度角，用 h 表示。在天文学中，太阳高度角的计算公式为

$$\sin h=\sin\varphi\sin\delta+\cos\varphi\cos\delta\cos\omega \tag{1-5}$$

式中，φ 为观测点地理纬度；δ 为当天观测时刻的太阳赤纬角；ω 为太阳时角。φ、δ、ω 单位都是度(°)。

正午时，$\omega=0$，$\cos\omega=1$。

式(1-5)简化为

$$\sin h=\sin\varphi\sin\delta+\cos\varphi\cos\delta=\cos(\varphi-\delta)=\sin[90°\pm(\varphi-\delta)]$$

所以，$\sin h=\sin[90°\pm(\varphi-\delta)]$

$$h=[90°\pm(\varphi-\delta)] \tag{1-6}$$

正午时，若太阳在天顶以南，即 $\varphi>\delta$，$h=90°-\varphi+\delta$；若太阳在天顶以北，即 $\varphi<\delta$，$h=90°+\varphi-\delta$。

冬至夏至日，太阳在天顶，则有 $h=90°$，$\varphi=\delta$。

注意：地理纬度在北半球取正值，南半球取负值。

6. *太阳方位角*

太阳光线在地平面上的投影与当地子午线正南方的夹角γ，为太阳方位角，变化范围为±180°；它表示太阳的方位，决定了太阳光的入射方向。

由几何关系，太阳方位角计算公式为

$$\cos\gamma=\frac{\sin h\sin\varphi-\sin\delta}{\cos h\cos\varphi} \tag{1-7}$$

也可用式(1-8)计算：

$$\sin\gamma=\frac{\cos\delta\sin\omega}{\cos h} \tag{1-8}$$

根据地理纬度、太阳赤纬角及观测时间，利用式(1-7)或式(1-8)可以求出任何地区、任何季节某一时刻的太阳方位角。

7. 日照时间

太阳在地平线的出没瞬间，太阳高度角 $h=0$，若不考虑地表面曲率及大气折射的影响，可得出日出日没时角的表达式为

$$\cos\omega_{1,2} = -\tan\varphi\cdot\tan\delta \tag{1-9}$$

式中，$\omega_{1,2}$ 为日出或日没时角，$\omega_1=-\omega_2$，$\omega_1(<0)$ 为日出时刻的太阳时角，$\omega_2(>0)$ 为日没时刻的太阳时角。

对于北半球，当 $|-\tan\varphi\cdot\tan\delta|\leqslant 1$ 时，得 $\omega_2=\mathrm{arcos}(-\tan\varphi\tan\delta)\times 180/\pi$，$\omega_1=-\omega_2$。

将日出日没时角换算为小时，得一天中可能的日照时间为 T，则

$$T=\frac{2}{15°}\omega=\frac{2}{15°}\arccos(-\tan\delta\tan\varphi) \tag{1-10}$$

式中，乘以 2 表示日落、日出时间对午时来说是对称的，除以 15 是将时角化为日出时刻和日落时刻(单位为小时)。

【例 1-2】 计算北纬 31.12°地区 3 月 12 日中午 12 时和下午 2 时的太阳高度角与方位角，以及该地区冬至日的日出日没时角及全天日照时间。

解：(1)纬度 $\varphi=31.12°$

(2)3 月 12 日距元旦的时间 $n=71$，则当日的赤纬角为

$$\delta=23.45°\sin\left(360°\times\frac{284+n}{365}\right)=23.45°\sin\left(360°\times\frac{284+71}{365}\right)=-4.02°$$

(3)中午 12 时的时角 $\omega=0$

中午 12 时的太阳高度角为

$$h=90°-\varphi+\delta=90°-31.12°+(-4.02°)=54.86°$$

(4)下午 2 时的时角 $\omega=15°\times 2=30°$

下午 2 时的太阳高度角为

$$\begin{aligned}\sin h&=\sin\varphi\sin\delta+\cos\varphi\cos\delta\cos\omega\\&=\sin 31.12°\sin(-4.02°)+\cos 31.12°\cos(-4.02°)\cos 30°\\&=0.7034\end{aligned}$$

$$h=44.70°$$

下午 2 时的太阳方位角为

$$\sin\gamma=\frac{\cos(-4.02°)\sin 30°}{\cos 44.70°}=0.702$$

由此可得

$$\gamma=44.56°$$

(5)冬至日的太阳赤纬角 $\delta=-23.45°$，则

$$\cos\omega = -\tan\varphi\tan\delta = -\tan 31.12^\circ \tan(-23.45^\circ) = 0.2619$$

因此，北纬 31.12°，地区冬至日的日出时角 $\omega_1 = -74.82^\circ$，日没时角 $\omega_2 = 74.82^\circ$，全天日照时间为

$$T = \frac{2}{15^\circ}\arccos(-\tan\varphi\tan\delta) = 2\times\frac{74.82^\circ}{15^\circ} = 9.98(\text{h})$$

8. 光伏组件角度之间的关系

计算光伏组件表面辐射量最重要的是确定太阳入射角 θ，太阳入射角 θ 与其他角度之间的关系为

$$\begin{aligned}\cos\theta = {} & \sin\delta(\sin\varphi\cos\beta - \cos\varphi\sin\beta\cos\gamma) + \cos\delta\cos\omega(\cos\varphi\cos\beta \\ & + \sin\varphi\sin\beta\cos\gamma) + \cos\delta\sin\beta\sin\gamma\sin\omega\end{aligned} \tag{1-11}$$

式中，赤纬角为 δ；北半球纬度为 φ；方位角为 γ；倾斜角为 β；时角为 ω；单位为度（°）。

可以求出处于任何地理位置、任何季节、任何时候、光伏组件处于任何几何位置上的太阳入射角。

若光伏组件朝向正南放置，即光伏组件方位角 $\gamma = 0$，式(1-11)变为

$$\cos\theta = \sin\delta\sin(\varphi-\beta) + \cos(\varphi-\beta)\cos\delta\cos\omega \tag{1-12}$$

式(1-12)说明，朝南放置（$\gamma = 0$）、倾斜角为 β 的光伏组件表面上的太阳入射角等于纬度为 $(\varphi-\beta)$ 处水平表面上的入射角。它们之间的关系如图 1-7 所示。

若把光伏组件倾斜角置于和当地纬度角相同，即 $\beta = \varphi$，式(1-12)简化为

$$\cos\theta = \cos\delta\cos\omega \tag{1-13}$$

若把光伏组件水平放置（β=0），则得到的公式同式(1-5)，即此时在水平面上的太阳入射角 θ 与太阳高度角 h 互余。

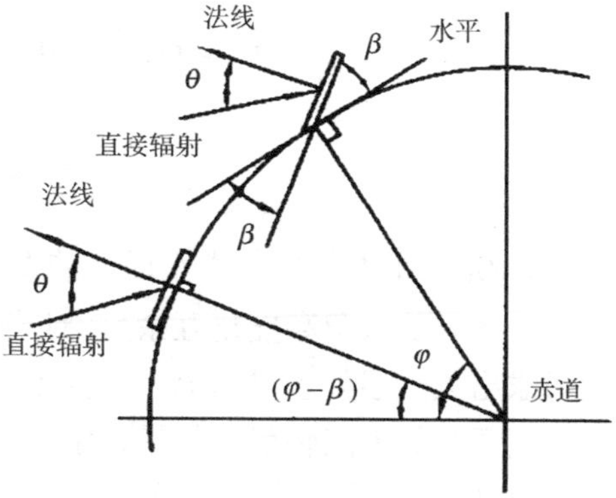

图 1-7　光伏面上入射角与 φ 和 β 的关系

1.2.3　太阳能

1. 太阳辐射能

太阳的成分是氢占 71.3%，氦占 27%，其他占 1.7%，氢为主要成分。

太阳能是由核聚变反应（氢聚变成氦）产生的，当 6.57×10^{11}kg/s 氢聚合成 6.53×10^{11}kg/s 氦时，其质量亏损 $m = 4.0\times10^9$kg/s，根据爱因斯坦质能方程，能量

转换 $E = mc^2 = 3.60 \times 10^{23}\,\text{kW}$，能量以电磁波形式向空间四面八方传播，到达地球上界辐射能为$1.80 \times 10^{14}\,\text{kW}$（约二十亿分之一）；穿过大气层时有衰减，最后到达地球表面的辐射能量约为$8.5 \times 10^{13}\,\text{kW}$，是目前全世界发电量的几十万倍，因此，可以认为太阳提供的能量是无限的。

太阳辐射可以按照方向和波长进行分类。

(1) 太阳辐射按方向可分为：直射辐射，集热面接收的、直接来自太阳而不改变方向的太阳辐射；散射辐射(扩散辐射或天空辐射)，受大气层散射影响而改变了方向的太阳辐射；总辐射，接收的太阳辐射总和，等于直射辐射加散射辐射。

(2) 按波长可分为：太阳辐射(短波辐射)，由太阳产生，波长为$0.3 \sim 3\mu\text{m}$；长波辐射，任何物体只要温度高于 0K，都会产生辐射，物体温度接近环境温度时，发出的辐射波长一般大于$3\mu\text{m}$，称为长波辐射。

2. 大气层外水平面上太阳辐射的计算

定义辐照度、辐照量。

计算太阳辐射量时，通常将大气层外(即假设不存在大气的外层空间)、水平面上的辐射量作为参考依据。

任何地区，任何一天，白天内的任何时刻，大气层外水平面上的太阳辐照度可由式(1-14)计算：

$$\begin{aligned} G_0 &= G_{\text{SC}}\left[1+0.034\cos\left(\frac{360^\circ n}{365}\right)\right]\cos\theta_z \\ &= G_{\text{SC}}\left[1+0.034\cos\left(\frac{360^\circ n}{365}\right)\right]\sin h \end{aligned} \tag{1-14}$$

式中，G_0表示大气层外水平面上的太阳辐照度；θ_z是法线与入射光的夹角(天顶角，与此时的太阳高度角互余)。对式(1-14)从日出到日落时间区间内进行积分，即可求出大气层外水平面上 1 天内太阳的辐照量。

为了计算太阳辐射的能量，定义太阳辐射能的四个概念如下。

(1) 辐射通量：太阳在单位时间内以辐射形式发射出的能量称为太阳的辐射通量，也称辐射功率，单位是 W。

(2) 太阳辐射强度 G：单位时间内投射到单位面积上的太阳辐射能量称为太阳辐射强度，也称太阳辐照度，单位是 W/m^2。

(3) 辐照量 H：在一段时间内(如一小时、一日、一月、一年等)太阳投射到单位面积上的辐射能量称为辐照量，单位是千瓦时/[米^2·日(月、年)] [$\text{kW}\cdot\text{h/(m}^2\cdot\text{d)}$，$\text{kW}\cdot\text{h/(m}^2\cdot$月)，$\text{kW}\cdot\text{h/(m}^2\cdot\text{a)}$]。

(4) 太阳常数 G_{SC}：太阳常数是指在日地平均距离处，地球大气层外(大气上界)垂直于太阳光线的平面上，单位时间、单位面积内所接收的所有波长的太阳总辐射能量值，单位是 W/m^2 。由于日地之间距离很大，其相对变化量是很小的，由此引起的地球大气层上界的太阳辐射强度的相对变化不超过±3.4%。这就意味着地球大气层上界的太阳辐射强度基本上是一个常数，所以将这个辐照度称为太阳常数。

太阳常数定义为：在日地平均距离处(约为1.496×10^8 km)，地球大气层上界垂直于太阳光线方向的单位面积上单位时间内所接收的太阳辐射能量。1981 年世界气象组织(WMO)推荐了太阳常数的最佳值，其参考值为

$$G_{SC}=(1367\pm7)\,\mathrm{W/m^2}$$

由上述定义知道，G_{SC} 是平均日地距离时的天文辐射强度。若设大气层上界某天的天文辐射强度为 G_0，(对应正午时刻，高度角 90°)则

$$G_0=G_{SC}\left[1+0.034\cos\left(\frac{2\pi n}{365}\right)\right]=G_{SC}r \tag{1-15}$$

式中，n 为距离 1 月 1 日的天数；r 为日地间距引起的修正值。

对于不是垂直照射的情况，根据式(1-14)，到达水平面上的太阳辐射强度与太阳常数之间存在着下面的关系：

$$G=G_0\sin h$$

式中，h 为太阳高度角。

3. 到达地球表面上的太阳辐射能

1)到达地球表面的太阳辐射能的分类与转换

到达地球表面的太阳辐射能大体分为三部分。

第一部分转变为热能，使地球的平均温度大约保持在 14℃，造成适合各种生物生存和发展的自然环境，同时使地球表面的水不断蒸发，造成全球每年的降水量，其中大部分降水落在海洋中，少部分落在陆地上。

第二部分用来推动海水及大气的对流运动，这就是海流能、波浪能、风能的由来。

第三部分被植物叶子的叶绿素所捕获，成为光合作用的能量来源。

到达地面的太阳辐射一部分以平行光的方式直接到达，称为直接辐射；另一部分经大气散射投射到地面，称为散射辐射；反射辐射是总辐射到达地面后被下垫面(作用层)向上反射的那部分短波辐射。这样总辐射 E_g 就包含水平面太阳直接辐射 S_1、散射辐射 E_d 和短波反射辐射 E_r 三个部分。有时为了方便起见，也将散射辐射 E_d 和短波反射辐射 E_r 统称为散射辐射 E_d，直接辐射与散射辐射的总和为地球接收的太阳总辐射能量。

2) 影响地球表面上太阳辐射能的因素

天文因素：日地距离、太阳赤纬角、太阳时角。

地理因素：地理位置、海拔。

物理因素：大气透明度；接收太阳辐射面的表面物理化学性质，包括表面涂层性质。

几何因数：接收太阳辐射面的倾斜角和方位角。

大气层对太阳辐射的衰减作用，称为大气衰减。大气层中的各种气体、水滴、尘埃等杂质对太阳光产生衰减作用，大气层对太阳光线是一种不透明介质，主要衰减作用有吸收作用、散射作用、漫反射作用。大气衰减与太阳光线经过大气的路径长短有关，路径越长，衰减越厉害，而路径长短又与太阳的高度有关。

3) 大气质量

为了能够方便地研究太阳辐射受地球大气衰减作用的影响，将太阳辐射通过大气的厚度称为大气质量(air-mass，AM)，其定义是太阳光线通过大气的实际距离与大气的垂直厚度之比，它是一个无量纲的量，用 AM 表示。假定在标准大气压(101325Pa)和气温 0℃时，海平面上太阳光线垂直入射的路径为 1。地球大气上界的大气质量为零。

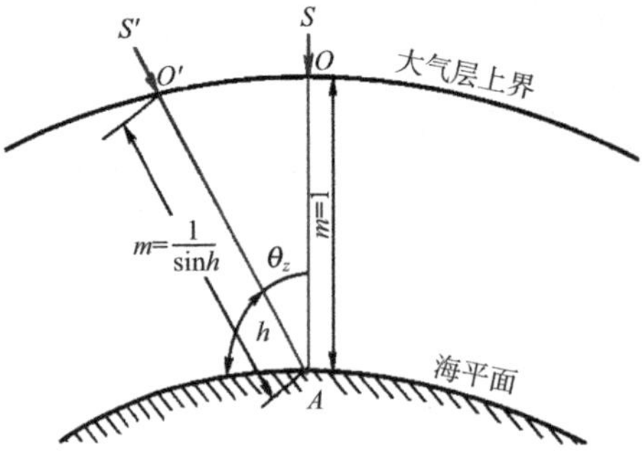

图 1-8　大气质量示意图

如图 1-8 所示，A 为地球海平面上一点，O、O'为大气上界的点。太阳在天顶位置时，太阳光线路程 OA 为大气质量。太阳位于 S'点时，大气质量计算公式为

$$m=\frac{O'A}{OA}=\sec\theta_z=\frac{1}{\sin h}\tag{1-16}$$

式(1-16)是从三角函数关系推导出来的，是以地表为水平面忽略了大气的曲率及折射因素的影响。当 $h\geqslant 30°$ 时，计算值与大气质量的观测值非常接近，其精度达 0.01；但当 $h<30°$ 时，由于折射和地面曲率的影响增大，计算结果不准确。在太阳能应用系统工程计算中，可采用式(1-17)计算：

$$m=[1229+(614\sin h)^2]^{1/2}-614\sin h\tag{1-17}$$

温度对 m 的影响一般可以忽略不计；对于海拔较高的地区，应对大气压力进行订正。

估算大气质量的简易方法是测量竖直物体在地面上投影的长度，设物体高度

为 h，其投影长为 s，则大气质量为

$$m=\sqrt{1+\left(\frac{s}{h}\right)^2} \tag{1-18}$$

海平面上太阳光线垂直入射(太阳高度角 $h=90°$)时，$m=1$，记为 AM1；大气层上界的大气质量 $m=0$(AM0)；如果 $m=1.5$，写成 AM1.5，表示太阳光线通过大气的实际距离为大气垂直厚度的 1.5 倍。

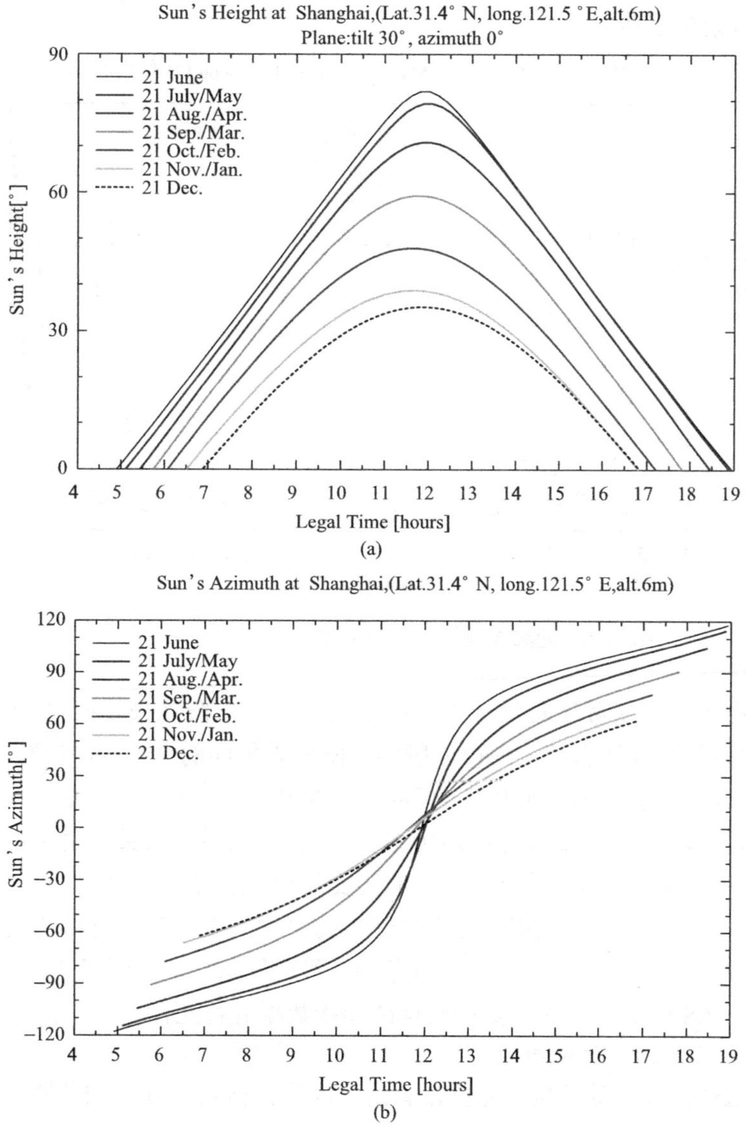

图 1-9　北纬 31.4°某地一天中太阳的角度变化图

大气质量越大，太阳高度角越小，说明太阳光线经过大气的路径越长，大气对太阳辐射的衰减削弱作用越多，到达地面的能量就越少；大气质量越大，等量太阳辐射散布的面积越大，太阳辐射越弱。北纬 31.4°某地的太阳高度角-时间轨迹图见图 1-9(a)，纵轴为高度角(°)；方位角-时间轨迹图见图 1-9(b)，纵轴为方位角(°)，横轴都是法定时。

对应一天的大气质量变化图为图 1-10。图 1-10 中可看出早晚的 AM 值大、白天的 AM 值小，因此白天可以获得更多的太阳能辐射，中午太阳辐射能量多、早晚太阳辐射能量少。

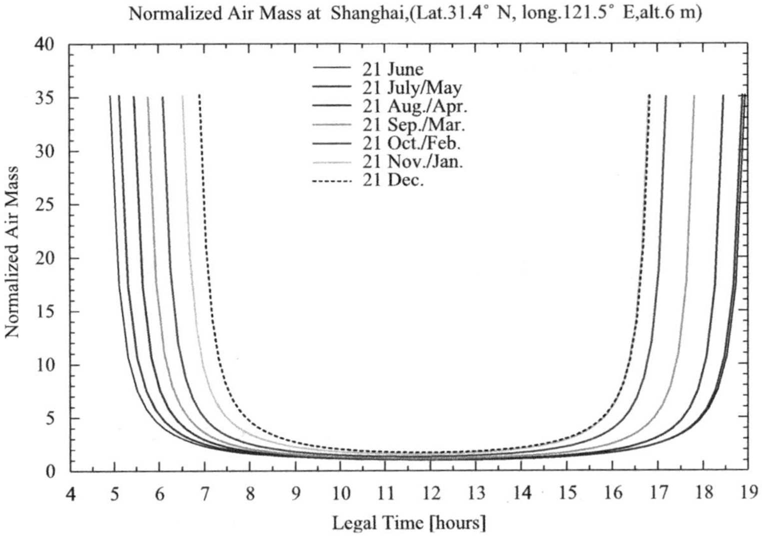

图 1-10　北纬 31.4°某地一天中太阳的大气质量变化图

在国内太阳能实际工程设计中，经常需要确定太阳能采集面(如光伏组件平面)向南倾斜的最佳倾斜角，使得入射到太阳能采集面的全年(或冬季，或其他指定的时间段)总辐射最大。理论上，可以采用纯理论模型计算，但这样做误差会较大。通常是获取当地太阳辐射观测历史资料(总辐射量、直接辐射量或散射辐射量)，时间跨度越长越好，最好是十年的历史资料，进行分析和计算。对于确定的地点，通常可以知道当地全年各月水平面上的平均太阳辐射资料(总辐射量、直接辐射量或散射辐射量)，即通过当地气象站、附近气象站的观测资料、美国国家航空航天局(NASA)等网站获得直接数据或间接数据并修正，然后分析和计算。

4. *落在倾斜面上的辐射能*

假设组件在北半球纬度，方位角朝南，放置倾斜角为 β ，则其路径如图 1-11 所示。

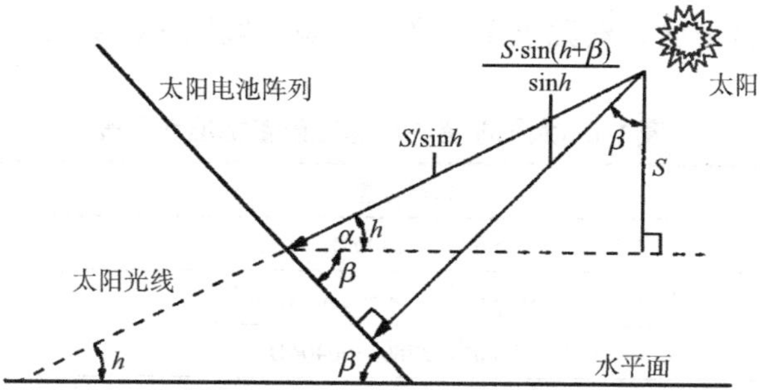

图 1-11　光线落在与水平面成 β 角的斜面上

落在水平面上的直射成分为 S，需要转换成在相对水平面倾斜角为 β 的斜面上的直射成分 S_β：

$$S_\beta = \frac{S \cdot \sin(h+\beta)}{\sin h} \tag{1-19}$$

1.3　太阳能资源与利用

1.3.1　太阳能资源评估

1. 各国太阳能资源量

世界太阳能资源丰富程度最高地区为北非、中东地区、美国西南部和墨西哥、南欧、澳大利亚、南非、南美洲东海岸和西海岸、印度、巴基斯坦和中国西部地区等。

太阳能资源丰富程度中高地区为美国、中美和南美南部。

太阳能资源丰富程度中等地区为西南欧洲、巴西、东南亚、大洋洲、中国、朝鲜和中非。

太阳能资源丰富程度中低地区为东欧和日本。

太阳能资源丰富程度最低地区为加拿大与西北欧洲。

我国幅员辽阔，太阳能资源丰富的地区有青藏高原、内蒙古自治区、宁夏回族自治区、陕西等西部地区。特别是青藏高原地区，年日照时间达 3000h 以上，其太阳年辐照总量与地球上最高的地区相当。全国 2/3 以上地区的年日照大于 2000h，年均辐射量约为 5900MJ/m^2(相当于 200kgce/m^2)。四川盆地是我国太阳能资源的低值中心。

通常采用三种方式进行太阳能的划分：①按照年太阳能总辐射量划分；②按照各月的日照时数大于 6h 的天数划分；③按照太阳能日变化的特征值划分。

2. 按照年太阳能总辐射量评估

根据 2008 年发布的气象行业标准，我国太阳能资源分为四类：资源最丰富地区、资源很丰富地区、资源丰富地区、资源一般地区，见表 1-1。

表 1-1 太阳能资源按总辐射量标准划分表

等级	年太阳能总辐射量	资源丰富程度
一	≥1750kW·h/m^2，≥6300MJ/m^2	资源最丰富
二	1400～1750kW·h/m^2，5040～6300MJ/m^2	资源很丰富
三	1150～1400kW·h/m^2，3780～5040MJ/m^2	资源丰富
四	＜1150kW·h/m^2，＜3780MJ/m^2	资源一般

3. 按照太阳能资源的日照时数评估

太阳能资源按日照时数划分为五类地区，见表 1-2。

表 1-2 太阳能资源按日照时数划分表

地区类型	日照时数/(h/a)	辐射量/[MJ/(m^2·a)]
一类	3200～3300	6700～8370
二类	3000～3200	5850～6700
三类	2200～3000	5000～5850
四类	1400～2200	4200～5000
五类	1000～1400	3350～4200

表 1-2 中日照时数和日照时间、平均日照时数、峰值日照时数是不同的概念。

日照时间是指太阳光在一天中从日出到日落实际的照射时间。

日照时数是指在某一地点，从一天中太阳光达到一定的辐照度(一般以气象台测定的 120W/m^2 为标准)开始记录，直到小于此辐照度时停止记录，期间所经过的小时数。日照时数小于日照时间。

平均日照时数是指某一地点一年或若干年的日照时数总和的平均值。

峰值日照时数是指将当地的太阳辐射量折算成标准测试条件下(辐照度为 1000W/m^2)的时数。

我国陆地每年接收的太阳能辐射量约为5.02×10^{22}J，相当于1.7×10^{12} tce (吨标准煤当量)的能量，数量巨大。

1.3.2 太阳能利用

太阳能利用基本方式可以分为光热利用、太阳能发电、光生物利用(通过植物的光合作用来实现将太阳能转换成为生物质的过程)。利用太阳能发电主要有以下两种：太阳能光发电、太阳能热发电。

1. 太阳能光发电

太阳能光发电是指不通过热过程直接将太阳的光能转化成电能的太阳能发电方式，可分为光伏发电、光感应发电、光化学发电、光生物发电。其中，光伏发电是太阳能光发电的主流，通常所说的太阳能光发电就是指光伏发电。

光伏发电的特点是具有清洁性、灵活性和永久性，但又具有分散性、间歇性、效率低和成本高的缺点。

清洁性指光伏发电本身不使用燃料，绿色、环保。灵活性指节省土地资源；可就近供电，避免电能损失；组件结构简单、体积小、重量轻，便于运输和安装。永久性指光伏发电的能量转化过程简单，光伏发电系统性能稳定可靠，使用寿命长。

分散性是太阳能能量密度低；间歇性是随季节、天气、昼夜变化，地域依赖性强；效率低成本高是光电转换效率约为15%，价格偏高，而且晶体硅电池在制造过程中高污染、高能耗。

2. 太阳能热发电

将吸收的太阳辐射热能转化成电能的发电技术称为太阳能热发电技术，它包括两大类型：一是太阳能热直接发电，二是太阳能热间接发电。

太阳能热直接发电包括太阳能热温差发电、太阳能热离子发电、太阳能热光伏发电等。这些发电方式尚未进入商业化应用。

太阳能热间接发电又可分为非聚光太阳能热发电和聚光太阳能热发电。非聚光太阳能热发电属于低温热发电，包括太阳池热发电、太阳能热气流发电等。聚光太阳能热发电属于高温热发电，又称为太阳能热动力发电，包括槽形太阳能热发电、塔式太阳能热发电、菲涅尔式太阳能热发电和蝶式太阳能热发电，如图1-12所示。

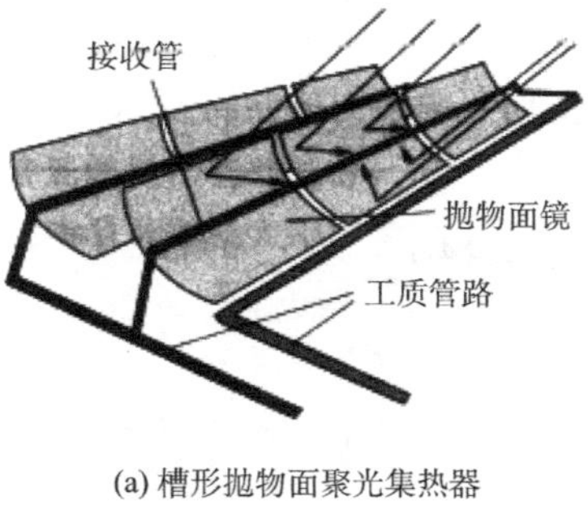

(a) 槽形抛物面聚光集热器

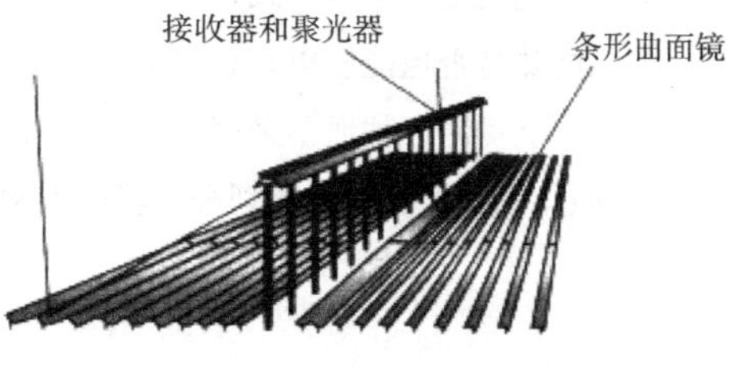

(b) 线性非涅尔反射聚光集热器

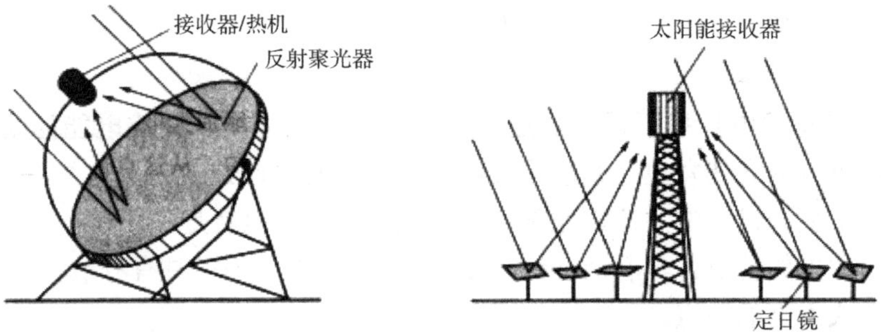

图 1-12　太阳能热发电热能利用示意图

典型的太阳能热动力发电系统由聚光集热子系统、蓄热子系统、锅炉、电机等组成，包括太阳能的采集、转化、储存、传输等方面。聚光集热子系统采集太阳能，蓄热子系统储能，锅炉和电机用于发电。

聚光集热子系统是将低密度的太阳辐射聚集起来并将其转化为热能的装置，包括聚光器、接收器和跟踪装置。

本书仅学习光伏发电及其控制技术，光热发电及其系统不作分析。

思　考　题

1. 太阳能利用的优缺点是什么？

2. 什么叫太阳常数？数值为多少？

3. 太阳辐射穿过地球大气层会受哪些因素影响？

4. 什么叫大气质量？大气质量 m=0 和 m=1 分别表示什么？

5. 分别求出某地(北纬 32.5°)某年 3 月 10 日上午 10 点、中午 12 点、下午 3 点的太阳高度角和方位角。

6. 光伏组件安装在某地(北纬 32.5°)，试求某年 5 月 1 日该组件的日照时间。

7. 太阳能光发电有哪些方式？

8. 太阳能热是否也能发电？思考如何利用太阳能的热量。

9. 对太阳能资源评估通常采用哪几种方式？

10. 按照年太阳能总辐射量划分，我国太阳能资源分为哪四类？

第 2 章　光伏发电系统

2.1　光伏发电系统分类

光伏发电系统可以通过多种方式、多种角度进行分类。

如果根据光伏发电系统的应用形式、应用规模和负载类型，可将光伏系统分为如下七种类型：小型太阳能供电系统、简单直流系统、大型太阳能供电系统、交直流供电系统、并网系统、混合供电系统、并网混合供电系统。每种系统结构略有不同，负载类型和特点也各有不同。

光伏发电系统也可以从能量流的角度和工程角度划分，与以上的七种类型会有重合。如果按照能量流划分，基本分为能量产生、能量储存、能量转化、能量传输与分配、能量利用五个主要环节，如图 2-1 所示，光伏发电系统可以从这五个方面分类。

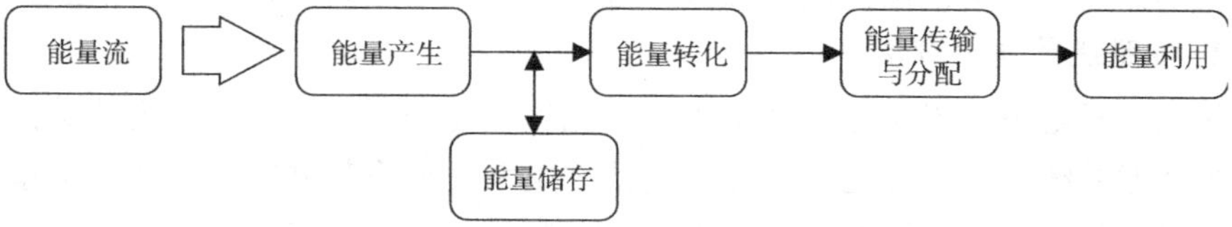

图 2-1　光伏发电系统按能量流的基本环节分类图

如果从光伏发电工程的流程角度，可以按照系统的安装方式、安装地点、安装容量等进行划分，这种分类方法同样也能直接反映系统的主要特点。

2.1.1　按照能量流划分光伏系统

1. 按照发电组件的材料类型分类

从光伏发电系统能量产生环节来看，光伏电池是发电系统产生电能的直接来源。因此，光伏发电系统按照光伏电池的类型分为晶硅光伏发电系统、非晶硅光伏发电系统。

晶硅光伏电池有单晶硅与多晶硅两大类，用 P 型（或 N 型）硅衬底，通过磷（或硼）扩散形成 PN 结而制作，生产技术成熟，商用晶硅光伏电池的光电转换效率高于非晶硅电池，是光伏发电市场上的主导产品，因此，目前光伏发电系统广泛采用晶硅光伏电池。

单晶硅太阳电池效率高、寿命长、性能优良，但成本高，而且限于单晶的尺寸，单片电池面积难以做得很大，目前比较大的为直径为 10～20cm 的圆片。国际公认最高效率在 AM1.5 条件下为 24%，空间用高质量的效率在 AM0 条件为 13.5%～18%，地面用大量生产的效率在 AM1 条件下多在 11%～18%。

多晶硅电池是用浇铸的多晶硅锭切片制作而成的，成本比单晶硅电池低，单片电池也可以做得比较大(如 30cm×30cm 的方片)，但由于晶界复合等因素的存在，效率比单晶硅电池低。

非晶硅对太阳光的吸收系数大，因而非晶硅太阳电池可以做得很薄，通常硅膜厚度仅为 1～2μm，是单晶硅或多晶硅电池厚度(0.5mm 左右)的 1/500，所以制作非晶硅电池资源消耗少。目前非晶硅单结电池的最高效率可达到 14.6%左右，大量生产的效率可达到 8%～10%。叠层电池的转换效率有所提高，最高效率可达到 21.0%。

虽然随着技术的不断进步和规模效益的提高，光伏电池的成本、效率等比其民用化初期有了长足的改进，但人们仍然致力于不同材料、不同方法的研究，如双结电池、多结电池、CdTe 电池、钙钛矿太阳电池、染料敏化电池、聚光电池等，目的就是让人们使用上由清洁、高效、价廉、便捷的太阳能转化出的电能。

2. 按照能量储存分类

从光伏发电系统能量储存环节来看，光伏电能是否能够储存，也就是按系统是否带储能系统分类，分为带储能的光伏发电系统和不带储能的光伏发电系统。

光伏组件受太阳辐射的不稳定性(如夜间无光照)，造成光伏电源不稳定，对于离网型光伏发电系统常常要带储能系统。如果负载对电源的连续性没有要求，发电系统可以不带储能系统；或者光伏发电系统是连接电网的并网型发电系统，负载的供电在光伏不稳定、不连续时可以由电网提供电能，这种系统也可以不带储能系统。

但是并网型发电系统也可以带储能系统。从供电系统的安全、稳定、经济运行的角度分析，不带储能系统的并网光伏发电系统将对线路潮流、系统保护、电网经济运行、电能质量和运行调度等方面产生不利影响。解决大型并网型光伏发电系统(光伏电站)对电网影响的途径是提高电网灵活性或为并网光伏电站配置储能装置。

储能系统在光伏发电系统中的作用主要体现在以下几个方面。

(1)保证系统稳定。光伏发电系统中，光伏输出功率曲线与负荷曲线存在较大差异，特别是在负载有不可预料的波动情况下，储能系统的能量储存和缓冲使得系统能够运行在一个稳定的输出水平。

(2) 能量备用。储能系统可以在光伏发电不能正常运行的情况下起备用和过渡作用，例如，在夜间或者阴雨天电池方阵不能发电时，储能系统就起备用和过渡作用。

(3) 提高电力品质和可靠性。储能系统还可防止负载上的电压尖峰、电压下跌和其他外界干扰所引起的电网波动对系统造成大的影响，采用足够多的储能系统可以保证电力输出的品质与可靠性。

储能方式常见的有电化学储能、机械储能、压缩空气储能。

(1) 电化学储能有蓄电池储能、超级电容储能，具有可靠性高、模块化程度高等特点，常用于对供电质量要求较高的负荷区域的配电网络中。超级电容器是具有更高的介电常数、更大的耐压能力和更大的储存容量的电容器，它既有普通电容器释放能量快的特点，又具有功率密度大、充放电循环寿命长、充放电效率高、充放电速率快、高低温性能好、能量储存寿命长等特点。但是超级电容器也存在不少的缺点，主要有能量密度低、端电压波动范围比较大、电容的串联均压问题。

(2) 机械储能如飞轮储能，具有效率高、建设周期短、寿命长、储能量高等优点，并且充电快捷，充放电次数无限，对环境无污染。但是，飞轮储能的维护费用相对其他储能方式要昂贵得多。

(3) 压缩空气储能系统是基于燃气轮机技术的储能系统。其工作原理是，在用电低谷，将空气压缩存到储气室中，使电能转化为空气的内能储存起来；在用电高峰，高压空气从储气室释放，进入燃气轮机燃烧室燃烧，然后驱动电机发电。传统压缩空气储能系统具有储能容量较大、储能周期长、效率高和投资较小等优点。但是，传统压缩空气储能系统必须同燃气轮机电站配套使用，不能适合其他类型电站。此外，压缩空气储能系统也需要特殊的地理条件建造大型储气室，如岩石洞穴、盐洞、废弃矿井等。压缩空气储能系统不适用于光伏发电系统。

另外，发电系统的储能方式还有提水储能、超导体储能等，在光伏发电的储能系统中，蓄电池储能是主要采用的储能方式，常见的蓄电池有铅酸蓄电池、锂离子电池等。

3. 按照是否连接电网分类

从光伏发电系统能量利用的角度来看，按光伏发电系统是否连接电网、光伏电能是否直接被负载使用分类，分为离网型光伏发电系统、并网型光伏发电系统。

离网型光伏发电系统，也称独立光伏发电系统，是不依赖于电网而独立运行的发电系统。通常将太阳电池发出的电接入蓄电池并储存起来，需要给电器供电时，蓄电池里的电能变换成直流电或经逆变器转换成交流电。

并网型光伏发电系统，指其发出的电能连接到公共电网，就是太阳能发电、公共电网连接在一起，必须依赖现有电网才能运行的发电系统。太阳电池发出的电能经逆变器转换成交流电，与电网连接合并电能。给负载供电又分为两类，一种是光伏电能先给负载供电，当太阳能的发电量超过负载使用的电量时，多余的电就输送到了公共电网；而当太阳能的发电量不能满足家用电器使用时，就自动从电网中补充，整个过程不需要人工操作。还有一种是太阳能所发电能全部输送电网，由电网给负载供电。

离网型光伏发电系统由于不受地域的限制，使用很广泛，只要有阳光照射的地方就可以安装使用，因此非常适合于偏远无电网地区、农村、牧区、山区、孤岛、渔船等，也可以作为经常停电地区的应急发电设备，解决当地用户用电需求。并网型光伏发电系统主要用于大规模发电，是电能的来源之一，有助于解决当地或本地区的电力供应。并网型光伏发电系统更适合作为电网能量的补充，适合用于联网电站、分布式发电、应急发电等。

2.1.2　按照工程划分光伏系统

1. 按照安装方式分类

按照太阳电池的安装方式分类，可分为固定式光伏系统、倾角调节式光伏发电系统、自动跟踪式光伏发电系统(又包括单轴跟踪系统和双轴跟踪系统)。

光伏支架承载光伏组件，是光伏发电系统的重要组成部分。支架的选择直接影响着光伏组件的运行安全、破损率及建设投资，选择合适的光伏支架不但能降低工程造价，也会减少后期养护成本。

固定式光伏系统的光伏阵列不随太阳入射角变化而转动，以固定的方式接收太阳辐射。根据倾角设定情况又可以分为最佳倾角固定式、斜屋顶固定式。最佳倾角固定式系统要先计算出当地最佳安装倾角，阵列采用该倾角的固定安装，在平顶屋面电站和地面电站广泛使用。

倾角调节式光伏发电系统使用人工或电液传动等方式，将太阳能支架间隔一段时间调节一次，使光伏电池在一段时间内获得最多的电能，支架结构和控制都比较简单。

自动跟踪式光伏发电系统的支架通过机电或液压装置使光伏阵列随着太阳入射角的变化而移动，能够自动控制，使太阳光尽量直射组件面板，提高光伏阵列发电能力。

关于光伏阵列的安装方式、构成、特点等，将在第 3 章阵列的安装方式中进一步分析讨论。在此仅讨论由安装方式不同而划分的光伏发电系统的主要区别。

2. 按照组件安装容量分类

光伏发电系统装机容量是指太阳能电站使用多少 kW_p (或 MW_p) 的电池组

件。按照太阳电池的安装容量分类，可分为小型光伏发电系统、中型光伏发电系统、大型光伏发电系统。

根据我国的分类，小型光伏发电系统功率不大于 $50\,kW_p$，大型光伏发电系统功率不小于 $1000\,kW_p$，中型光伏发电系统功率介于小型系统与大型系统之间。国际能源机构(IEA)的分类为：小规模(100kW 以下)、中规模(100kW～1MW)、大规模(1～10MW)、超大规模(10MW 以上)。平常人们所说的大功率系统、小功率系统并没有很严格的界限和区分。

根据光伏发电系统接入电网的电压等级确定光伏发电站的规模，依照国家电网标准的分类为：小型光伏电站，是接入电压等级为 0.4kV 低压电网的光伏电站；中型光伏电站，是接入电压等级为 10～35kV 电网的光伏电站；大型光伏电站，是接入电压等级为 66kV 及以上电网的光伏电站。

3. 按照安装地点分类

按照太阳电池的安装地点分类，可分为地面光伏系统、屋顶光伏系统、光伏建筑一体化光伏系统。

地面光伏系统是最常见的光伏发电系统，特别是在荒漠、山坡等场地安装，以中、大型光伏电站为主，电能常常通过高压变压器升至电网电压，然后并网发电。

屋顶光伏系统建于建筑物屋顶，利用屋顶场地，因地制宜，多为离网型发电系统或小功率并网型发电系统。

光伏建筑一体化(BIPV)光伏系统，是使光伏发电与建筑相结合，让光伏部件作为建筑物的一部分，或把光伏部件作为建材的一部分。图 2-2 是光伏电池与建筑物的结合图例。

图 2-2　光伏建筑一体化光伏系统

(1)光伏建筑一体化系统概念。利用建筑物的迎光面，吸收太阳辐射能直接变成电能。在有电网的地方提供峰值电力，减少常规能源消耗、保护环境。在无电地区配合蓄电池充电，解决当地生活用能和生产用能。

(2) 光伏建筑一体化的类型较多，有与建筑物屋面结合、与建筑物阳台结合、与建筑物墙面结合、与建筑物屋檐结合、与建筑物窗檐结合、与建筑物门窗结合等光伏系统。

近年来，光伏材料通过加工使组件制成建材形状，可以更好地与建筑物相融合，如光伏瓦、光伏雨棚等。

(3) 光伏与建筑一体化优点如下：第一，有效利用屋顶和墙面，无须额外用地或加建其他设施，节省了土地资源，这对于人口密集、土地昂贵的城市尤为重要。第二，减少输电线路和输电损耗。第三，舒缓用电高峰时的电力需求。通常夏季是空调等设备大量使用的时期，而这时也是光伏方阵发电最多的时期，光伏建筑一体化系统除了能保证自身建筑内用电，还可以向电网供电，从而解决电网峰值矛盾，具有良好的社会效益。

4. 按照其他方式分类

按照其他方式对光伏发电系统分类，例如，按照光伏与其他类型的发电系统组合的混合能源供电系统，有风光互补发电系统、光伏燃料电池互补发电系统等。还有根据应用领域或场地不同来划分的发电系统，如渔光互补发电系统、农光互补发电系统、林光互补发电系统等。

关于互补光伏发电系统，以及对于最常用分类的离网型光伏发电系统、并网型光伏发电系统的进一步分析将在后面进行。

通过以上光伏发电系统的总体划分，可以得出光伏发电系统的主要关键技术如下。

(1) 光伏控制器与电能变换技术。

(2) 最大功率点跟踪技术。

(3) 逆变与并网技术。

(4) 光伏电站设计及电站工程技术等。

目前一些新的研究内容主要有微电网能量管理、仿真与预测技术、智能测控技术、第三代光伏发电系统等。

2.2　离网型光伏发电系统

根据负载种类不同，离网型光伏发电系统分为直接型、直流负载型、交流负载型、交直流负载型。

2.2.1　直接型离网光伏发电系统

1. 构成

直接型离网光伏发电系统由光伏电池和小功率的直流负载直接连接而成，如图 2-3 所示。小功率直流负载如换气扇、抽水机、灯、玩具等。

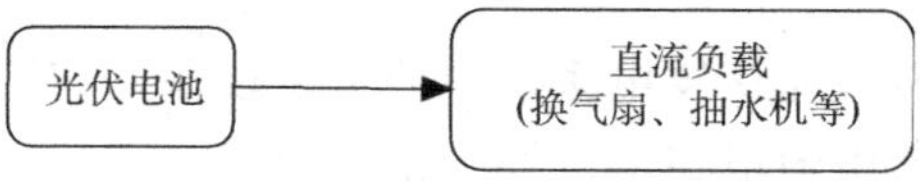

图 2-3　直接型离网光伏发电系统原理图

2. 特点与应用

这种构成的优点是整个系统结构简单、操作简便、不需要辅助电路和控制电路，但缺点也非常明显，系统只能在有光的条件下工作，无光时便立即停止工作；电能不稳定、功率小，只能带功率消耗小、对电能要求不高的负载。

直接型离网光伏发电系统是小型太阳能供电系统，系统中只有直流负载而且负载功率比较小。其主要用途是一般的户用系统，负载为各种民用的直流产品以及相关的娱乐设备。

2.2.2　直流负载型离网光伏发电系统

1. 构成

直流负载型离网光伏发电系统由光伏电池、光伏控制器、蓄电池组和直流负载连接而成，如图 2-4 所示。

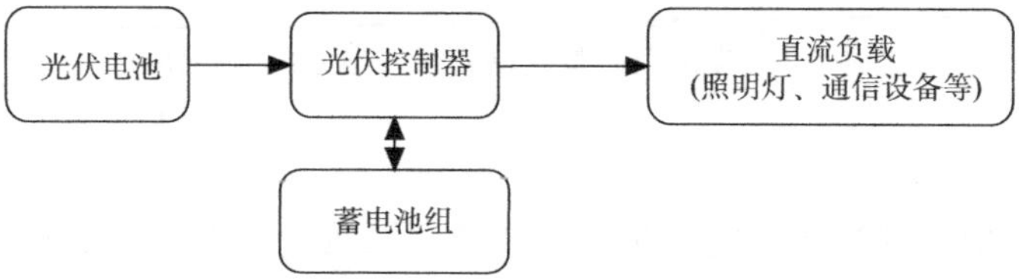

图 2-4　直流负载型离网光伏发电系统原理图

2. 特点与应用

直流负载型离网光伏发电系统可以是简单直流供电系统，也可以是大型太阳能直流供电系统。

简单直流供电系统的特点是系统负载为直流负载而且对负载的使用时间没有特别的要求，负载主要在白天使用，所以系统中没有使用蓄电池，也不需要使用控制器。系统结构简单，常用于光伏水泵系统。

大型太阳能直流供电系统适用于直流电源系统，但是这种光伏发电系统的负载功率较大，为了保证可靠地给负载提供稳定的电力供应，其相应的系统规模也较大，需要配备较大的太阳电池阵列和较大的蓄电池组，常应用于通信、遥测、监测设备电源，农村的集中供电站，航标灯塔、路灯等领域。

3. 主要设备

光伏控制器是离网型光伏发电系统中的关键设备，它监测蓄电池组的电压，然后控制光伏阵列对蓄电池组充电，控制蓄电池组对负载放电，实现对蓄电池组的过充和过放保护。

蓄电池组是离网型光伏发电系统中的电能储存单元，也是通过单节蓄电池的串、并联组成整个电池组，与太阳能发电系统配套使用的蓄电池主要是铅酸蓄电池、锂离子电池、镉镍蓄电池。电池的特性影响着系统的工作效率和特性。

2.2.3　交流负载型离网光伏发电系统

1. 构成

交流负载型离网光伏发电系统由光伏电池、光伏控制器、蓄电池组、逆变器和交流负载连接而成，如图 2-5 所示。

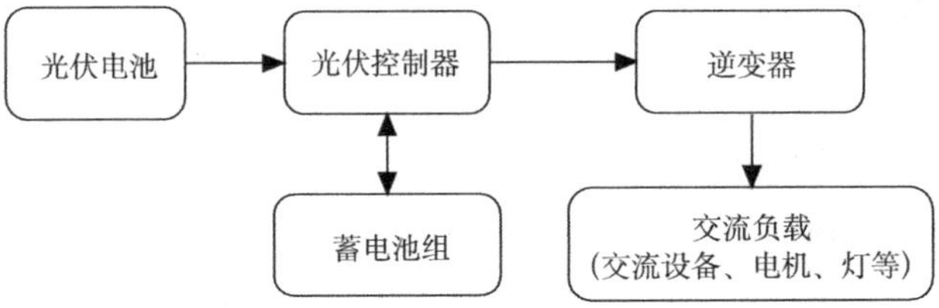

图 2-5　交流负载型离网光伏发电系统原理图

2. 特点与应用

交流负载型离网光伏发电系统的负载是交流负载，如灯、电机等。与直流负载型离网光伏发电系统相比，能带的负载类型不同，需要逆变器设备。虽然带负载的类型和种类会有增加，但系统的成本也增加了。

3. 逆变器

逆变器是将光伏电池和蓄电池的直流电转换成交流电的设备。

当负载是交流负载时，必须使用逆变器，离网逆变器用于离网型光伏发电系统。

2.2.4　交直流负载型离网光伏发电系统

1. 构成

交直流负载型离网光伏发电系统由光伏电池、光伏控制器、蓄电池组、逆变器、直流负载和交流负载连接而成，如图 2-6 所示，是直流负载型离网光伏发电系统和交流负载型离网光伏发电系统的合成。

2. 特点与应用

交直流负载型离网光伏供电系统同时为直流和交流负载提供电力，可以带交流和直流类型的各种负载，是一种通用型的结构。通常这种系统的负载耗电量比较大，从而系统的规模也较大。

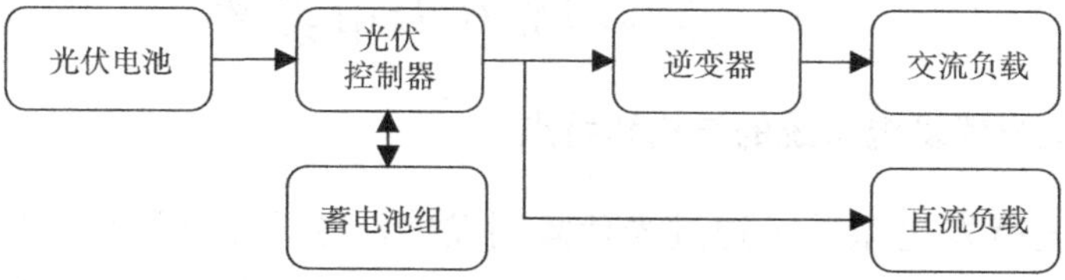

图 2-6　交直流负载型离网光伏发电系统原理图

2.2.5　光伏扬水系统

光伏扬水系统是一种相对特殊的系统，根据系统的构成可以看成直流负载型或交流负载型发电系统。

1. 概念

光伏扬水系统(光伏水泵)是利用光伏组件或阵列将太阳能转化为电能，然后通过光伏扬水控制器(或逆变器)驱动光伏水泵抽水，实现从深井或江河湖泊等水源中提水，其常用于农作物灌溉、草原畜牧饮用水、城市水景等领域。光伏扬水系统常常不与电网相连，属于离网型光伏发电系统，是光伏组件直接带小功率负载的应用。

2. 特点

光伏扬水系统具有无须电网和燃油、无储能电池、无人值守、夏天使用多的特点，根据光伏扬水系统的特性，通常调整光伏组件安装倾角，使系统在夏季的发电量最大，控制器(或逆变器)根据光照变化实时调节输出电能或停止电机运行。

3. 构成与分类

按水泵电机类型不同，光伏扬水系统可分为直流光伏扬水系统、交流光伏扬水系统。图 2-7 为光伏扬水系统原理图。

扬水控制器，将太阳能阵列的直流电转换为直流水泵额定工作电压，主要由 DC-DC 电路构成。

扬水逆变器，对系统的运行实施控制和调节，直流电转交流电。

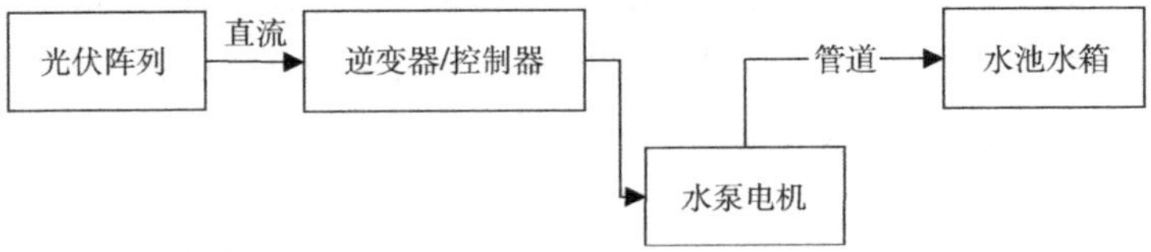

图 2-7　光伏扬水系统原理图

2.3　并网型光伏发电系统

2.3.1　并网型光伏发电系统的结构和特点

并网型光伏发电系统是通过光伏阵列发电，将所发电能并入交流电网，由电网进行管理和支配，像一个发电厂一样。并网系统结构图如图 2-8 所示。

在并网系统中，直流电经过并网逆变器转换成符合市电电网要求的交流电之后直接接入公共电网，免除配置蓄电池，并网型光伏发电系统可以对公用电网起到调峰作用，但对电网会产生一些不良的影响，如谐波污染、孤岛效应等。

在有太阳辐照的条件下，组件阵列输出的电能经过直流汇流箱送入直流配电柜，经并网逆变器转换后并入电网。整个发电系统可以不考虑储能蓄电池，可以在电网的支持下达到光伏电能的最大利用。

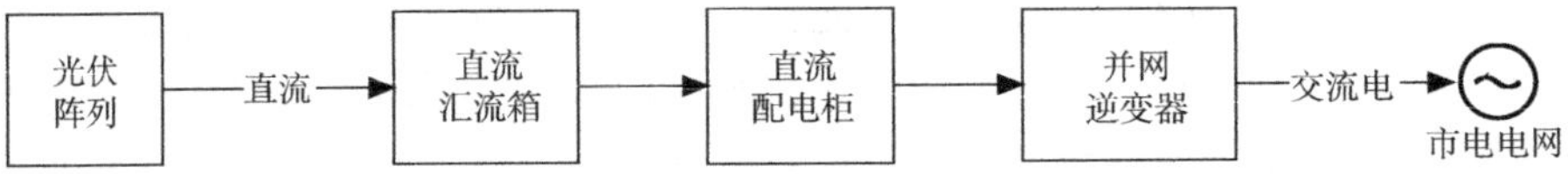

图 2-8　并网系统结构图

直流汇流箱和直流配电柜完成光伏电能的汇集与分配管理，小功率系统中可以不使用直流汇流箱和直流配电柜。

并网型光伏发电系统的优点是结构简单、光能利用率高。缺点是有日照时可提供电力，没有日照会导致发电量消失，对电网产生干扰，必须采取抗干扰措施。当并网型光伏发电系统的组件容量与所并入电网的容量相比很小时，这种扰动可以忽略不计。

通常并网型光伏发电系统配有光伏监控系统，监控整个系统的运行状态，记录系统的发电量、设备参数、环境参数以及故障报警等数据。

2.3.2　并网型光伏发电系统的分类

1. 用户侧并网和配电侧并网

按并入电网的节点不同，并网发电系统可分为用户侧并网和配电侧并网。

用户侧并网是指光伏电力以用户可用的电压及相位形式直接提供给交流电网，接入电网的节点在最低一级变电站的下游，可以不经过变压器，负载直接用电。这种系统的特点是单独为某一用户的电力负载供电，装机容量较小，自发自用为主，降低了对大电网电力的需求，节省电费。

配电侧并网是指光伏电力接入输电网，只有经过逐级降压后，用户负载才能使用，这种系统产生的电力经电网调配后可供多种用户共享，往往适合于大中型光伏发电系统。

2. 集中式并网和分布式并网

按接入形式不同可分为集中式并网光伏系统(或称大型联网光伏电站)和分布式并网光伏系统(或称户用型光伏电站)。

集中式并网光伏系统，是所发电能被直接输送到电网上，由电网统一调配向用户供电。它的主要特点是容量大，投资大，建设周期长，需要复杂的控制和配电设备，占用大片土地，发电的成本高。

分布式并网光伏系统，是所发的电能直接分配到用户的用电负载上，多余或不足的电力通过连接电网来调节。如果分布式并网光伏系统的负载白天耗电量小晚上耗电量大，则系统相当于将光伏发电系统白天所发的多余电力“储存”到电网中，等到需要用电时随时取用，省掉了储能蓄电池。分布式并网光伏系统的主要特点与大型联网光伏电站相反，可以因地制宜建设，容量小、投资小、设备简单。

3. 有逆流系统和无逆流系统

按电网的电能流动方向是否相反分为有逆流系统和无逆流系统，如图 2-9 所示。如果光伏发电系统将产生的剩余电能送入电网，电能的流动方向同电网的供能的流动方向相反，称为逆流。

光伏发电系统的发电能力大于负载，或者发电时间同负荷用电时间不相匹配，称为有逆流系统，即光伏发电系统电量首先供本地负载使用，有余量时，余量电能流向电网。无逆流系统，是指光伏发电系统的发电量始终小于或等于负荷的用电量，电量不够时由电网提供，即光伏发电系统与电网并联向负载供电。这种系统，即使当光伏发电系统由于某种特殊原因产生剩余电能时，也只能通过某种手段加以处理或放弃，所以不会出现光伏发电系统向电网输电的情况。图 2-9

为光伏并网有逆流和无逆流系统图，图 2-9(a)为有逆流系统，图 2-9(b)为无逆流系统。

当光伏电站设计为不可逆并网方式时，应配置逆向功率保护设备。当检测到逆向电流超过额定输出的限额(如 5%)时，光伏电站应在规定时间内停止向电网线路送电。

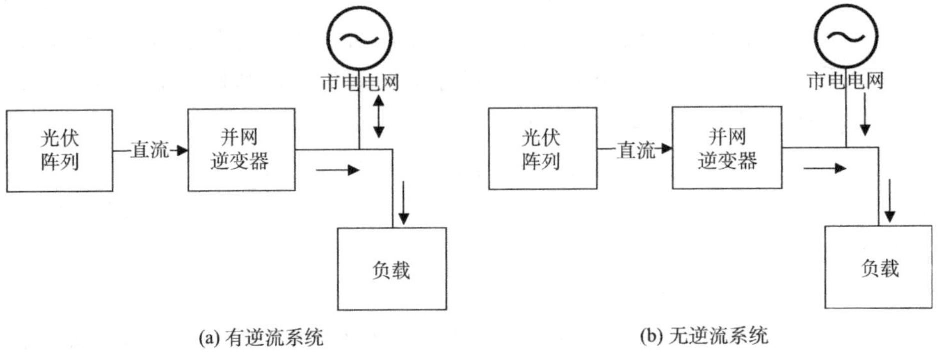

图 2-9　光伏并网有逆流和无逆流系统图

4. 可调度型系统和不可调度型系统

按光伏发电系统是否配置蓄电池供电网调度，分为可调度型系统和不可调度型系统。

配置少量电池的系统，称为可调度型系统。不配置蓄电池的系统，称为不可调度型系统。可调度型系统主动性较强，当出现电网限电、掉电、停电等情况时仍可正常供电。图 2-10 为光伏并网可调度型和不可调度型系统图，图 2-10(a)为可调度型系统，图 2-10(b)为不可调度型系统。

5. 切换式并网系统与自立运行式发电系统

光伏系统配置与市电切换保障负载运行的是切换式并网系统，通过自动切换设备(ATSE)控制光伏与电网供电。图 2-11 为切换式并网系统。系统常用于优先使用光伏电能，当光伏电能不足或消失时，自动切换到市电供电，保障负载用户正常用电。

无交流电时能独立运行给应急负载供电的系统是自立运行式发电系统，这种系统需要蓄电池。图 2-12 为自立运行式发电系统。这种系统常用于紧急情况下的负载，如应急灯、通信设施等，这些负载平时不工作，太阳能发出的电能储存到蓄电池，当发生地震、台风或其他破坏性情况，使市电发生中断时，启动蓄电池给应急负载供电。

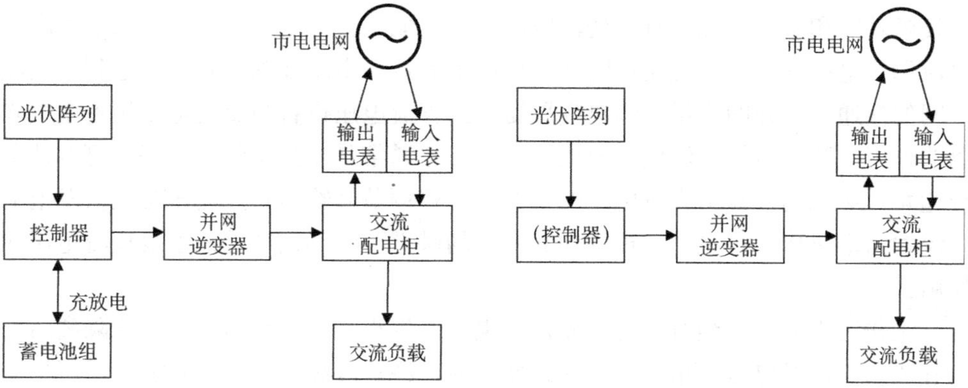

(a) 可调度型系统　　(b) 不可调度型系统

图 2-10　光伏并网可调度型和不可调度型系统图

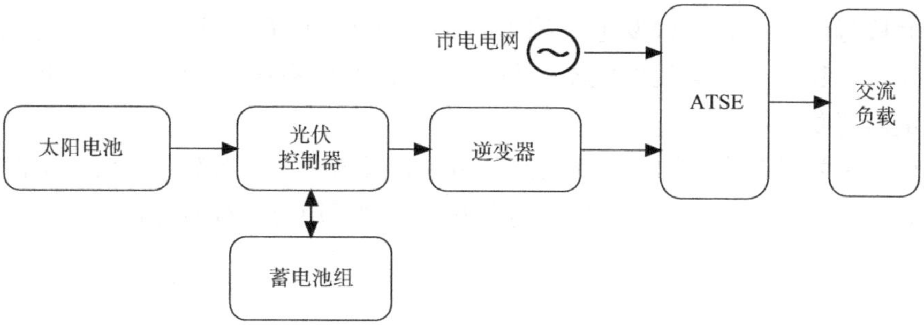

图 2-11　切换式并网系统

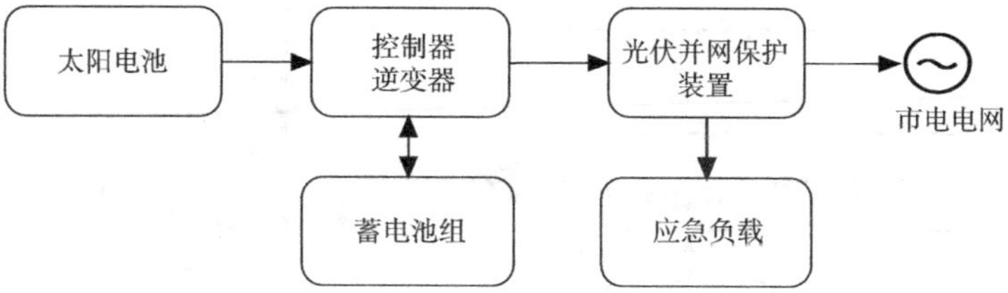

图 2-12　自立运行式发电系统

6. 直流式并网系统与交流式并网系统

光伏发电系统采用直流母线与市电并联为直流式并网系统，光伏发电系统采用交流母线与市电并联为交流式并网系统。图 2-13 为直流式并网光伏发电系统图。

主要设备有断路器 QF、隔离变压器 T、整流器、电力二极管、隔离二极管、逆变器等。图 2-13 中，虚线框内是带储能的直流负载型离网光伏发电系统结构，其设备功能和工作原理没有改变，发出来的电能是直流电，通过隔离二极管产生直流母线电压，可以与交流电网变换后产生的直流电压并联。断路器起到与交流电网的接通和断开的作用。隔离变压器起到直流电压设备与交流电压设备电气隔离的作用。整流器将交流电转换成直流电，它通常是相控型整流电路，可以调节导通角，达到调节输出直流电压的目的，一般调节其输出直流电压与光伏发电的直流输出电压接近。电力二极管和其并联的触点，起到调节母线Ⅰ段直流电压的作用。

工作过程如下：当有光时，光伏发电，产生直流电，经防反二极管隔离后产生Ⅱ段直流母线电压；市电通过断路器接通，经过隔离变压器和整流器后产生Ⅰ段直流母线电压；控制电力二极管的开通数量，可以使电力二极管处于反向截止状态，此时负载的电能就由光伏发电系统提供。当无光时，市电通过断路器接通，经过隔离变压器和整流器后产生Ⅰ段直流母线电压，经电力二极管降压后产生Ⅱ段母线电压；光伏发电系统不产生直流电，防反二极管隔离Ⅱ段直流母线电压，使Ⅱ段直流母线电能不会倒流入光伏发电系统；此时负载的电能就由交流电网提供。

直流式并网系统的优点为并网简单易行、投入主要设备简单经济、电源功率输出调节控制方便、能有效防止逆功率返送电网、用电负载多样化。

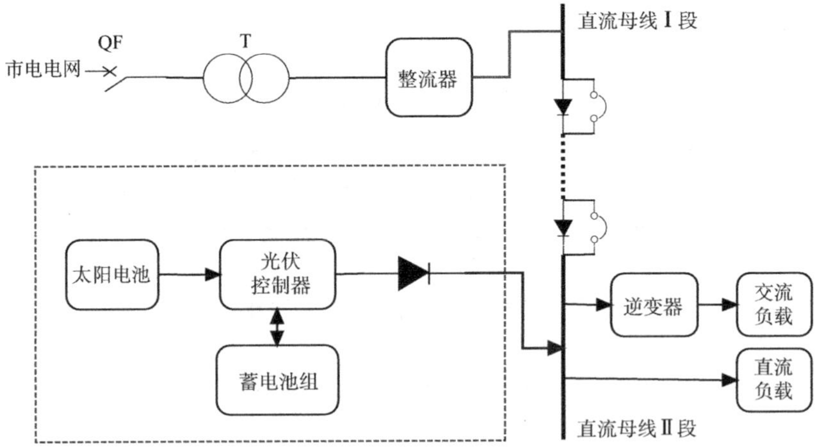

图 2-13　直流式并网光伏发电系统

交流式并网系统由并网逆变器、电抗器、变压器等构成。图 2-14 为交流式并网光伏发电系统。电抗器起电网接入匹配作用，使电流得到平滑滤波。此外并网型光伏发电系统可能还有升压变压器、开关柜、保护设备、监控设备等。

接入电网的方式根据电网类型不同，分为单相交流电并网和三相交流电并网。单相并网需要使用单相并网逆变器，三相并网需要使用三相并网逆变器，逆变器跟踪电网的电压、电流、频率等使得输出的交流电与电网的电压、频率等保持一致。

单相逆变器可以跟踪单相交流电，对三相系统也可以用三个单相逆变器分别跟踪三相，三个单相逆变器可组合构成一个三相逆变器。

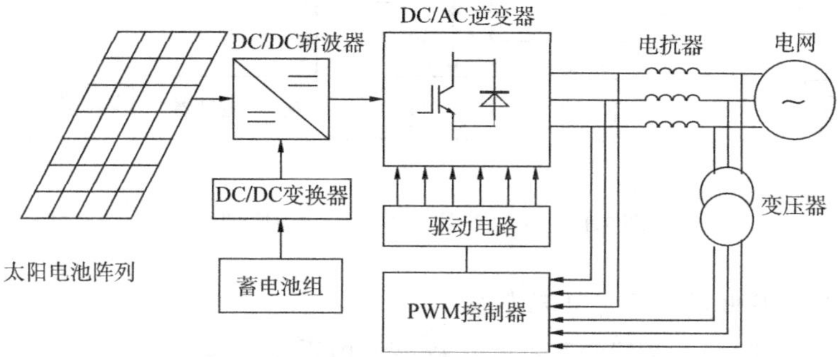

图 2-14　交流式并网光伏发电系统

2.4　互补型光伏发电系统

2.4.1　风光互补发电系统

1. 风光互补发电系统需求

由于受到地理分布、季节变化、昼夜交替等因素的影响，太阳能和风能都具有能量密度低、稳定性差的弱点。但通常白天和夏季光强风弱、晚上和冬季光弱风强，太阳能与风能具有一定的互补性。将太阳能和风能两者结合起来，实现昼夜发电，可以取长补短，形成风光互补发电系统。该系统不但能提高供电系统的稳定性和可靠性，而且可以减少系统的蓄电池容量，降低系统成本。

2. 风光互补发电系统构成

图 2-15 是风光互补发电系统构成原理图。

光伏阵列是光伏发电设备，作用与离网型光伏发电系统相同。

风力发电机组将风能转化成机械能，然后转化成电能。其构成主要是风力机和发电机。风力发电机组分为直流发电机组和交流发电机组，对于交流电要和光伏直流电合并时，简单的方法是将交流电通过整流器转换成直流电，整流器可以用二极管整流、相控整流等，用控制器将电能合并；如果是直流发电机组，它发出的直流电通过整流器后仍为直流电，只是电压幅值略有下降，调节电压幅值，送到控制器后与光伏能量合并。

电力转换与储能装置包括整流器、逆变器、蓄电池组。同样，逆变器的作用是将直流电转换成交流电，蓄电池组用于储能。

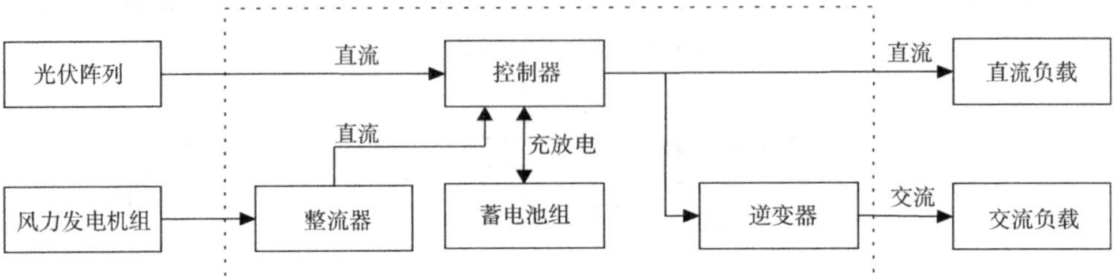

图 2-15　风光互补发电系统构成原理图

风光互补发电系统具有以下优点。

(1) 利用太阳能、风能的互补性，提高发电系统可靠性和稳定性。

(2) 在保证相同负载情况下，明显减少了蓄电池的容量。

(3) 通过合理设计和配置，基本可以减少启动柴油发电机次数，甚至不启动，降低能源消耗，提高经济效益。

风光互补发电系统主要用于无电农村的生活生产用电、半导体室外照明、航标灯电源系统、监控摄像机电源、通信基站电源、抽水蓄能电站电源等。

3. 风光柴互补发电系统构成

在电源供电可靠性等级要求高的系统中，除了风光互补发电，添加柴油发电机组供电，构成了风光柴互补发电系统。该系统在风电和光伏发电可以供电时柴油发电机不工作，当风光发电不能连续供电时启动柴油发电机工作，有效地保证了系统供电的可靠性。

图 2-16 为风光柴互补发电系统构成原理图。与图 2-15 对比，系统多出了柴油发电机组和调节控制器。柴油发电机组燃烧柴油，产生电能。调节控制器将柴油发电机组产生的电能供给交流负载和输送到整流器整流为直流电，柴油发电机组产生的直流电和风力发电机组产生的直流电做相同的处理，与风光互补发电系统相同。

风光柴互补发电系统使用燃油发电机作为备用电源机，可以达到可再生能源更好利用的目的，具有较高的系统实用性，具有较少的维护和较少的燃料，负载匹配更佳。但缺点是控制比较复杂，初期工程较大，比独立系统需要更多的维护，有污染和噪声。

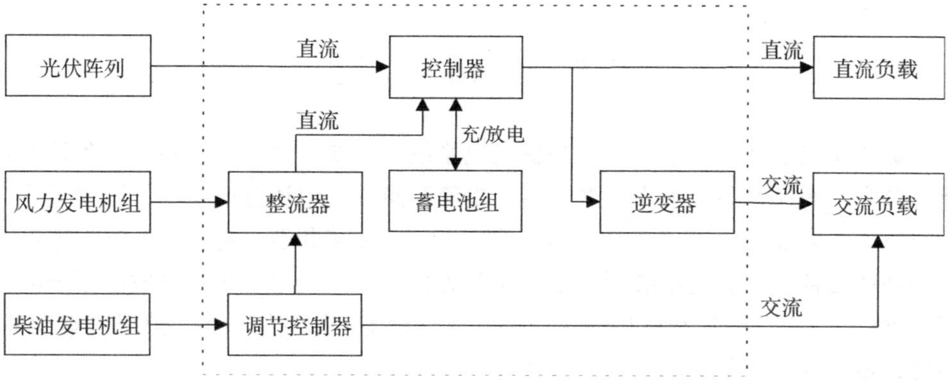

图 2-16　风光柴互补发电系统构成原理图

风光柴互补发电系统是可以综合利用光伏阵列、市电、备用市电和备用油机的并网混合供电系统。这种系统通常是控制器和逆变器集成一体化，使用电脑芯片全面控制整个系统的运行，综合利用各种能源，达到最佳的工作状态，并可以配备使用蓄电池，进一步提高系统的负载供电保障率，如 AES 的 SMD 逆变器系统。该系统可以为本地负载提供合格的电源系统，并可以作为一个在线 UPS(不间断电源)工作。

风光柴互补发电系统主要用于通信、应急等供电等级高的设备或系统。

2.4.2　小型新能源互补发电系统

1. 光伏光热互补发电系统

同时利用光伏发电和光热发电的系统称为光伏光热互补发电系统，系统的主要组成包括光热模块、光伏发电模块和控制器模块。这种系统将光伏和光热充分集成，提高了整体性能。

光伏光热综合利用典型的应用是光伏发电和太阳能集热器联合使用，能量转换效率提高，既利用了光伏组件发电，集热器中的介质循环运动又使光伏组件电池温度降低。

2. 光伏燃料电池互补发电系统

同时利用光伏发电和燃料电池发电的系统是光伏燃料电池互补发电系统。

燃料电池和光伏联合发电的优点如下。

(1) 提高能量综合利用率。

(2) 小功率系统中提高了供电的可靠性。

(3) 降低环境污染，节省电费。

2.5 平衡系统

除了光伏控制器和逆变器，光伏发电系统还需要一些附属设备。设备按其功能可分为：变换设备，如电力变压器、电流互感器、电压互感器等；开关设备，如断路器、隔离开关、负荷开关等；保护设备，如熔断器、避雷器、电抗器等；无功补偿设备；成套配电装置，如高压开关柜、低压配电屏等；对发电系统起监视、控制、调节、测量和保护作用的所有电气设备，如主控设备、数据采集设备、通信设备、开关设备、继电保护设备等。

光伏汇流箱用于连接光伏阵列及逆变器，其用途是将光伏组串或阵列产生的直流电流汇流，还可以提供防雷及过流保护，组串的电流、电压以及断路器的状态监测。

有的光伏发电系统配有直流配电柜、交流配电柜。光伏直流配电柜主要应用在大型光伏电站，用来连接汇流箱与光伏逆变器。交流配电柜用来控制交流电与变压器通断。在变压器和高压电网之间可以配置高压交流配电柜，主要用断路器控制电能并网与脱网。

在光伏发电系统中有很多接口，组件、接线盒、逆变器、汇流箱等都需要连接器，在组件之间、设备之间需要连接电缆，而光伏发电系统常常会工作在恶劣环境条件下，如高温和强紫外线辐射等，因此发电系统中连接件和线缆使用的材料应根据工作环境而定。

电缆：使用双层绝缘橡胶护套的光伏电缆。

电涌保护器：光伏发电系统要有防雷接地措施。

变压器：光伏并网发电系统与电网连接时，可以通过光伏升压变压器与电网连接。

无功补偿设备：静止无功补偿装置(static var compensator，SVC)和静止同步补偿器（static var generator，SVG)都是无功补偿设备。SVC 依靠电子开关控制传统的无源器件(电容、电抗)来实现对容感性无功的调节；SVG 通过变流器来实现对容感性无功的调节。SVG 的基本原理是将自换相桥式电路直接并联(或者通过电抗器并联)在电网上，适当地调节桥式电路交流侧输出电压的相位和幅值，或者直接控制其交流侧电流，就可以使该电路吸收或者发出满足要求的无功电流(感性或容性)，实现动态无功补偿的目的。SVC 无功补偿装置应用广泛，但损耗大，自身谐波较多。SVG 无功补偿装置具有响应速度快和可连续调节的优点，已应用于提高输电系统的稳定性、改善电能质量、对冲击性负荷的无功补偿和闪变抑制等领域。

发电测控系统是对光伏电站中的光伏阵列、汇流箱、逆变器、交直流配电柜、跟踪控制单元等设备进行检测和控制，通过界面使用户能快速地掌握发电系统的运行状况。系统接入所有的电站在线监测设备，进行设备统一管理，设备运行数据统一采集、查看和分析，提供综合全面的运行状态监测、运行告警发现与通知、数据查询分析、设备运行管理。

思 考 题

1. 什么是并网型光伏发电系统和离网型光伏发电系统？它们的主要区别是什么？
2. 分析典型的离网型光伏发电系统的构成，各组成部分的主要作用是什么？
3. 画出交直流负载型离网光伏发电系统的结构图，说明各主要模块的功能。
4. 离网型光伏发电系统中控制器、逆变器的作用是什么？
5. 光伏计算器属于哪类光伏供电系统？
6. 光伏水泵对电能量的需求是什么？
7. 光伏建筑一体化有什么优点？
8. 无逆流并网光伏发电系统如何防逆流？
9. 可调度型并网光伏发电系统中蓄电池的作用是什么？
10. 切换式与无逆流光伏并网系统有什么区别？
11. 直流式并网发电系统中二极管起什么作用？

第3章　太阳电池阵列

3.1　太 阳 电 池

3.1.1　PN结构成

1. 半导体材料

晶格完整且不含杂质的半导体称为本征半导体。

纯净的硅是一种本征半导体，如果硅半导体掺杂少量的五价磷元素P就形成了N型硅，如图3-1(a)所示，这种半导体也称为电子型半导体或N型半导体。这种N型硅内自由电子数量多，称为多数载流子(或称多子)；空穴数量很少，称为少数载流子(或称少子)。

如果本征硅半导体掺杂少量的三价硼元素B形成P型硅，如图3-1(b)所示，这种半导体也称为空穴型半导体或P型半导体。这种P型硅内的空穴数量多，称为多数载流子；自由电子数量很少，称为少数载流子。

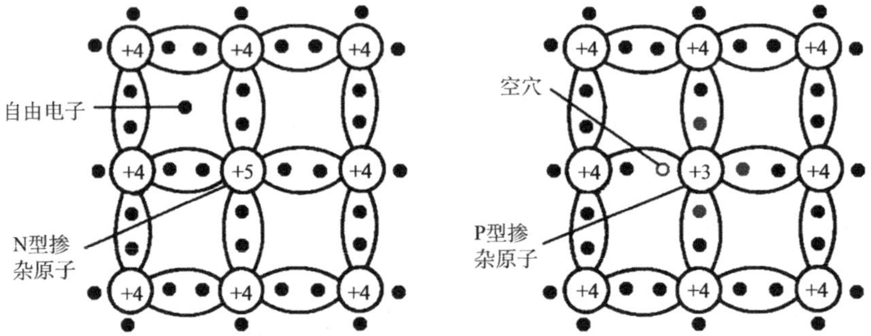

(a) N型硅晶体结构　　(b) P型硅晶体结构

图3-1　N型和P型硅晶体结构

2. 载流子的运动

半导体中存在能够导电的自由电子和空穴，这些载流子有两种运动方式：漂移运动和扩散运动。

半导体中载流子在外加电场的作用下，按照一定方向的运动称为漂移运动。外界电场的存在使载流子做定向的漂移运动，并形成电流。

因为空穴带正电，所以空穴的漂移运动方向与电场方向相同。在半导体中总是同时存在着两种载流子的漂移电流，它们的相对大小取决于两种载流子的浓度和相应的迁移率。载流子的迁移率数值与温度、载流子性质、半导体材料、掺杂浓度等因素有关。温度越高，掺杂浓度越大，迁移率就越小。空穴的迁移率比自由电子的小，但它们有相同的数量级(硅材料中载流子的迁移率比锗材料中载流子的迁移率小)。在掺杂半导体中，多子浓度远大于少子浓度，因而，漂移电流中主要是多子漂移电流。

在半导体中还存在另外一种情况就是载流子在空间上分布不均匀，即在半导体不同位置载流子浓度不同，此时载流子会产生另外一种输运现象——扩散运动。扩散运动是半导体内载流子浓度不均匀，引起载流子从浓度高向浓度低的地方迁移的运动。扩散运动和漂移运动不同，它不是由于电场力的作用产生的，而是由于载流子的浓度差引起的。

当一个半导体的一个端面上照射光线或注入载流子时，半导体中的热平衡状态就遭到破坏，出现非平衡的自由电子和空穴，并由靠近端面处(浓度高)的载流子向离开端面(浓度低)的方向运动。这样，在半导体内的浓度分布不同，即靠近端面处，非平衡载流子浓度最大；离开端面越远，非平衡载流子浓度越小，最后趋近于零，即载流子浓度恢复到热平衡值。这种因浓度差引起非平衡载流子的运动称为扩散运动，相应产生的电流称为扩散电流。它们的大小与浓度差(浓度梯度)成正比。自由电子扩散电流方向与浓度减小方向相反，空穴电流方向与浓度减小方向一致。

3. PN 结的形成

N 型半导体和 P 型半导体紧密接触，在交界处 N 区中电子浓度高，要向 P 区扩散，在 N 区一侧就形成一个正电荷的区域，如图 3-2(a)所示；同样，P 区中空穴浓度高，要向 N 区扩散，P 区一侧就形成一个负电荷的区域。这个 N 区和 P 区交界面两侧的正、负电荷薄层区域称为“空间电荷区”，也就是 PN 结形成的内建电场 E，如图 3-2(b)所示，内建电场产生电势差 U_D，具有一定的电势能，则

$$\text{电势能}=\text{电荷}\times\text{电势}=(-q)\times(-U_D)\ =qU_D$$

内建电场一方面阻止“多子”的扩散运动，另一方面增强“少子”的漂移运动，最终达到扩散与漂移的平衡状态。

4. PN 结的导电特性

当 PN 结加上正向偏压时，外加电场的方向与内建电场的方向相反，打破了扩散运动和漂移运动的相对平衡，内建电场被压缩变窄，电荷易于移动，形成通过 PN 结的电流，称为正向电流，电流较大。当 PN 结加上反向偏压时，内建电

场被加宽，电荷移动困难，形成 PN 结的反向电流，电流很小，称为漏电流。以上正偏导通、反偏截止的特性称为 PN 结的单向导电性，如图 3-3 所示。

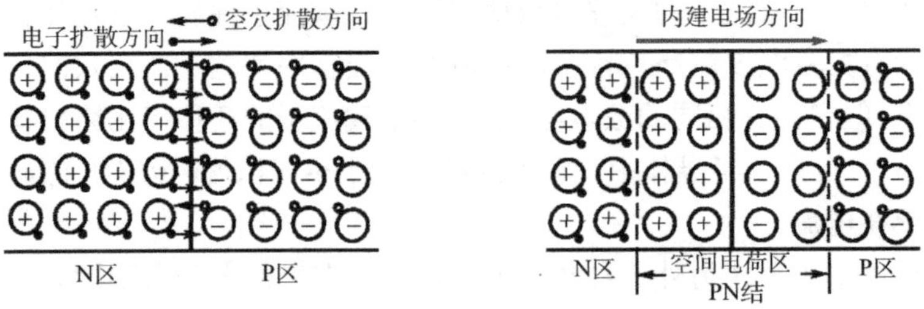

(a) 形成PN结前载流子的扩散过程　　(b) 空间电荷区和内建电场

图 3-2　PN 结的形成

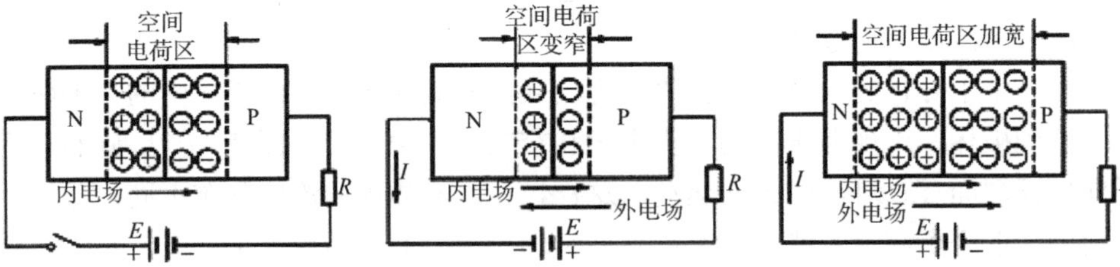

(a) 未知电压的PN结　　(b) 加正向电压，PN结导通　　(c) 加反向电压，PN结不导通

图 3-3　PN 结单向导电特性

图 3-4 给出硅 PN 结的典型的电流-电压特性曲线。当在 PN 结上加正向电压(P 型一侧接电源正极，N 型一侧接电源负极)时，随着正向电压的增加，电流将

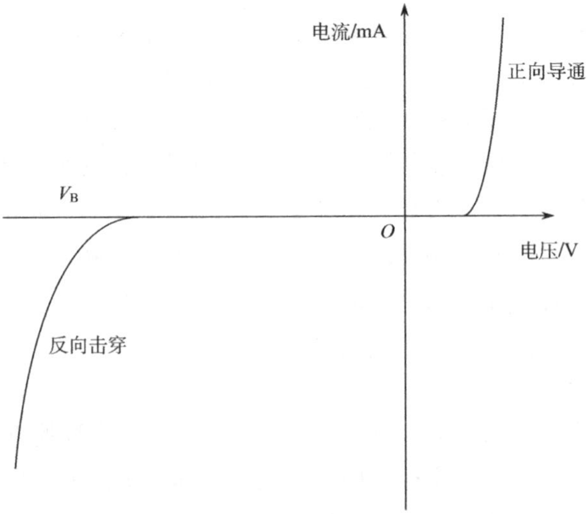

图 3-4　典型 PN 结电流-电压特性曲线

迅速增加。而当在 PN 结上加反向偏压时，在开始阶段，反向电流很小，几乎没有。随着反向偏压的进一步增加，电流依然很小，直到反向偏压加大到某一临界电压后反向电流将突然增加，这一现象称为结击穿(反向击穿)。外加的正向偏压通常在 0.7～1V，而击穿电压(临界电压)取决于掺杂浓度以及器件的其他参数，其值在几伏到几千伏。

3.1.2　光伏效应

1. 光伏效应原理

光生伏特效应简称为光伏效应，指光照使不均匀半导体或半导体与金属结合的不同部位之间产生电位差的现象。

产生这种电位差的机理有好几种，主要的一种是由于阻挡层的存在。以下以 PN 结为例说明。

制作 PN 结的材料，可以是同一种半导体(同质结)，也可以是由两种不同的半导体材料或金属与半导体的结合(异质结)。“结合”指一个单晶体内部根据杂质的种类和含量的不同而形成的接触区域，严格来说是指其中的过渡区。因此，结有多种，如 PN 结、PI 结、NI 结、P+P 结、N+N 结等。I 型指本征型，P+、N+分别指相对于 P、N 型半导体受主、施主浓度更大些。

当太阳电池受到光照时，光在 N 区、空间电荷区和 P 区被吸收，分别产生电子-空穴对。由于入射光强度从表面到太阳电池体内呈指数衰减，在各处产生光生载流子的数量有差别，沿光强衰减方向将形成光生载流子的浓度梯度，从而产生载流子的扩散运动。

N 区中产生的光生载流子到达 PN 结 N 侧边界时，由于内建电场的方向是从 N 区指向 P 区，静电力立即将光生空穴拉到 P 区，光生电子阻留在 N 区。

P 区中产生的光生载流子到达 PN 结 P 侧边界时，光生电子立即被内建电场拉向 N 区，空穴被阻留在 P 区。

空间电荷区中产生光生电子-空穴对，电子、空穴被内建电场分别拉向 N 区和 P 区。

因此，PN 结及两边产生的光生载流子就被内建电场所分离，在 P 区聚集光生空穴，在 N 区聚集光生电子，使 P 区带正电，N 区带负电，在 PN 结两边产生光生电动势。上述过程通常称为光生伏特效应或光伏效应，如图 3-5 所示。光生电动势的电场方向和平衡 PN 结内建电场的方向相反。当太阳电池的两端接上负载时，这些分离的电荷就形成电流。

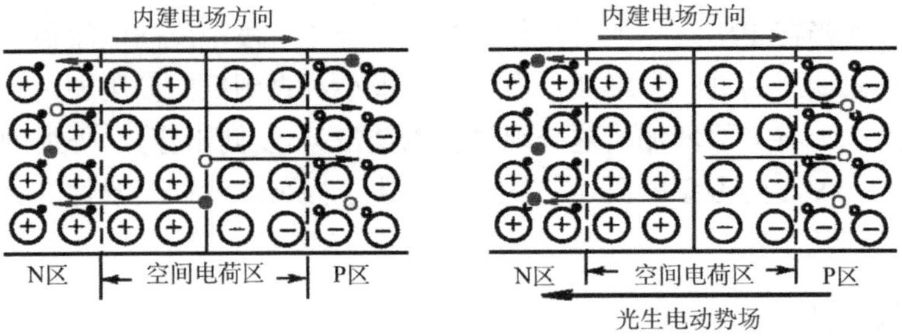

图 3-5　光电效应产生光生电动势

2. 光伏电池

当上述材料制作的 PN 结的两端接上负载时，光照后，光生电动势经闭合回路就形成电流，最简单的太阳电池就由 PN 结形成了。在此太阳电池的上表面连接上电极，背面连接背电极，在太阳电池表面通常还镀有一层减反射膜，这就是基本的太阳电池的结构，如图 3-6(a)所示。为了增加电荷的积累量，需要加大 PN 结的受光面积，在制作电极时，将电极做成栅线，一方面要尽量减少电极对光线的遮挡，另一方面要能尽量多地收集电荷。如图 3-6(b)所示，有光时，在上电极和背电极之间便产生电动势。

硅太阳电池一般制成 P+/N 型结构或 N+/P 型结构。对于太阳电池输出电压的极性，P 型一侧电极为正，N 型一侧电极为负。

根据太阳电池的材料，光伏电池又分为许多种类型：单晶硅光伏电池、多晶硅光伏电池、非晶硅光伏电池。如果按照结构、功率等不同，还有其他分类法。

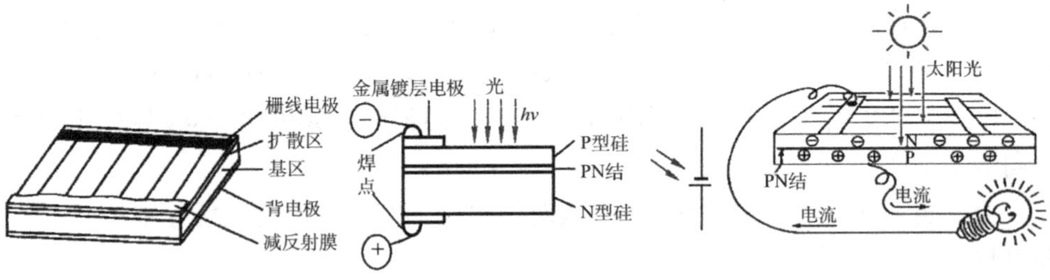

(a) 光伏电池　　(b) 光生电动势　　(c) 光伏电池连负载

图 3-6　光电效应制成光伏电池

3. 光伏电池的电流方程

有光照时，PN 结内将产生一个附加电流(光电流) I_p，其方向与 PN 结反向饱和电流 I_0 相同，一般 $I_p \geqslant I_0$。根据二极管的电流方程，此时，光伏电池电流为

$$I = I_0 e^{qU/(kT)} - (I_0 + I_p) \tag{3-1}$$

式中，q 为电子的电量；U 为 PN 结正向电压降；k 为玻尔兹曼常量；T 为热力学温度。

设 S 为光照强度，E 为光电转换系数。根据光生伏特原理，光照强时产生电荷多，光照弱时产生电荷少，电流与光强基本成正比。

令 $I_{\mathrm{p}} = SE$，则

$$I = I_0 \mathrm{e}^{qU/(kT)} - (I_0 + SE) \tag{3-2}$$

(1) 开路电压 U_{oc}。

光照下的 PN 结外电路开路时 P 端对 N 端的电压，即上述电流方程中 $I = 0$ 时的 U 值：

$$0 = I_0 \mathrm{e}^{qU/(kT)} - (I_0 + SE) \tag{3-3}$$

$$U_{\mathrm{oc}} = (kT/q)\ln\left[(SE + I_0)/I_0\right] \approx (kT/q)\ln(SE/I_0) \tag{3-4}$$

(2) 短路电流 I_{sc}。

光照下的 PN 结，外电路短路时，从 P 端流出，经过外部直通连线，从 N 端流入的电流称为短路电流 I_{sc}，即上述电流方程中 U=0 时的 I 值，得 $I_{\mathrm{sc}} = SE$。

U_{oc} 与 I_{sc} 是光照下 PN 结的两个重要参数，在一定温度下，U_{oc} 与光照强度 E 呈对数关系，但最大值不超过接触电势差 U_{D}。弱光照下，I_{sc} 与 S 呈线性关系。

4. 太阳电池的工作状态

当太阳电池处于不同外界条件下时，它具有 4 种工作状态：无光、开路、短路、带负载。

(1) 无光指的是外界无光时，电池等效为一个 PN 结二极管。

(2) 开路是指电池两端无任何连接，有光时，在电池两端有电动势，P 端电动势高。

(3) 短路是指电池两端导线连接，有光时，在导线内有电流，即短路电流。

(4) 带负载指两端连接直流负载，有光时，在负载上有电流，电流大小与负载大小有关。如图 3-6(c) 所示，灯泡负载接在光伏电池两端，灯泡就会发光。

3.1.3　太阳电池分类

太阳电池分为晶硅太阳电池和非晶硅太阳电池。高纯晶硅从结晶形态来看，可以分为单晶硅和多晶硅。

为了增加输出的电功率，太阳电池受光面积一般制作得比较大，晶体硅太阳电池可以做到尺寸边长从 20mm 到 300mm 不等，图 3-7(a) 为典型的商业单晶硅太阳电池片[(125×125) mm^2]，图 3-7(b) 为典型的商业多晶硅太阳电池片[(156×156) mm^2]，其厚度为(190±10)μm。

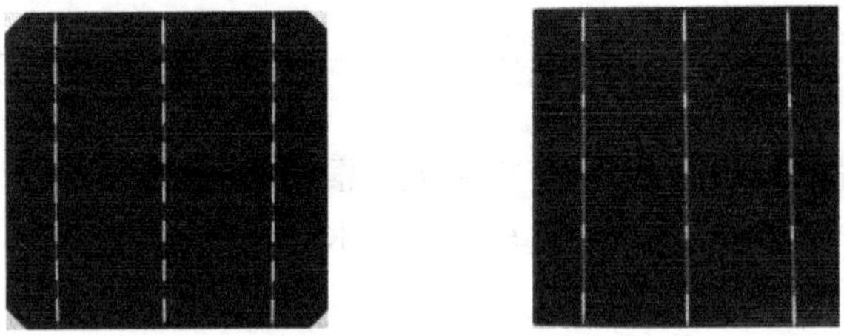

(a) 商业单晶硅太阳电池　　(b) 商业多晶硅太阳电池

图 3-7　典型的晶硅太阳电池外形

1. 单晶硅

单晶硅(crystalline silicon)在太阳电池上的应用，其纯度要求比电子级要低，所以，最初的太阳电池单晶硅材料来源于电子硅的头尾废料和废次单晶硅。单晶硅的制备方法有直拉法(Cz 法)、区熔法(Fz)和磁场直拉(MCz)法。无论在半导体产业还是光伏产业，直拉单晶硅都居于主导地位，但是三种方法各有特色。常用的直拉法，又称切克劳斯基法，它是由切克劳斯于 1918 年最初提出来，后经 Teal、Dash 和 Ziegler 等科学家逐步完善的单晶硅制备方法。

单晶硅太阳电池制备工艺流程示意图如图 3-8 所示。

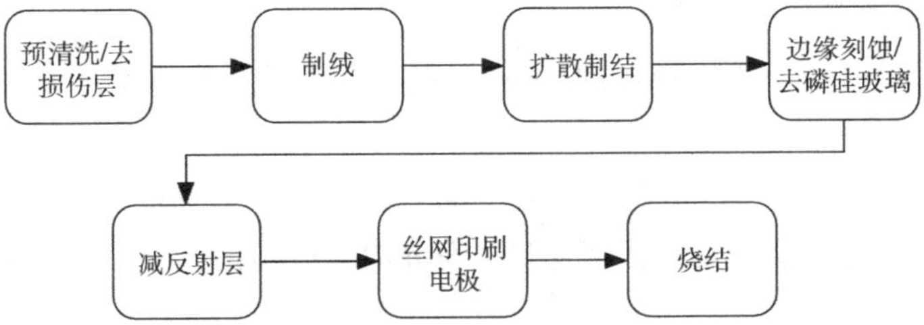

图 3-8　单晶硅太阳电池制备工艺流程示意图

(1)硅片预清洗/去损伤层：去除太阳电池硅片表面的有机杂质沾污、颗粒沾污、金属离子沾污等。

(2)制绒：单晶硅绒面的制备是利用硅的各向异性腐蚀，在每平方厘米硅表面形成几百万个四面方锥体即金字塔结构。由于入射光在表面的多次反射和折射，增加了光的吸收，提高了电池的短路电流和转换效率。

(3)扩散制结：太阳电池需要一个大面积的 PN 结以实现光能到电能的转化。采用扩散炉制造太阳电池 PN 结，PN 结的制造成为太阳电池生产中最基本也是最关键的工序。

(4)边缘刻蚀/去磷硅玻璃：对太阳电池周边的掺杂硅进行刻蚀，以去除电池边缘的 PN 结。通常采用等离子刻蚀技术实现这一工艺。通过化学腐蚀法，也就是把硅片放在氢氟酸溶液中浸泡，使其产生化学反应生成可溶性的配合物六氟硅酸，以去除扩散制结后在硅片表面形成的一层磷硅玻璃。

(5) 减反射层：为了减少抛光硅表面的反射率，提高电池的转换效率，需要沉积一层氮化硅减反射膜，利用薄膜干涉原理，可以使光的反射大为减少。

(6) 丝网印刷电极：为了将产生的电流导出，需要在电池表面上制作正、负两个电极。制造电极的方法很多，而丝网印刷是目前制作太阳电池电极最普遍的一种工艺。

(7) 烧结：将有机树脂黏合剂燃烧掉，剩下几乎纯粹的、由于玻璃质作用而密合在硅片上的银电极。当银电极和晶体硅在温度达到共晶温度时，晶体硅原子以一定的比例融入熔融的银电极材料中去，从而形成上下电极的欧姆接触，提高电池片的输出电压和填充因子。

2. 多晶硅

多晶硅和单晶硅一样，也属于硅的一种单质形态。单晶硅的晶面取向是一致的，多晶硅则是由许多晶面取向不同的晶粒组合而成的。多晶硅的应用有两个方向，一个方向是进一步提纯形成单晶硅，另一个方向是切片成多晶硅太阳电池硅片或者用于半导体产业。多晶硅生产的过程与单晶硅相似，只是工艺控制略有差别。

生产工艺主要分为以下过程：多晶硅切片、表面处理(多晶硅片清洗、制绒)、磷扩散、氧化层去除、减反射膜沉积、丝网印刷电极、烧结、激光切割、测试分类包装等。单晶硅应用各向异性化学腐蚀的方法制绒，但多晶硅采用激光刻槽、化学刻槽制绒。

从商业化晶硅来看，多晶硅太阳电池发展较快。

(1) 对太阳电池来讲，通过浇铸法和直接凝固法所获得的多晶硅可直接获得方形材料，多晶硅太阳电池方形基片比圆形切角的单晶硅基片更易生产。

(2) 多晶硅的生产工艺不断取得进展，全自动浇铸炉的每生产周期(50h)可生产 200kg 以上的硅锭，晶粒的尺寸达到厘米级。

(3) 由于单晶硅工艺的迅速发展，其工艺也应用于多晶硅电池的生产，如选择腐蚀发射结、背表面场、腐蚀绒面、表面和体钝化、细金属栅电极，采用丝网印刷技术可使栅电极的宽度降低到 50μm，高度达到 15μm 以上，快速热退火技术用于多晶硅的生产可明显缩短工艺时间。

3. 非晶硅薄膜太阳电池

非晶硅薄膜太阳电池包括砷化镓(GaAs)太阳电池、非晶硅(α-Si)薄膜太阳电池、碲化镉(CdTe)薄膜太阳电池以及铜铟镓硒(CIGS)薄膜太阳电池等。

非晶硅薄膜太阳电池的优点是低成本，能量返回期短，可以大面积自动化生产，高温性能好，短波响应优于晶体硅太阳电池。但是非晶硅薄膜太阳电池目前还存在一些问题，如效率较低、定性问题、成本问题等。

非晶硅薄膜太阳电池的市场应用如下。

(1) 与建筑相结合，建造太阳能房。非晶硅太阳电池可以制成半透明的，如作为建筑的一部分，白天既能发电又能使部分光线透过玻璃进入室内，为室内提供十分柔和的照明(紫外线被滤掉)，能挡风雨，又能发电。

(2) 太阳能照明光源。由于非晶硅太阳电池的技术优势，同样功率的非晶硅太阳能灯具，其照明时间要比晶体硅太阳能路灯的照明时间长20%，且成本更低。

(3) 弱光下使用。由于非晶硅太阳电池在室内弱光下也能发电，已在太阳能钟、太阳能手表、太阳能显示牌等不直接受光照等场合广泛使用。

3.2　太阳能组件与阵列

3.2.1　光伏组件

1. 构成组件的原因

太阳电池单体是光电转换的最小单元，一般不直接作为电源使用。单体太阳电池需要做适当加工，以下为主要原因。

(1) 单体电池是由单晶硅或多晶硅材料制成的，薄而脆，不能经受较大的撞击。

(2) 太阳电池的电极不能长期裸露使用，必须将太阳电池与大气隔绝。

(3) 单体硅太阳电池工作电压低(由硅材料性质决定)，其开路电压为0.55～0.57V，最佳工作电压为0.42～0.46V，简单估算为0.50V；输出功率小(由硅材料尺寸决定)或工作电流小(16～30 mA/cm^2)。

将太阳电池单体进行串、并联封装后，就称为太阳电池组件(solar PV module)，其功率一般小到几瓦、几十瓦，大到200～300W，是可以单独作为电源使用的太阳电池最小单元。

太阳电池组件再经过串、并联装在支架上，就构成了太阳电池阵列(solar PV array)，太阳电池阵列或称太阳能方阵、光伏电池阵列，可以满足负载所需求的输出功率。太阳电池单体构成太阳电池组件，由组件构成太阳电池阵列。图3-9为太阳电池的单体、组件和阵列图。

2. 太阳电池组件技术特性

太阳电池组件具有一定的标称工作电压和输出功率；工作寿命长，要求组件所使用的材料、零部件及结构，在使用寿命上互相一致，避免因一处损坏而使整个组件失效，组件有 20 年以上的工作寿命(基本可以达到 25 年以上甚至更长)；具有良好的电绝缘性能；具有足够的机械强度，能经受运输、安装和使用过程中发生的振动、冲击和其他应力；组合引起的效率损失小。

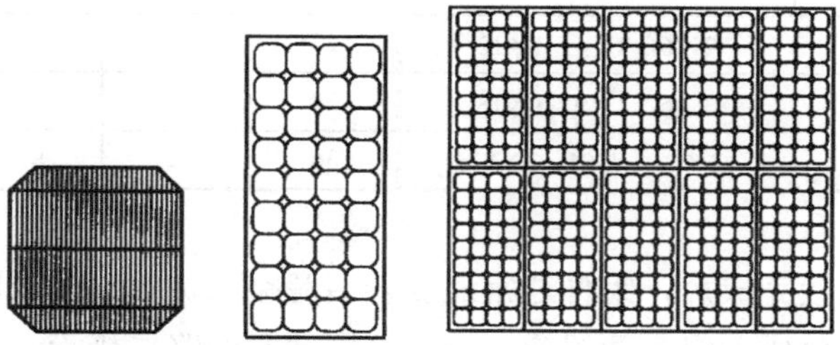

(a) 单体　(b) 组件　(c) 阵列

图 3-9　太阳电池的单体、组件和阵列

3. 电池组件的连接方式

电池组件的连接有串联、并联、串并联混合三种方式，如图 3-10 所示。

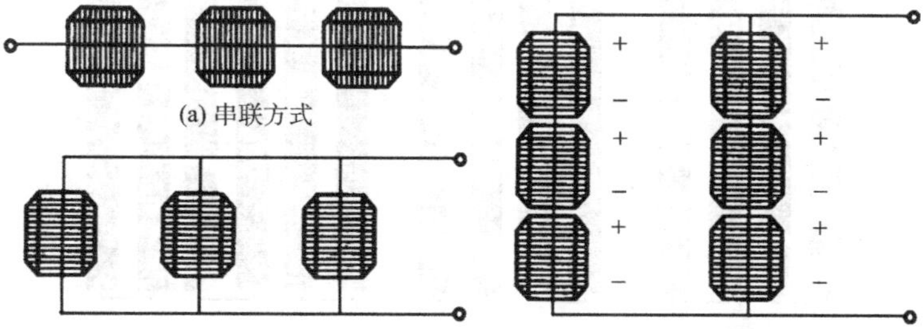

(a) 串联方式

(b) 并联方式　(c) 串并联混合方式

图 3-10　太阳电池组件的连接方式

制作太阳电池组件时，根据电池组件的标称工作电压确定单片太阳电池的串联数，根据标称的输出功率(或工作电流)来确定太阳电池片的并联数。

光伏电池组件不论功率大小，一般都是由 36 片、72 片、54 片和 60 片等串联形式组成的。

常见的排布方法有 4 片×9 片(横排×纵列)、6 片×6 片、6 片×12 片、6 片× 9 片和 6 片× 10 片等。

常用的电压、使用电池片的片数，以及排布方式有以下一些形式，如表 3-1 所示。

例如，30V 输出的组件，需要 60 片电池片，可以 6 列 10 行排布。

表 3-1　常用组件的片数与排布方式

电压/V	片数	排布方式	电压/V	片数	排布方式
2	4	2×2，1×4	18	36	2×18，3×12，4×9，6×6
5	10	2×5，1×10	24	48	4×12，6×8
6	12	2×6，3×4，1×12	27	54	6× 9
9	18	3×6，2×9，1×18	30	60	6×10
12	24	2×12，4×6，3×8	36	72	8×9，6×12，4×18

在电池片连接完成后，组件通常还要安装旁路二极管。按照电池数量，将一块组件中的电池分成一组、两组或三组，分别并联旁路二极管，旁路二极管的连接方法如图 3-11 所示。

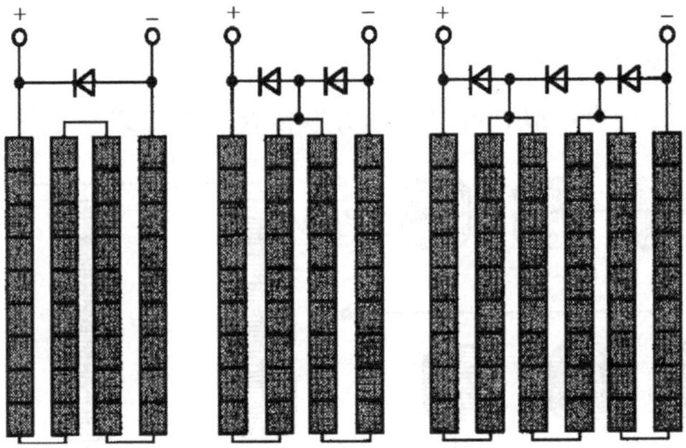

图 3-11　组件中旁路二极管的连接

4. 太阳电池组件的基本参数

多个单体电池的串联，可在不改变输出电流的情况下，使输出电压成比例增加；并联方式，则可在不改变输出电压的情况下，使输出电流成比例增加；而串并联混合方式，则既可增加组件的输出电压，又可增加组件的输出电流。

如果太阳电池组件给蓄电池充电，由 36 片太阳电池串联构成的光伏组件，输出电压约为 18V，可以对 12V 的蓄电池充电；用 72 片串联构成组件，输出电压约为 36V，可以对 24V 的蓄电池充电。

光伏组件由太阳电池片组成，一般说来，每块组件所用的太阳电池片的电特性要基本一致。由光伏组件构成光伏组串时，每块组件的电性能要基本一致，特别是工作电流、短路电流、温度系数要尽量一致。同样由组串并联构成光伏阵列时，每组串的输出电压要保持一致。

【例 3-1】 查找单晶硅光伏 125X125-36P 90W 组件的基本参数。

解：一种单晶硅光伏 125X125-36P 90W 的组件由 36 片串联构成，电池片面积为 148.6 cm^2，所有电池片面积为 0.535 m^2，组件短路电流为 5.28A，最佳工作电流为 4.98A，温度系数为 2.2mA/℃，组件长 1195 mm，宽 550 mm，厚 32 mm，重 8.8 kg，组件面积为 0.657 m^2。组件中要求电池片特性一致，阵列中要求组件特性一致。图 3-12 为其单晶硅组件的基本参数。

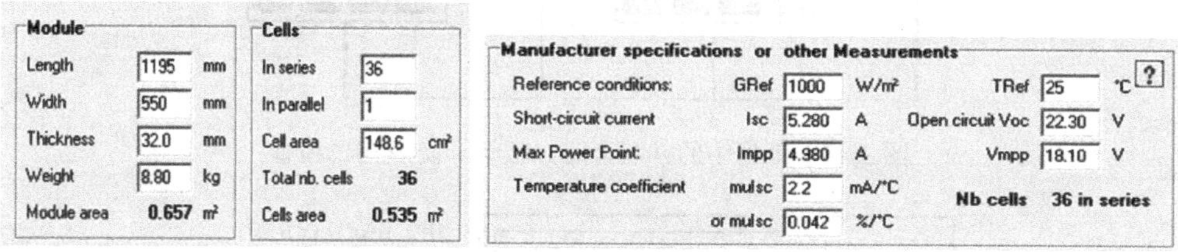

图 3-12　某单晶硅组件的基本参数

3.2.2　太阳电池阵列

太阳电池阵列由太阳电池组件以及防反充(或称防逆流、阻塞)二极管、旁路二极管构成，电缆将电池组件进行电气连接，还需要配备专用的、带避雷器的直流接线箱。

1. 组件的连接

太阳电池组件的串、并联组合时要求如下。

(1) 串联时需要用工作电流相同的组件，并为每个组件并联旁路二极管。

(2) 并联时需要用工作电压相同的组件，并在每一条并联线路中串联防反充二极管。

(3) 尽量考虑组件连接线路最短，并用较粗的导线。

(4) 严格防止个别性能变坏的电池组件混入电池阵列。

光伏组件的旁路二极管和防反充二极管的连接方法如图 3-13 所示。太阳电池阵列中组件的并、串联以及组串连接的示意图如图 3-14 所示。

2. 太阳电池阵列组合的计算

阵列所需要串联的组件数量主要由系统工作电压或逆变器的额定电压来确定，同时要考虑蓄电池的浮充电压、线路损耗以及温度变化等因素。

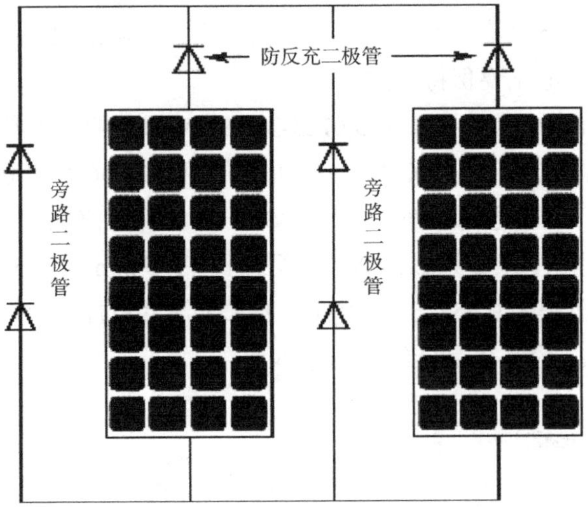

图 3-13　阵列中的并联旁路二极管和防反充二极管

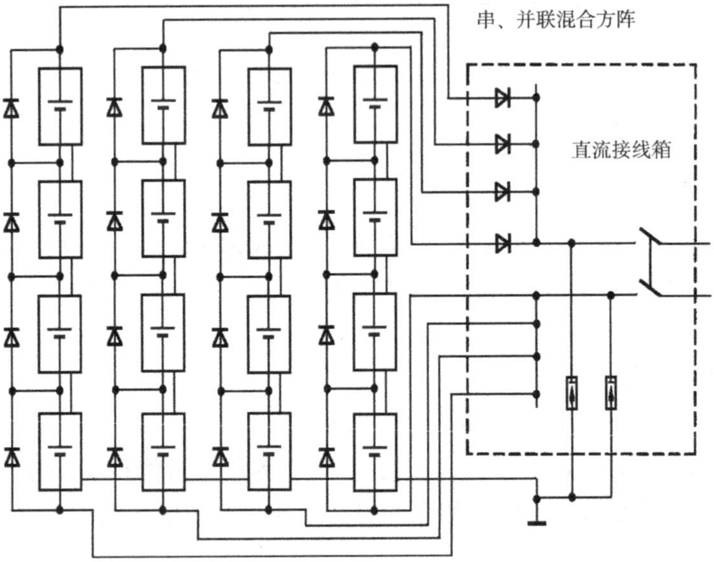

图 3-14　阵列中组件的并、串联以及组串连接

离网型光伏发电系统电压设计成与蓄电池的标称电压相对应或者是它的整数倍，而且与电器的电压等级一致，如 220V、110V、48V、36V、24V、12V 等。交流光伏发电系统和并网型光伏发电系统，阵列的电压等级往往为 110V 或 220V。更高等级设计成 600V、10kV 等，经过逆变器转换成交流电后与电网连接。

一般带蓄电池的光伏发电系统阵列的输出电压为蓄电池组标称电压的 1.43 倍。

对于不带蓄电池的光伏发电系统，计算阵列的输出电压时一般将其额定电压提高 10%以上，再选定组件的串联数。

【例 3-2】 一块组件的最大输出功率为 90W，最大工作电压为 18.1V，选用逆变器为交流单相，额定电压为 220V，要求光伏输出功率为 10kW。设计一种阵列排布。

解：直流输入电压 $U_{\min} = 1.414 \times U_0 = 1.414 \times 220\text{V} \approx 311\text{V}$

考虑电压余量，太阳电池阵列的输出电压应增大到：$(1.1 \sim 1.2) \times 311\text{V} = 342 \sim 373\text{V}$，则组件的串联数至少 19 块，取为 20 块(易于排布)，$20 \times 18.1\text{V} = 362\text{V}$，从系统输出功率来计算太阳电池组件的总数。

负载要求功率是 10kW，则组件总数为 $10000\text{W} / 90\text{W} \approx 111.1$ 块。

组件并联数为 $111.1\text{块} / 20\text{块} = 5.55$，可选取并联数为 6。

系统应该选择这种光伏组件 20 串 6 并，组件总数为 $6 \times 20\text{块} = 120$ 块，系统组件安装功率为 $120 \times 90\text{W} = 10.8\text{kW}$。

3.2.3　组件选型

1. 光伏组件选型考虑因素

(1) 光伏组件选型应满足使用场合的要求(如建筑物的类型和使用要求)，选用大功率、高效率的晶体硅组件，组件效率不低于 15%。

(2) 光伏建筑一体化组件选型时需满足以下要求：美观性主要是光学要求、颜色、形状质感和透光率；结构性主要是承压、防雨、隔音、隔热等；安全性主要是电性能安全、结构可靠；功能性主要是温度通风要求、防热斑、方便安装等。

(3) 光伏组件的电性能与逆变设备的匹配。

光伏组件性能参数具有离散的特性，主要表现在以下两个方面。

第一，光伏组件自身电性能参数的差异。即使同一公司不同标称功率的组件都会具有不同的衰减率。另外，在 25 年的使用寿命内光伏组件会有不超过 20% 的衰减，由于组件衰减不可能同步，组件的最大输出功率差异也比较大。

第二，光伏组件实际接收太阳辐射量的差异。在相同环境里，由于障碍物造成的阴影、灰尘分布的不均匀等，光伏组件实际发电量有差异。光伏组件性能参数的离散性或者辐照强度条件的差异性均会造成光伏组串在并联的情况下能量损失，并且差异会随着工作时间的加长而越来越大。

2. 光伏组件类型

光伏组件按照使用不同材料的电池片通常分为晶体硅组件和非晶硅组件(薄膜组件)。如果晶体硅组件中太阳电池都是单晶硅电池片则构成单晶硅光伏组件，如果晶体硅组件中太阳电池都是多晶硅电池片则构成多晶硅光伏组件。

从光伏组件的技术性能相比，晶体硅光伏组件技术成熟，且产品性能稳定，使用寿命长，故障率极低，运行维护最为简单。

商业化使用的光伏组件中，单晶硅光伏组件转换效率最高，多晶硅其次，但两者相差不大，最后是薄膜组件。

薄膜组件具有与建筑结合良好的适应性、更强的弱光响应、更优异的高温性能、更低的成本以及更强的抗遮挡能力。单晶硅、多晶硅、薄膜光伏组件如表 3-2 所示。

表 3-2　单晶硅、多晶硅、薄膜光伏组件

项目	单晶硅	多晶硅	薄膜	比较结果
技术	技术已达成熟阶段		技术日趋成熟	晶硅技术成熟，性能稳定
环境	输出功率与光照强度成正比		弱光响应好，高温性能好	晶硅适合光照强度高的地区
运行维护	组件故障率低，自身免维护		柔性组件表面较易积灰	晶硅件运行维护最为简单
寿命	25 年		衰减较快，寿命 10～15 年	晶硅寿命期长
转换效率	13%～18%	12%～16%	8%～10%	
价格	高	低	最低	

外观要求如下。

(1) 无开裂、无弯曲、无不规整或损伤的外表面。

(2) 无破碎的单体电池。

(3) 单体电池无裂纹。

(4) 互联线或接头无毛病。

(5) 无电池互相接触或与边框相接触。

(6) 密封材料有效。

3. 光伏组件电气特性

选型主要考虑光伏组件的电气特性，有以下几个方面。

(1) 晶硅电池在不同辐照条件下开路电压和短路电流的关系。

(2) 光照强度-功率特性的关系。

(3) 温度-功率特性的关系。

以上电气特性体现在指标参数上，主要考虑的效能参数如下。

(1) 组件效率。

(2) 额定功率。

(3) 输出功率误差：一般±3%。

(4) 填充因子：串联电阻越小同时并联电阻的耗损电流越小，填充因子就越大。

(5) 弱光等级下的效率衰减(200 W/m^2 的日光辐射)。

(6) 衰减率：一般 5 年不超过 5%，10 年不超过 10%，25 年不超过 20%。

(7) 温度系数：开路电压、短路电流、最大功率随温度变化而引起输出变化的系数。

(8) 从性能偏差、弱光特性和温度特性进行评价。

3.3　光伏组件的参数

3.3.1　光伏组件的技术参数

1. 开路电压 U_{oc}

受光照的光伏组件处于开路状态，光伏组件积累产生光生电动势经电池片串、并联后，在光伏组件两端测得的电势差称为开路电压，用符号 U_{oc} 表示，如图 3-15(a) 所示的 A 点。光伏组件工作在开路状态时，输出电流为 0，此时的电压为其最大电压值。例如，由某块 250W 组件的开路电压曲线[图 3-15(a)]可得，A 点的值 U_{oc} =37.40 V。

2. 短路电流 I_{sc}

光伏组件从外部短路测得的最大电流，称为短路电流，用符号 I_{sc} 表示，如图 3-15(a) 所示的 B 点。光伏组件工作在短路状态时，输出电压为 0，此时的电流为其可输出的最大电流值，某块 250W 组件的短路电流如图 3-15(a) 所示，组件 B 点的值 I_{sc} =8.630A。

3. 工作电压 U、工作电流 I 、输出功率 P

光伏组件接上负载，负载电阻中便有电流流过，该电流称为组件的工作电流 I ，也称负载电流或输出电流。负载两端的电压称为光伏组件的工作电压 U。太阳电池的输出功率 $P=UI$ 。

光伏组件的工作电压和电流是随负载电阻而变化的，将不同阻值所对应的工作电压和电流值做成曲线，就得到光伏组件的伏安特性曲线，也称为光伏组件的输出特性曲线。如果选择的负载电阻值能使输出电压和电流的乘积最大，即可获得最大输出功率 P_m 。此时的工作电压和工作电流称为最佳工作电压(或最大工作电压，U_m)和最佳工作电流(最大工作电流，I_m)，则 $P_m=U_m \cdot I_m$ 。以输出电压为横轴，以电流或功率为纵轴，可绘出组件的 *I-V* 特性和 *P-V* 特性曲线，如图 3-15 所示。

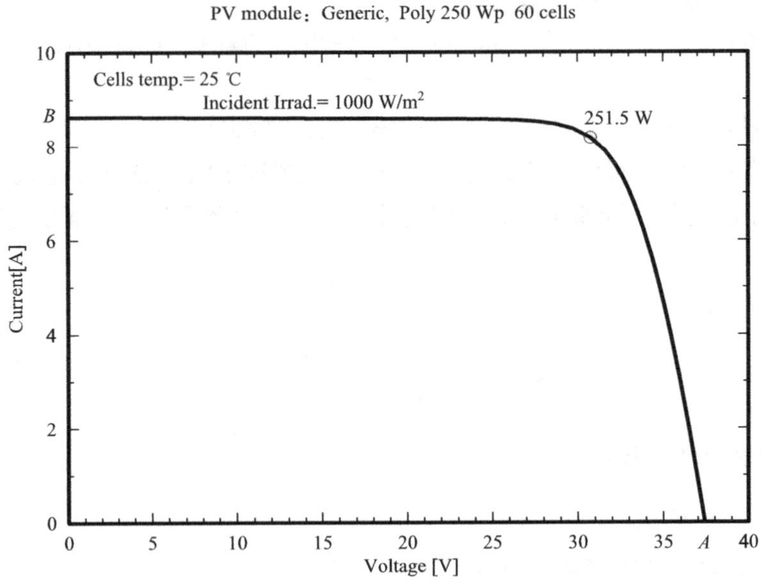

(a) 光伏组件的 *I-V* 特性曲线

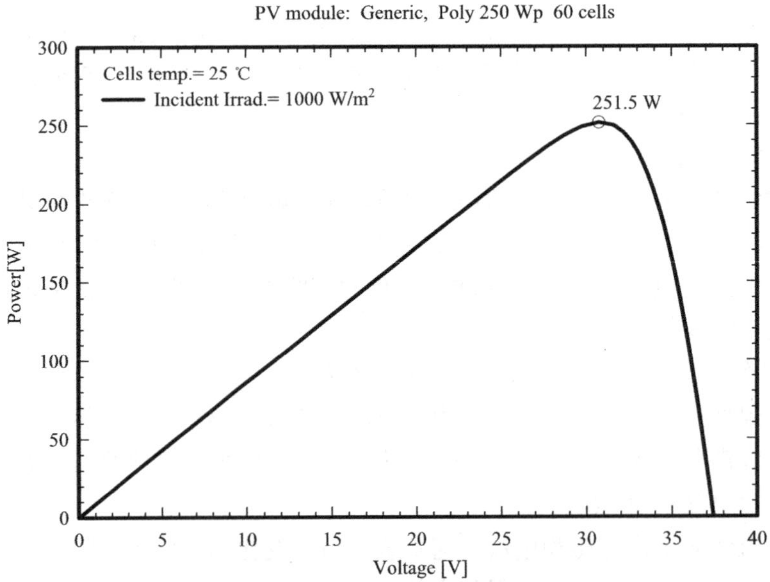

(b) 光伏组件的 *P-V* 特性曲线

图 3-15　光伏组件的 *I-V* 和 *P-V* 输出特性曲线图

例如，某型 250W 组件最大电压和最大电流分别为 $U_{\mathrm{m}}=30.7\mathrm{V}$，$I_{\mathrm{m}}=8.18\mathrm{A}$，则 $P_{\mathrm{m}}=251.1\mathrm{W}$。

4. 填充因子 FF

光伏组件的另一个重要参数是填充因子 FF，它是最大输出功率与开路电压和短路电流乘积之比：

$$\mathrm{FF}=\frac{P_{\mathrm{m}}}{U_{\mathrm{oc}}I_{\mathrm{sc}}}=\frac{U_{\mathrm{m}}I_{\mathrm{m}}}{U_{\mathrm{oc}}I_{\mathrm{sc}}} \tag{3-5}$$

从图 3-15 可以看出，U_{m} 和 I_{m} 的乘积构成的矩形面积，是光伏组件可以产生的最大功率。U_{oc} 和 I_{sc} 的乘积构成的矩形面积，是光伏组件可能产生功率的极值。两块面积的比值就是填充因子，反映了光伏组件输出的最大功率占可能输出功率极值的比例，因此，填充因子越大，整个光伏组件的输出电功率就越高。

5. 转换效率 η

光伏组件的转换效率指在外部回路上连接最佳负载电阻时的最大能量转换效率，等于光伏组件的最大输出功率 P_{m} 与入射到光伏组件表面的能量 P_{in} 之比：

$$\eta=\frac{P_{\mathrm{m}}}{P_{\mathrm{in}}}\times100\%=\mathrm{FF}\cdot\frac{U_{\mathrm{oc}}I_{\mathrm{sc}}}{P_{\mathrm{in}}}\times100\% \tag{3-6}$$

在相同光照、相同面积的情况下，光伏组件的输出功率越大，发出的电能越多，则光伏组件的转换效率越高。为了便于比较，将设定相同的测量条件，以方便性能对比，也称为标准测试条件。

3.3.2　光伏组件的标准测试条件

光伏组件的输出功率取决于太阳辐照度、太阳光谱分布和光伏组件的工作温度，因此光伏组件性能的测试必须在标准条件（STC）下进行。其测试条件如下。

(1) 光谱辐照度 $1000\mathrm{W/m^2}$。

(2) 大气质量为 AM1.5 时的光谱分布。

(3) 电池温度 25℃。

在该条件下，光伏组件输出的最大功率称为峰值功率。峰值功率是光伏组件的最基本的指标。

与标准条件对照，改变温度和日照强度，光伏输出特性改变。

(1) 温度相同时，随着日照强度的增加，光伏组件开路电压几乎不变，短路电流有所增加，最大输出功率增加。

(2) 日照强度相同时，随着温度的升高，光伏组件的开路电压下降，短路电流有所增加，最大输出功率减小。

(3) 无论在任何温度和日照强度下，光伏组件总有一个最大功率点，温度（或日照强度)不同，最大功率点位置也不同。

3.3.3　光伏组件特性

1. 光伏组件的等效电路

光伏电池等效电路，可以推广到组件电路，甚至阵列。

组件的串联电阻主要由电池的体电阻、表面电阻、电极导体电阻和电极与硅表面接触电阻所组成，除了光伏电池本身的串联电阻，还有组件时产生的引线电阻、引线接触电阻等。同样组件的并联电阻主要由硅片的边缘不清洁或体内的缺陷引起，除了光伏电池本身的并联电阻，还有组件时产生的电池片之间的泄放并联等效电阻、接线盒端产生的旁路电阻等。如果将组件的接线盒输出端与光伏电池片的引线电极相对应，那么组件的等效电路结构与光伏电池片的等效电路结构相同，如图 3-16 所示。或者认为，整个光伏组件就是一个放大的光伏电池片。

图 3-16 中，二极管电流 I_D 为通过 PN 结的总扩散电流，与短路电流 I_{sc} 反向，串联电阻 R_s 和并联电阻 R_{sh} 为旁路电阻。

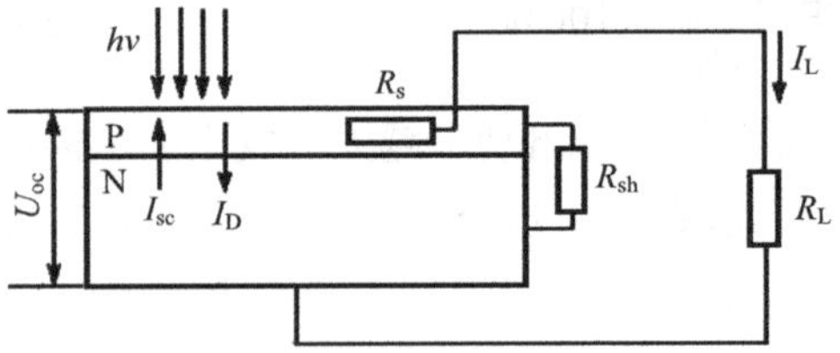

(a) 光照时光伏组件的电路

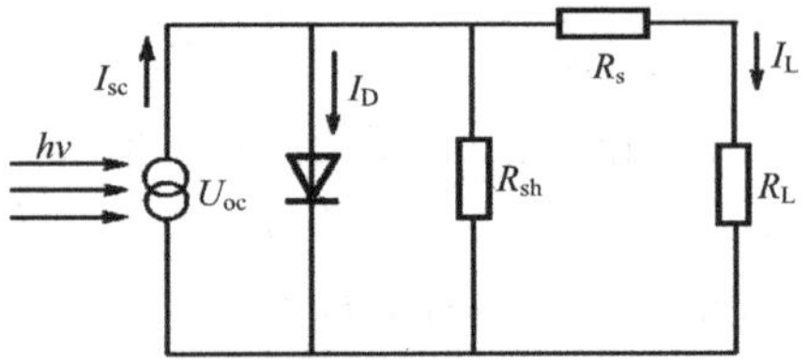

(b) 光照时光伏组件的等效电路

图 3-16　光伏组件的电路及等效电路

当 $R_L = 0$ 时，所测的电流为组件的短路电流 I_{sc}。I_{sc} 与组件面积成正比，1 cm^2 光伏电池的 I_{sc} 值为 16～30 mA。

当 R_L 为无穷大时，所测得的电压为组件的开路电压 U_{oc}，U_{oc} 随光照度变化不大。

2. 光伏组件的伏安特性曲线

光伏电池的伏安特性曲线是二极管在黑暗时的伏安特性曲线与光生电流的叠加。电池输出电流 I 为

$$I = I_L - I_0 \exp\left[\frac{q(U + IR_s)}{nkT}\right] - \frac{U + IR_s}{R_{sh}} \tag{3-7}$$

式中，n 为二极管的理想系数；k 为玻尔兹曼常量；T 为热力学温度；q 为单位电荷量；I_0 为二极管反向饱和电流(A)；I_L 为光生电流(A)；R_s 为串联电阻(Ω)；

R_{sh} 为并联电阻(Ω)。

一般 R_s 电阻很小，R_{sh} 电阻很大。

由光伏电池的串、并联构成的光伏组件，它的输出电流 I 就是内部若干光伏电池片串、并联后合成的总电流，它的输出电压 U 就是内部若干光伏电池片串、并联后合成的总电压。

图 3-17 是两块相同的组件串、并联的伏安特性曲线，串联后的电压值增加一倍，并联后的输出电流值增加一倍。

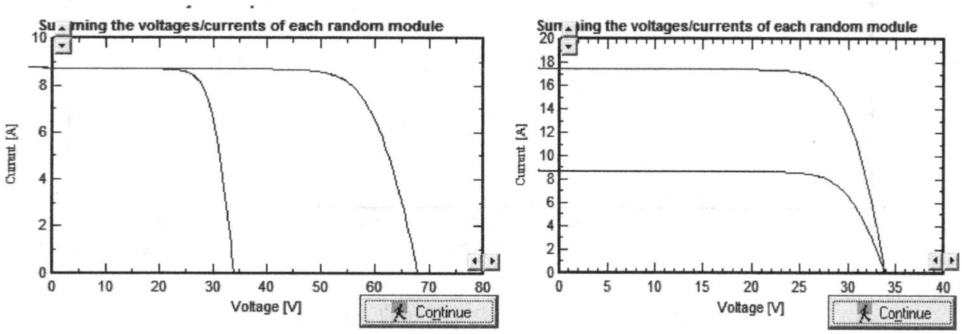

图 3-17　串、并联光伏组件的伏安特性曲线

在一定的光功率下，光伏组件的输出端连接可调电阻，改变电阻值，可以改变输出电流，此时，光伏组件的输出电压也在改变。

根据输出电压改变后电流和功率的对应变换规律，可以画出 I-V 和 P-V 的关系曲线。

如果由组件构成阵列，则阵列的 I-V 特性曲线可以由每块组件串并联的特性曲线组合得出。

图 3-18 为 4 串 3 并组件构成的阵列的 I-V 特性曲线，可以看出图形的底部由 4 块曲线相同的光伏组件串联而获得一串的 I-V 特性，3 组串并联得出阵列的 I-V 特性。3 组串并联，则电流增加。

下面讨论光伏组件的电阻效应、光强效应、温度效应，以及与工作电压、电流、功率之间的关系。

3. 电阻效应

光伏组件的电阻主要有串联电阻、并联电阻、特征电阻。

(1) 串联电阻。串联电阻对光伏组件的 I-V 特性曲线在最大功率点附近的形状有着较大的影响。图 3-19 为组件串联内阻分别为不同值时，光伏组件的 I-V 特性曲线，电池温度 40℃、R_{sh}= 500Ω，光照强度 1000W/m^2。串联电阻增加，峰值功率减小。

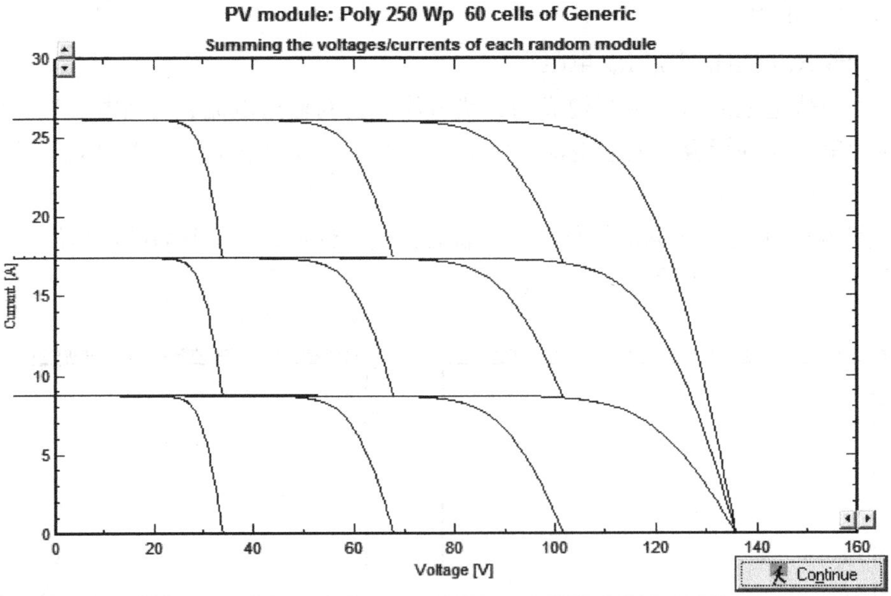

图 3-18　4 串 3 并组件构成阵列的 *I*-*V* 特性曲线

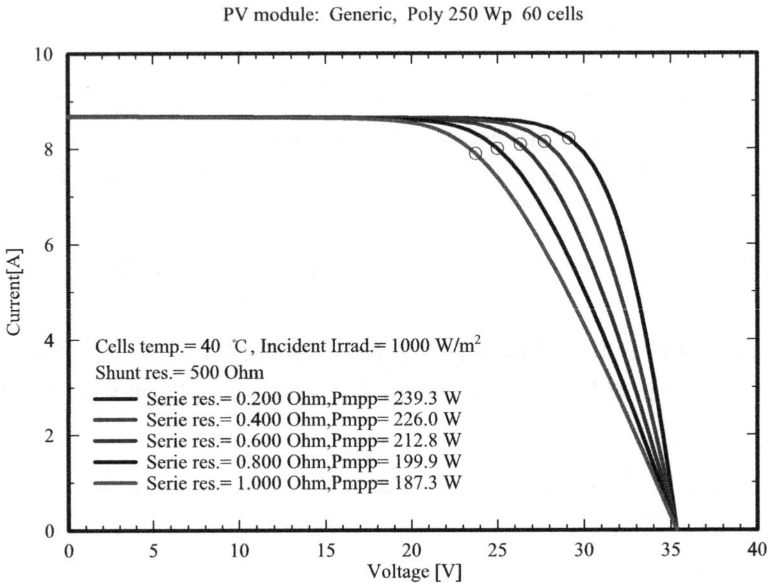

图 3-19　不同串联内阻下光伏组件的 *I*-*V* 特性曲线

(2) 并联电阻。并联电阻造成的功率损失通常是由制造缺陷引起的，并联电阻以分流的形式造成功率损失，减小了流经 PN 结的电流，同时降低了光伏电池的电压。图 3-20 是在并联内阻值分别为 200Ω、300Ω、400Ω、500Ω、600Ω 时的 *I-V* 特性曲线。

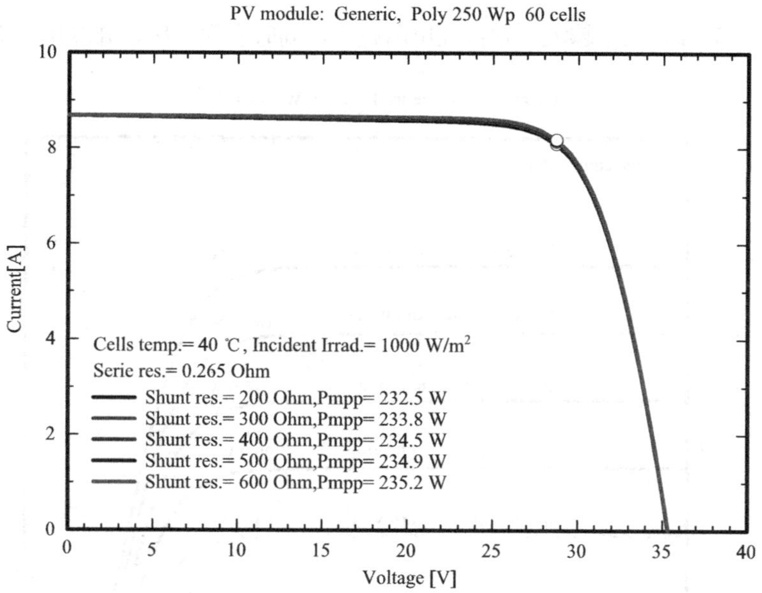

图 3-20　不同并联内阻下光伏组件的 *I-V* 特性曲线

实际上，一个光伏组件要受到串、并联电阻的共同影响。

当并联电阻和串联电阻同时考虑时，功率与电阻关系为：当串联电阻阻值增加、并联电阻减小时，输出功率减小；当串联电阻阻值减小、并联电阻增加时，输出功率增加。

(3)特征电阻。光伏电池的特征电阻就是电池在输出最大功率时的输出电阻，如图 3-21 中 *C* 点。

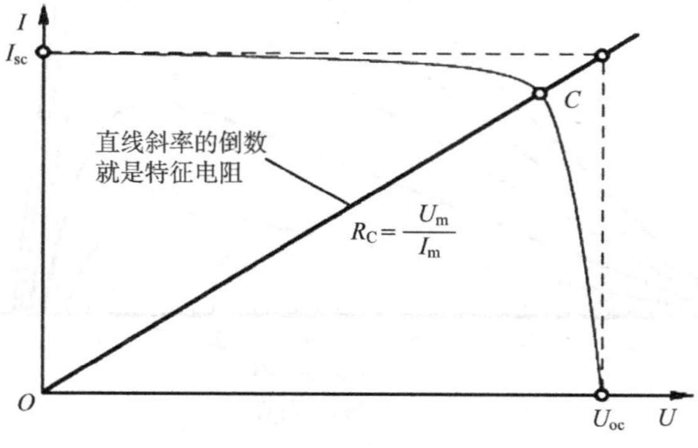

图 3-21　特征电阻曲线

特征电阻也可以写成

$$R_C = \frac{U_m}{I_m} = \frac{U_{oc}}{I_{sc}} \tag{3-8}$$

当U_{oc}确定时，I_{sc}越大，则特征电阻越小，同时表现了串、并联电阻的影响。

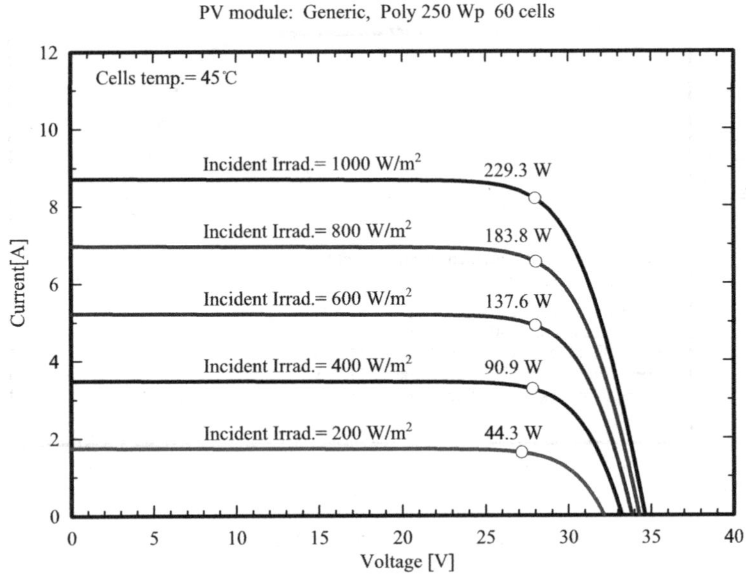

(a) *I-V*特性

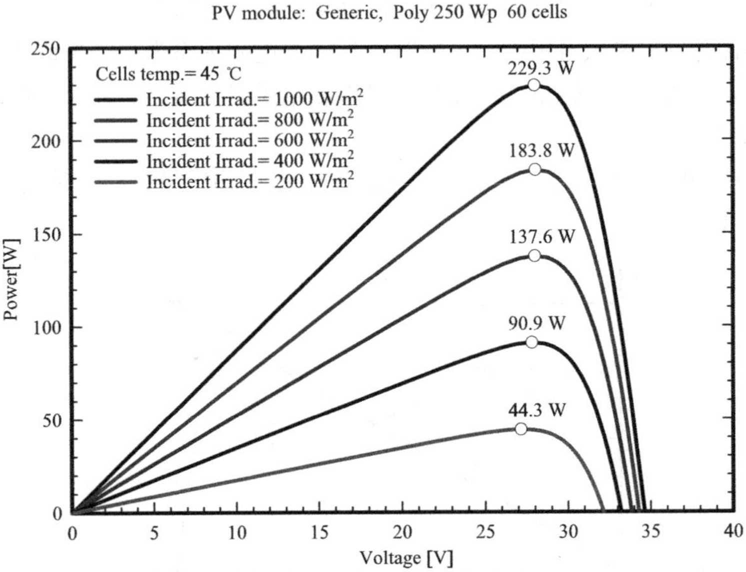

(b) *P-V*特性

图 3-22　不同光照下光伏组件的特性曲线

4. 光强效应

同一块光伏组件的 I-V 曲线和 P-V 曲线，当日照量改变时，组件开路电压改变不大，但组件产生的电流变化明显，组件的输出功率与最大功率点会随光照强度而改变。

【例 3-3】　60 片某多晶硅光伏 60P Poly-250W 组件的光强特性曲线。

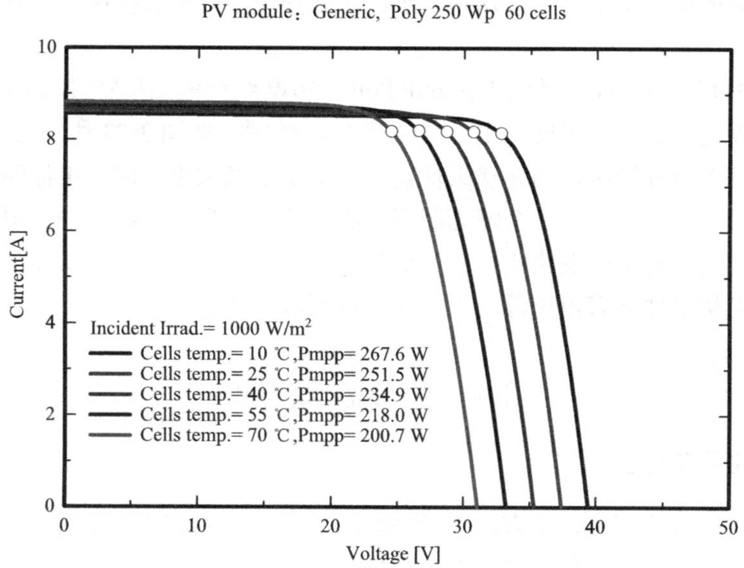

(a) I-V特性

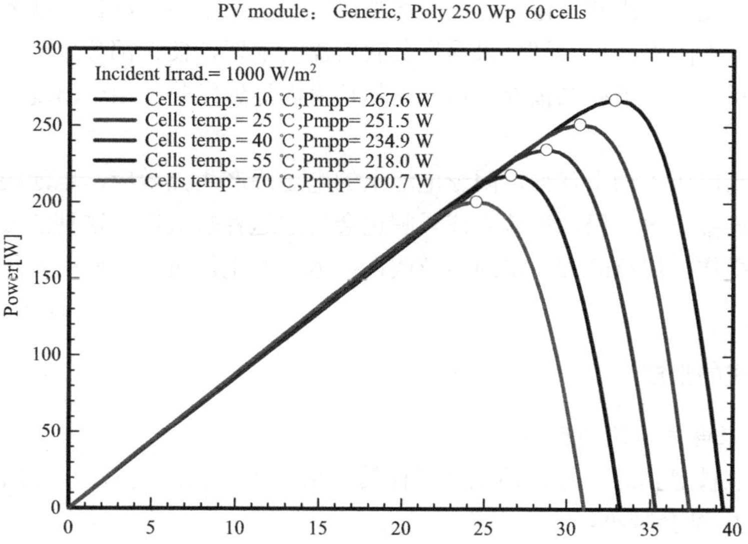

(b) P-V特性

图 3-23　不同温度下光伏组件的特性曲线

解：图 3-22 为温度 45℃、日照量为 200～1000 W/m^2 的特性曲线。

5. 温度效应

根据光伏组件的等效电路和输出电流的表达式，改变温度，输出电流改变。在固定日照强度下，当温度升高时，光伏组件的开路电压有所下降，短路电流有所增加，会造成太阳电池输出功率减小，因此环境温度将直接影响光伏组件的效率。

【例 3-4】 60 片多晶硅光伏 60P Poly-250W 组件的温度特性曲线。

解：固定日照量、温度在 10～70℃变化曲线图，如图 3-23 所示。

综合以上两种情况，当光伏组件输出电压小于最大电压时，电流随温度线性变化，光伏组件可以看成一个随光照变化的电流源；当光伏组件输出电压大于最大电压时，电压随温度变化明显，光伏组件可以看成一个随温度变化的电压源。也就是，光伏组件既有电压源的性质又有电流源的性质。

3.4 热 斑 效 应

3.4.1 热斑及其危害

在光伏电池阵列中，当有阴影(如树叶、鸟类、鸟粪等)落在某单体电池或一组电池上，或当组件中的某单体电池被损坏时，但组件(或阵列)的其余部分仍处于阳光暴晒之下能正常工作，这样局部被遮挡的太阳电池(或组件)就要由未被遮挡的那部分太阳电池(或组件)来提供负载所需的功率，使该部分太阳电池如同一个工作于反向偏置下的二极管，从而消耗功率而导致发热。由于出现高温，称为“热斑”。

对于高电压大功率阵列，阴影电池上的电压降产生热效应，电池裂纹或不匹配、内部连接失效、局部被遮光或弄脏也会引起这种热效应，这种热效应能造成封装材料损伤、焊点脱焊、电池破裂或在电池上产生热斑，从而引起组件和阵列失效。

3.4.2 热斑的形成

1. 串联电池组件热斑形成

当光照被遮挡时，被遮挡光伏组件的输出电压、输出电流、开路电压 U_{oc}、短路电流 I_{sc} 都会减小。

假设如图 3-24 所示有 3 个光伏组件串联，外接电阻可以调节光伏输出电流。

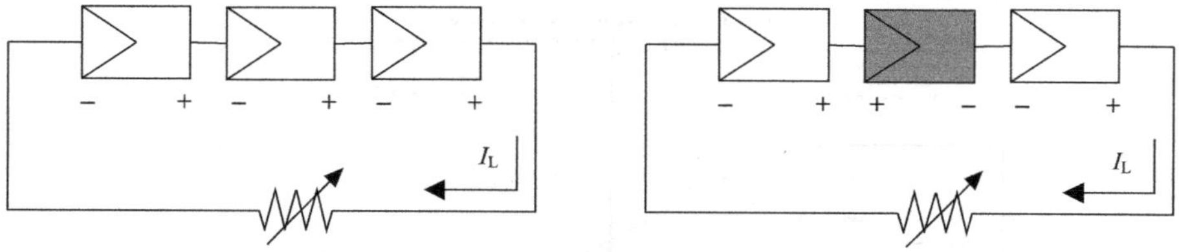

(a) 无热斑　(b) 有热斑

图 3-24　光伏组件串联时产生热斑

当电路电流 I_L 小于被遮挡电池的短路电流 I_{sc} 时，组件总的输出电压仍为所有 3 块电池输出电压之和；当电路电流 I_L 大于被遮挡电池的短路电流 I_{sc} 时，被遮挡电池片的输出电压反向，成为其他 2 块光伏的负载，该电池片温度升高，形成热斑，如图 3-24 所示。

2. 并联电池组件热斑形成

假设如图 3-25 所示有 3 个光伏组件并联，外接电阻可以调节光伏输出电压和电流。

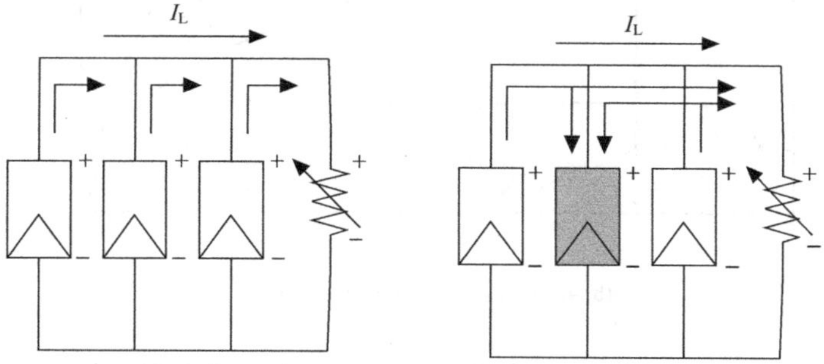

(a) 无热斑　(b) 有热斑

图 3-25　光伏组件并联时产生热斑

当组件上输出电压 U 小于被遮挡电池的开路电压 U_{oc} 时，组件总的输出电流仍为所有 3 块电池输出电流之和；当电路电压 U 大于被遮挡电池开路电压 U_{oc} 时，被遮挡电池组件的输出电流反向，成为其他 2 块组件的负载，该电池片温度升高，形成热斑，如图 3-25 所示。

【例 3-5】　一块组件上的 1 片电池片有 80%的阴影时，有阴影的光伏阵列输出特性。

解：组件的 I-V 输出特性如图 3-26(a) 所示。如果这块有阴影的组件串在组串中，则影响整串的电流输出，由 4 串 3 并构成的光伏阵列 I-V 特性曲线如图 3-26(b) 所示，4 串 3 并构成的光伏阵列带旁路二极管 I-V 特性曲线如图 3-26(c) 所示。

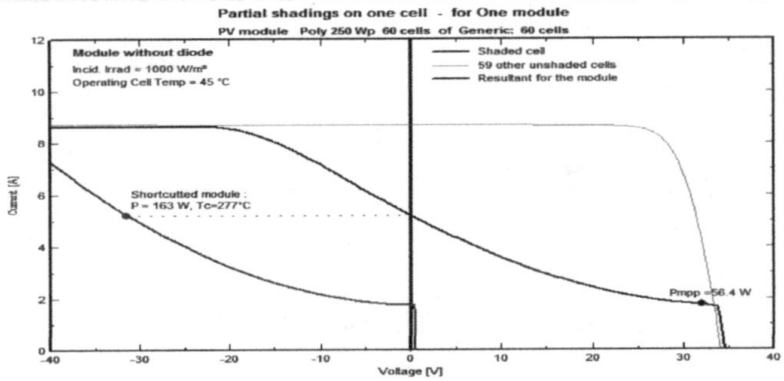

(a) 光伏组件特性

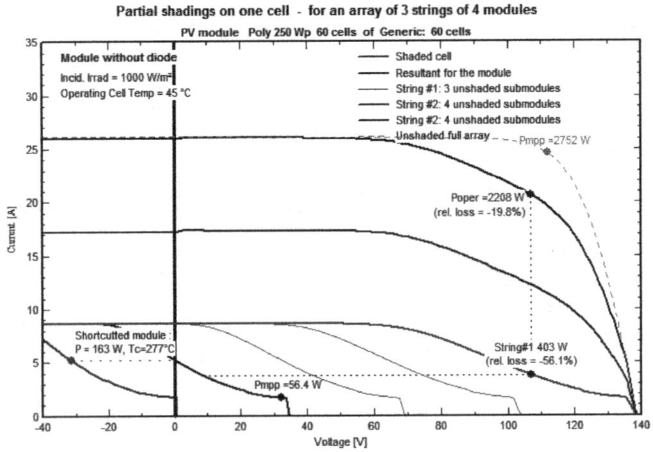

(b) 4串3并构成的光伏阵列*I-V*特性

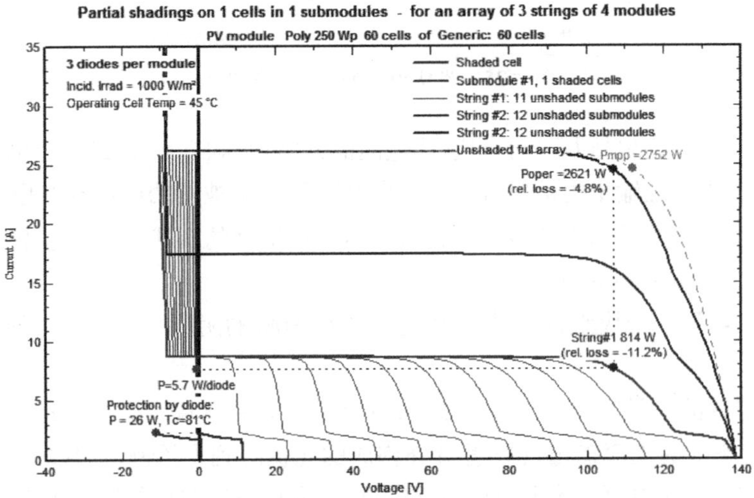

(c) 4串3并构成的光伏阵列带旁路二极管*I-V*特性

图 3-26　电池片有 80%的阴影时曲线图

3.4.3　热斑效应的防护

串联回路，需要在太阳电池组件的正负极间并联一个旁路二极管 D_b，以避免串联回路中光照组件所产生的能量被遮蔽的组件所消耗，如图 3-27(a)所示。

并联回路，需要串联一只二极管 D_s，以避免并联回路中光照组件所产生的能量被遮蔽的组件所吸收，串联二极管在离网型光伏发电系统中可同时起到防止蓄电池在夜间反充电的功能，如图 3-27(b)所示。

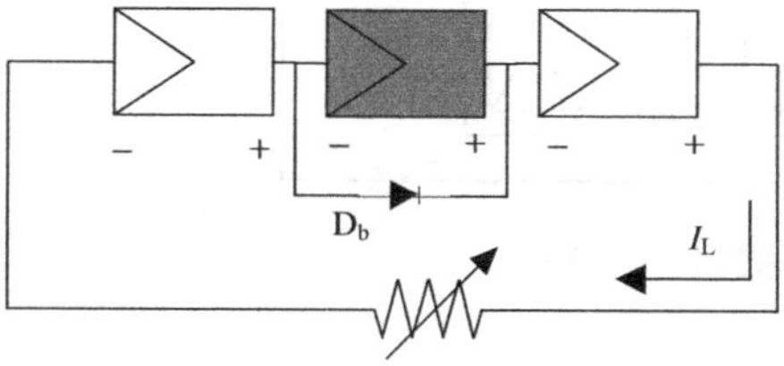

(a) 串联太阳电池组件热斑防护

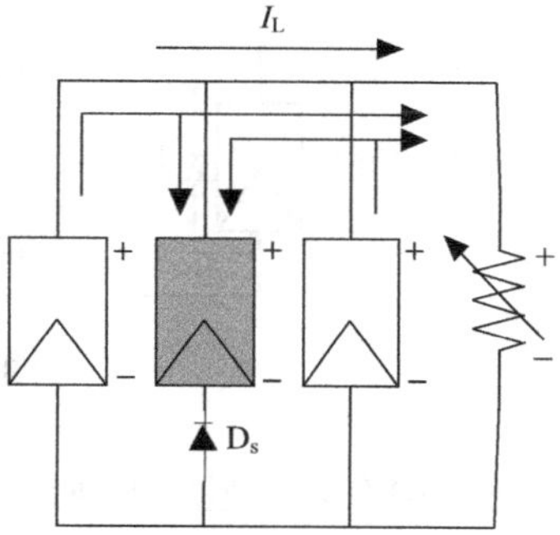

(b) 并联太阳电池组件热斑防护

图 3-27　组件串、并联时的热斑防护

串联回路并联旁路二极管后，它的 *I-V* 特性曲线出现台阶，即小于被遮挡电池短路电流期间，输出电压为所有光伏模块的输出电压和，包括被遮挡的组件和未被遮挡的组件；当输出电流大于被遮挡电池短路电流时，被遮挡电池被旁路，输出电压为未被遮挡组件的输出电压和。

同样，对于并联组件电路，串联防反充二极管后，它的 *I-V* 特性曲线出现台阶，即小于被遮挡电池开路电压期间，输出电压为所有光伏模块的输出电流和，包括被遮挡的组件电流和未被遮挡的组件电流；当输出电压大于被遮挡电池开路电压时，输出电流为未被遮挡组件的所有输出电流和。

对于阵列的热斑效应防护，如图 3-28 所示，利用 D11、D12、D13 等旁路二极管。旁路二极管的作用是在被遮挡组件一侧提供电流通路。通常，旁路二极管处于反向偏压，不影响组件正常工作。当光伏组串中有一电池组件出现遮挡时，二极管导通，光伏组串中超过被遮挡电池光生电流的那部分电流被旁路二极管分流，从而避免被遮挡电池片过热损坏。D01、D02、D03、D04 防反充二极管，可以防止组串之间发生热斑。

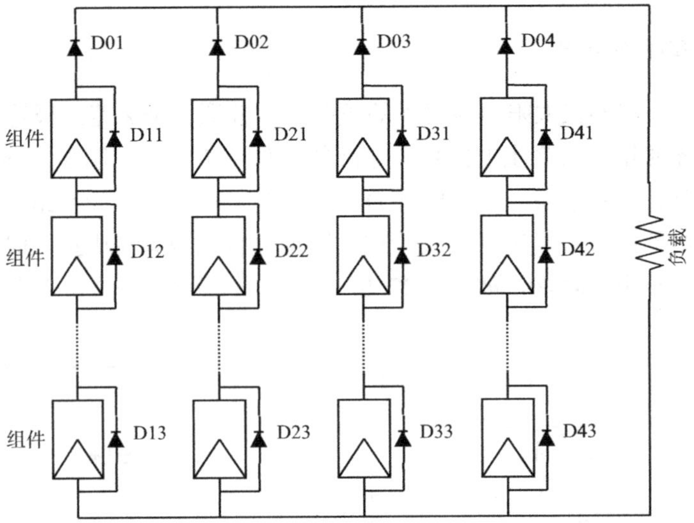

图 3-28　阵列的热斑效应防护

阵列中有多个组件出现遮挡，所处的阴影形式也更加复杂，阴影存在时，使输出特性发生较大的变化。

【例 3-6】　在阴影模式下的照度分别为 250W/m²、500W/m²、750W/m² 和 1000W/m²，4 种照度分别对应不同的阴影而产生了 4 种光照度，分别用阴影模式 A、B、C、D 表示。假设 4 种照度分别照到 4 个子阵列上，即子阵列 *A*、*B*、*C*、*D*，如图 3-29 所示。求该阵列的 *I-V* 特性和 *P-V* 特性。

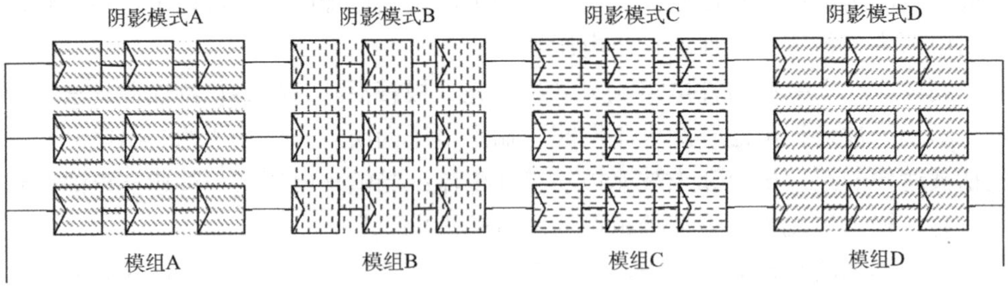

图 3-29　阵列的阴影

解：该阵列在相应照度情况下的输出 *I-V* 特性曲线和 *P-V* 曲线如图 3-30 中曲线 Ⅰ 所示，此时阵列没有旁路二极管，功率曲线通过 *E* 点，只有一个峰值 *E*，幅值小，曲线离横轴近。图中同时画出了两根曲线作为对照，一条是 4 个子阵列 a、b、c、d 有旁路二极管的特性曲线 Ⅱ，另一条是 4 个子阵列没有阴影时的特性曲线 Ⅲ。*P-V* 曲线中 *A* 点为没有阴影时的最大功率输出点。子阵列 a、b、c、d 都有旁路二极管时，在旁路二极管的作用下，输出呈现多峰现象，出现了峰值点 *D*、*C*、*B*，相对于没有旁路二极管的情况，功率输出能力明显提高。峰值点 *E* 是负载电流小于子阵列 a 上产生的电流时 4 个子阵列获得的最大功率；峰值点 *D* 是负载电流小于子阵列 b 产生的电流时 4 个子阵列获得的最大功率；峰值点 *C* 是负载电流小于子阵列 c 上产生的电流时 4 个子阵列获得的最大功率；峰值点 *B* 是负载电流小于子阵列 d 上产生的电流时 4 个子阵列获得的最大功率。

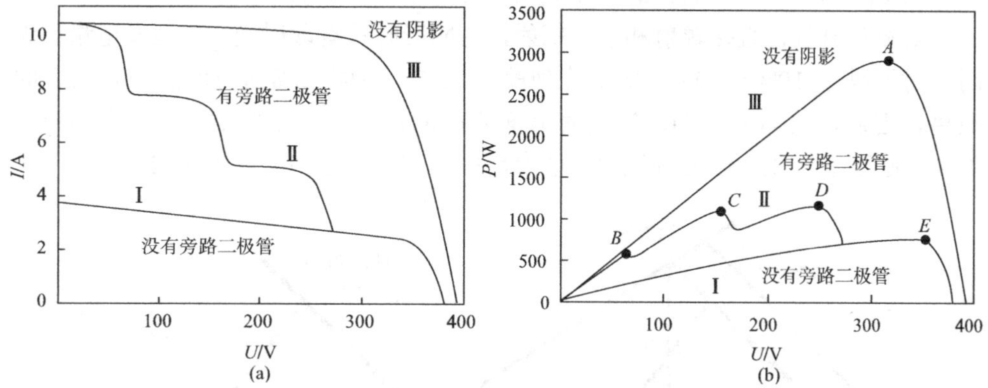

图 3-30　阵列的阴影 *I-V* 和 *P-V* 曲线

3.5　光伏阵列排布

3.5.1　太阳电池阵列的角度设计

对于平板光伏阵列，光伏阵列的设计角度有两个：方位角和倾斜角。

1. 方位角 γ

电池阵列的法线方向在地面的投影与正南方向的夹角为方位角，用 γ 表示，通常定义正南方向为 0°，(北半球)偏西为正，偏东为负。

阵列朝向正南时，太阳电池发电量最大；偏正南 30°时，发电量将减小 10%～15%；偏正南 60°时，发电量将减小 20%～30%。阵列的方位稍微向西偏 20°，在午时可获得最大发电功率。

方位角 γ 的计算公式：

$$\gamma=[\text{一天中负荷的峰值时刻}(24\text{h})-12]\times15^\circ+(\text{经度}-116^\circ) \tag{3-9}$$

2. 倾斜角 β

倾斜角 β 是太阳电池阵列平面与水平地面的夹角。

最佳倾斜角度按照需求确定，如并网系统要求阵列一年发电量为最大时的角度。

倾斜角设置：50°～60°到 10°～20°的倾斜设置，综合考虑地理纬度、安装位置等实际情况，也可通过计算机上仿真软件获得最佳倾斜角。

3.5.2 太阳电池阵列的间距设计

1. 间距设计要求

光伏阵列间距设计的目的是克服阴影对发电量的影响。

太阳辐射包含直接辐射和散射辐射，有阴影时只有散射光，电池发电量比无阴影时要减小 10%～20%。如果阵列前后放置，后面的阵列与前面的阵列之间距离接近后，前面阵列的阴影会对后面阵列的发电量产生影响。要求冬至日上午 9：00 至下午 3：00 前排组件不能对后排阵列产生遮挡，如图 3-31 所示。

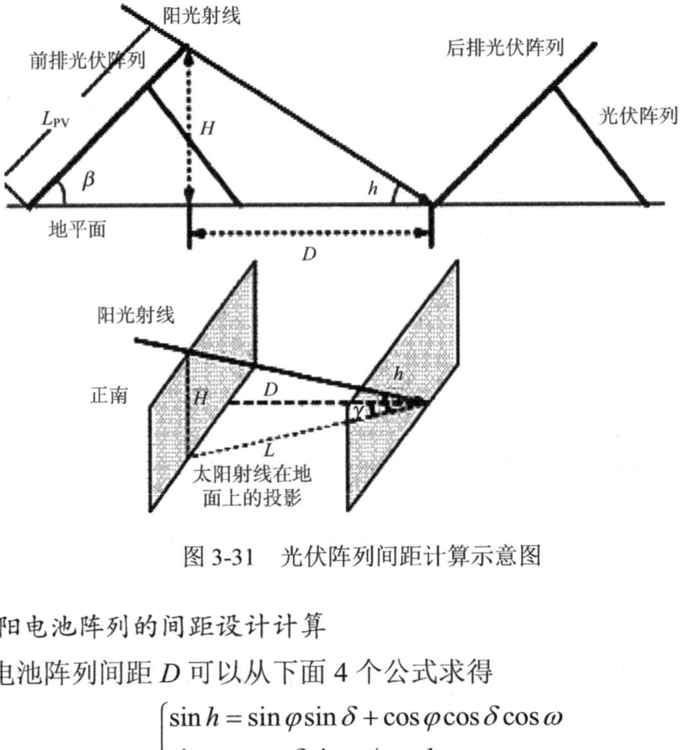

图 3-31 光伏阵列间距计算示意图

2. 太阳电池阵列的间距设计计算

太阳电池阵列间距 D 可以从下面 4 个公式求得

$$
\begin{cases}
\sin h = \sin\varphi\sin\delta + \cos\varphi\cos\delta\cos\omega \\
\sin\gamma = \cos\delta\sin\omega / \cos h \\
L = H / \tan h \\
D = L\cos\gamma
\end{cases}
\tag{3-10}
$$

式中，φ为当地纬度；δ为太阳赤纬角，冬至日的赤纬角为–23.5°；ω 为时角，上午 9：00 的时角为 45°；h为太阳高度角；γ为太阳方位角；H 与组件长 L_{PV} 和

安装倾斜角 β 有关，

$$H = L_{PV}\sin\beta \tag{3-11}$$

间距计算步骤如下：计算冬至日上午 9：00(或下午 3：00)太阳高度角和太阳方位角。冬至时的赤纬角 $\delta=-23.45°$，上午 9:00 的时角 $\omega=45°$，于是有

$$h=\arcsin(0.649\cos\varphi-0.399\sin\varphi) \tag{3-12}$$

$$\gamma=\arcsin(0.917\times0.707/\cos h) \tag{3-13}$$

求出太阳高度角 h 和太阳方位角 γ 后，即可求出太阳光在阵列后面的阴影长度 L，再将 L 折算到前后两排阵列之间的垂直距离 D：

$$D=L\cos\gamma=\frac{H\cos\gamma}{\tan h} \tag{3-14}$$

【例 3-7】　某地区纬度 φ=31.7°，太阳电池阵列高 $H=1.6\text{m}$。计算太阳电池阵列的间距。

解：取 $\delta=-23.45°$，$\omega=45°$，由式(3-12)和式(3-13)，可得

$$h=\arcsin(0.649\times\cos\varphi-0.399\sin\varphi)=\arcsin(0.552-0.210)=20.00°$$

$$\gamma=\arcsin(0.917\times0.707/\cos h)=\arcsin(0.917\times0.707/0.940)=43.61°$$

$$D=H\cos\gamma/\tan h=1.6\times0.724/0.364=3.18(\text{m})$$

所以，光伏阵列之间的距离要在 3.18 m 以上。

3.6　阵列的安装方式

安装方式按照是否可以改变安装倾角，分为固定式、倾角调节式、自动跟踪式三种。

3.6.1　固定式

一般根据安装位置的光辐射资料，通过计算、仿真或实际测量，选出一个合适的方位角和倾斜角，使得光伏阵列获得期望的最大输出。对离网型光伏系统，冬天尽可能获得最大发电量，使离网型光伏供电系统能在全年正常工作；对并网系统，最优结果是年发电量最大；对光伏扬水系统，最优结果是夏天发电量最大。

平板式地面型太阳电池阵列安装在阵列支架上，支架往往固定在水泥基础上。安装要求：避免阴影；安装防护栏；安装避雷器。

固定式安装系统包括平顶屋面固定式、地面电站固定式和斜屋顶固定式。

1. 平顶屋面固定式

平顶屋面固定式安装又分成两种。

一种是混凝土基础支架安装，是目前平顶屋面电站中最常用的安装形式，根据基础的形式可以分为条形基础和独立基础；支架支撑柱与基础的连接方式可以通过地脚螺栓连接或者直接将支撑柱嵌入混凝土基础。其特点是抗风能力好，可靠性强，不破坏屋面防水结构，但需要先制作好混凝土基础，施工周期较长。

另一种是压载支架安装，使用重物压光伏支架上。压载支架施工方式的特点是简单，可在制作配重块时同时进行支架安装，节省施工时间，但支架抗风能力较差，设计配重块重量时需要充分考虑到当地最大风力。

2. *地面电站固定式*

地面电站基础和支架有多种多样，根据不同的项目地质情况，可选择对应的电站基础和支架，其中采用钢筋混凝土基础、金属桩支架是最常见的固定式地面的安装方式。

钢筋混凝土基础固定式根据基础形式不同，有块形、条形、空心柱形等。一般来说，这种桩基的特点是混凝土钢筋用量小，造价较低，施工速度快；缺点是所需人工多，土方开挖及回填量大，施工易受季节和天气等环境因素限制，施工周期长，对环境的破坏大，一旦做好后无法再调节。

金属固定式支架的应用也比较广泛。螺旋桩金属支架，根据是否带法兰盘分为带法兰盘螺旋桩支架和不带法兰盘螺旋桩支架；根据子叶形状可分为窄叶连续型螺旋桩支架和宽叶间隔型螺旋桩支架。另一类金属固定式支架为冲击桩基础支架，也称金属杆基础支架，主要是利用打桩机直接将 C 型钢、H 型钢或其他结构钢打入地面，这种安装方式非常简单，但抗拉拔性能较差。金属固定式支架特点是无须开挖地面，不受季节、气温等限制，缩短施工周期，能方便迁移及回收，便于调节基础高度；但有些施工环境不便打桩或地质对金属桩有腐蚀。

3. *斜屋顶固定式*

光伏发电系统安装在瓦片房斜屋顶，形成瓦片屋顶安装系统，瓦片屋顶安装系统主要由挂钩、导轨、压块以及螺栓等连接件组成。

对于轻钢屋顶，也叫彩钢瓦屋顶，主要用于工业厂房、仓库等。根据彩钢瓦形式不同，可以将其分为角弛型轻钢屋顶、直立锁边型轻钢屋顶以及梯型轻钢屋顶。对不同的彩钢瓦形式，确定斜屋顶固定式安装方式。

3.6.2 倾角调节式

是根据太阳高度角不同，按月或按季度进行人工调节阵列固定式支架倾斜角，增加太阳光直射吸收，在成本略增加情况下，保证一段时间内获得最大发电量。调节角度使倾斜角近似 $\varphi-\delta$，φ 为光伏电池安装地的纬度，δ 为一段时间内的赤纬角平均值。光伏阵列倾角的调节基本上都是由机械结构或机电结构组成的调节系统来实现的。常见的调节系统有推拉杆式可调节系统、弧形可调节系统、液压式可调节系统、千斤顶可调节系统。

推拉杆式可调节系统，是通过推拉杆的移动来带动光伏组件的支撑杆移动，使得所连的光伏组件的倾斜角改变。

弧形可调节系统，是在光伏组件的背板连接有半圆弧形的支架，以圆弧中心为固定点，通过调节圆弧中不同位置与地面的固定支架连接，这样半圆弧支架的直径面所连接的光伏组件随之移动，其倾斜面改变而改善太阳辐射。

液压式可调节系统，是通过液压系统改变光伏的倾斜角。

千斤顶可调节系统，是通过千斤顶的原理改变光伏的倾斜角。

3.6.3　自动跟踪式

自动跟踪(或称为追日、逐日)安装方式的发电系统分为单轴跟踪系统和双轴跟踪系统，两种系统的结构都分为机械部分和自动跟踪控制电路两部分。机械部分主要由传感器、跟踪机械、限位保护器件组成；自动跟踪控制电路主要由传感信号处理电路、控制器电路、驱动电路等几部分组成。

1. 单轴跟踪系统

单轴跟踪系统是光伏阵列跟踪太阳高度角或方位角，由光伏阵列支撑、转轴梁、动力驱动、电动控制器、中央监控系统等组成。

单轴跟踪系统又分为平单轴跟踪和斜单轴跟踪两类。

平单轴跟踪：在跟踪方式中平单轴跟踪是用得较多的方式，分南北向轴线跟踪与东西向轴线跟踪，东西向轴线跟踪比固定倾斜安装没有明显优点，南北向轴线跟踪效果要好于东西向轴线跟踪。平单轴跟踪特别适用在纬度低的地区。

斜单轴跟踪：由于平单轴跟踪的电池板垂直线与太阳光始终有一个夹角，在高纬度地区夹角较大，不比固定倾斜安装效率高多少。为提高电池板的效率，可将电池板的转轴倾斜安装，减小电池板垂直线与太阳光的夹角。

目前方位角跟踪多采用以方位角为 0°、倾斜角为某固定角度构成极轴的极轴跟踪系统，如图 3-32 所示。其跟踪过程就是将固定在极轴上的光伏阵列以 15°/h 的速度旋转以跟踪太阳。调整倾斜角一般采用人工方式，根据当季的最佳倾斜角调整。与固定式阵列相比输出能量有 20%左右的提升。

2. 双轴跟踪系统

双轴跟踪系统是指跟踪太阳的高度角和太阳的方位角的发电系统，由电池阵列支撑结构、方位角回转减速器、高度角回转减速器或电动推杆、电动控制器、中央监控系统等组成，有 T 形、V 形结构，双轴跟踪一般适合在纬度高于 35°的地区使用。双轴跟踪系统又分为双极轴式双轴跟踪和高度角-方位角双轴跟踪。与固定式阵列相比输出能量最大有 30%的提升。

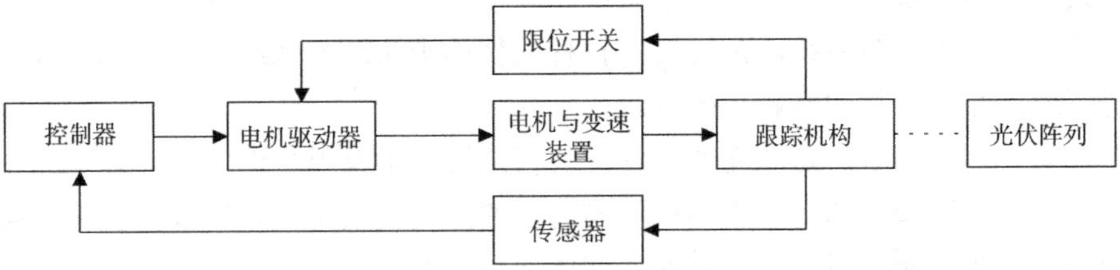

图 3-32　单轴跟踪系统结构图

双极轴式双轴跟踪：跟踪装置由极轴和俯仰轴构成，极轴指向地球北极，与地轴线平行；俯仰轴与极轴垂直，工作时电池板以地球自转角速度自东向西绕极轴转动，跟踪太阳的时角变化(以 15°/h 的转速匀速跟踪)。由于阳光与极轴的夹角随季节的不同变化，还要定期调整电池板的俯仰角，使光伏阵列绕着俯仰轴做俯仰运动，以保证电池板的法线始终与太阳光线平行。

高度角-方位角双轴跟踪(地平坐标系双轴跟踪)：电池板根据太阳的位置变化绕方位轴水平转动改变方位角，绕俯仰轴做俯仰运动改变高度角，实现对太阳的跟踪。高度角-方位角双轴跟踪系统结构如图 3-33 所示。

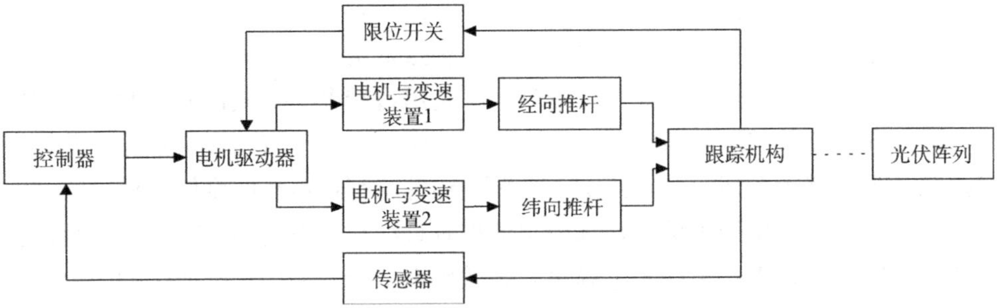

图 3-33　双轴跟踪系统结构图

双轴跟踪系统按旋转轴方式的不同又分为水平轴跟踪系统和赤道轴跟踪系统，都具有两个独立的动力执行机构。

双轴跟踪式太阳电池阵列的间距计算较复杂，不但有前后间距而且有左右间距，不同跟踪方式的计算方式也不同。

每个双轴跟踪式太阳电池阵列仅有一个支柱，与整个电池板的连接相当于只有一个支点，故要求电池板与支点的转动部件有较高的强度。

双轴跟踪式太阳电池阵列在设计时应考虑安装的基本条件，特别是风向与风力条件，由于采用单柱支撑，其强度显得特别重要，在遇到超强风时可将电池板转向合适角度，减少电池板损坏的可能。下暴雪时可将电池板尽量立起，让积雪滑下，遇到大冰雹时同样可以减小对电池板的冲击。

自动跟踪系统的控制方式可分为主动控制方式、被动控制方式和复合控制方式。被动控制方式可以采用光电检测(如四象限探测器)，能在东西方向(方位角方向)和南北方向(高度角方向)上进行光强探测，测出太阳的方位。主动控制方式可以采用安装地坐标和时间日期相结合判断太阳位置，算出方位角和高度角。复合控制方式是前两种控制方式的组合。为了降低自动跟踪系统自身的功耗，可以采用间歇控制方式，间歇时间可根据要求调整，如时间设为 10 min、15 min、30 min 等，间歇时间到则启动控制器工作，不转动时控制器绝大部分电路处于休眠状态，平均功耗可降低至全功率的 10%以下。

思　考　题

1. 什么是光电效应？半导体太阳电池有哪几种工作方式？

2. 一个典型晶硅太阳电池的部件构成是什么？

3. 太阳电池的 I-V 特性方程是什么？

4. 太阳电池测试时的标准条件是什么？

5. 光伏组件有哪些主要参数？

6. 一单晶硅太阳电池，在标准测试条件下，测得其开路电压为 0.64V，短路电流为 8.90 A，最大功率为 4.66 W，请求出太阳电池的能量转换效率和填充因子。

7. 什么是光伏发电系统的热斑效应？产生的原因主要有哪些？如何克服热斑效应？

8. 由 90W 光伏组件 4 串 3 并组成的光伏阵列，在 4 块串联的组件构成的一条组串中，各有一块光伏组件上的 1 片光伏电池片有 80%阴影遮挡时，试分析光伏阵列输出 I-V 曲线的变化，并与无遮挡时阵列 I-V 特性比较。

9. 组件选型要注意哪些问题？

10. 北纬 32.5°某地安装光伏阵列，当阵列面板长度为 1.2m 时，按照顺长度方向安装，与地面水平面的夹角为 30°，试求最小的阵列间距。

第4章　储 能 电 池

为减缓能源供需不平衡和更充分地利用太阳能，需要在阳光充足的时候把太阳能储存起来，在太阳能不足时释放出来，把太阳能变成连续、均匀、稳定的能源，这就是太阳能储存需要解决的问题。

太阳辐射能是不能直接储存的，必须将其转化为热能、电能、化学能、机械能等方式储存。光伏发电系统通常用蓄电池储存电能，蓄电池储能具有效率高、稳定安全可靠、技术成熟等特点。

4.1　储能蓄电池基础

化学电池是将化学能转换为电能的装置，分为原电池和蓄电池两类。

原电池的活性物质只能利用一次，放完电后废弃，又称一次电池。

蓄电池放电后可以用与放电电流相反的电流进行充电，重新获得复原而再次使用，又称二次电池，能量转换过程是可逆的。电能与化学能互相转换。

蓄电池通常按材料分为铅酸蓄电池、镉镍蓄电池、氢镍蓄电池、锂蓄电池。光伏发电系统使用最普遍的是阀控密封式铅酸蓄电池(VRLA)和锂离子电池。

4.1.1　蓄电池的相关概念

(1) 蓄电池或单体蓄电池：蓄电池组的最小单元格。

(2) 蓄电池组：由单体蓄电池串联和并联组成，以满足储存大容量电能的需要。其作用是储存太阳电池方阵发出的电能并随时向负载供电。

(3) 电池充电：外电路给蓄电池供电，使电池内发生化学反应，从而把电能转化成化学能而储藏起来的操作。

(4) 过充电：对完全充电的蓄电池或蓄电池组继续充电。

(5) 放电：在规定的条件下，电池向外电路输出电能的过程。

(6) 过放电：在放电时，电池输能使端电压长时处于额定最低电压值。

(7) 运行温度：温度对电池性能影响很大。当运行温度超过 25℃时，每升高10℃，铅酸电池的使用寿命就缩短 50%。所以电池的最高运行温度应比外界低，运行温度变化超过 5℃时应带有温度补偿充电措施。电池温度传感器应安装在阳极上，且与外界绝缘。

(8) 容量：在规定的放电条件下电池输出的电荷。以符号 C 表示，其单位常用安时 (A·h) 或瓦时 (W·h) 表示。

当蓄电池以恒定电流放电时，安时容量=放电电流×放电时间，瓦时容量=安时容量×平均放电电压。

(9) 相对密度：电解液与水的密度的比值，用来检验电解液的强度。相对密度与温度变化有关。25℃时，满充的铅酸蓄电池电解液相对密度值为 1.265。

密封式电池，相对密度值无法测量。纯酸溶液的密度为1.835g/cm^3，完全放电后降至1.120g/cm^3。大部分铅酸电池的密度在1.1～1.3 g/cm^3，满充之后一般为1.23～1.3 g/cm^3。高温或者低温中的电池，相对密度也会受影响。

(10) 活性物质：在电池放电时发生化学反应从而产生电能的物质，或者说正极和负极储存电能的物质。

(11) 板极硫化：铅酸蓄电池在放电后未及时充电，或长时期处于半放电或充电不足，或长时间充电和放电都会形成难溶的 $PbSO_4$ 晶体，无法恢复原来的状态。板极硫化将导致充电困难或电池失效。

蓄电池的容量使用额定容量表示，与容量相关的概念还有比能量、比功率。

(1) 额定容量 (标称容量)：是按照标准，要求电池在一定的放电条件下 (一般25℃环境下以 10 小时率电流放电至终止电压) 应该放出的最低限度的电量值。额定容量常用来标定 10 小时率蓄电池的型号。

(2) 比能量：是单位体积或单位重量 (质量) 的蓄电池所给出的能量，分别称为体积比能量 (W·h/L) 和重量比能量 (W·h/kg)。

(3) 功率：是指蓄电池在一定放电制下，在单位时间内所给出的能量，通常用 P 表示，单位为瓦 (W)。

理论功率为一定放电条件下的放电电流与蓄电池电动势的乘积。

实际功率为一定放电条件下的放电电流与平均工作电压的乘积。

(4) 比功率：是指单位体积或单位质量的蓄电池输出功率，分别称为体积比功率 (W/L) 和质量比功率 (W/kg)。蓄电池的比功率大，表示它承受大电流放电的能量强。

4.1.2 蓄电池的一些基本关系

1. 蓄电池容量与放电率的关系

同一个电池放电率不同时，给出的容量也不同。放电率有小时率 (或时间率) 和电流率 (或倍率) 两种不同的表示方法。

(1) 小时率：是以一定的电流放完额定容量所需的时间，或以一定电流放电至规定终止电压所经历的时间。标识为 20h、10h、5h、3h、1h、0.5h 等。

5 小时放电率，容量用 C_5 表示；10 小时放电率，容量用 C_{10} 表示；1 小时放电率，容量用 C 表示。C 的下角标就是小时率。

【例 4-1】 一个 12V 的蓄电池，如果用 5 小时率 2A 放电降到 10.5V，容量为多少？如果用 1.2A 放电，10h 降到 10.5V，容量为多少？

解：5 小时率放电，容量为 $C_5 = 2\text{A} \times 5\text{h} = 10\text{A} \cdot \text{h}$。

1.2A 放电，10 小时率放电，容量为 $C_{10} = 1.2\text{A} \times 10\text{h} = 12\text{A} \cdot \text{h}$。

(2) 电流率：是指放电电流相当于电池额定容量的倍数。

例如，容量为 100A·h 的蓄电池，10A 放电，10h 将全部电量放完，则电流率为 $0.1C_{10}$；若以 100A 放电，1h 将电放完，则电流率为 $1C_{10}$。

蓄电池的额定容量按放电率标定。国际标准规定：对于启动型蓄电池，其额定容量以 20 小时率标定，表示为 C_{20}；对于固定型蓄电池，其额定容量以 10 小时率标定，表示为 C_{10}。光伏发电系统应用的蓄电池组一般采用 20 小时率容量。

2. 蓄电池容量与温度的关系

蓄电池电解液的温度对蓄电池的容量有一定影响，温度高时，电解液的黏度下降，电阻减小，扩散速度增大，电池的化学反应加强，这些都会使容量增大。但是温度升高时，蓄电池的自放电会增加，电解液的消耗量也会增多。

蓄电池在低温下容量迅速下降，通用型蓄电池在温度降到 5℃时，容量会降到 70%左右。低于–15℃容量将下降到不足 60%，且在 10℃以下充电反应非常缓慢，可能造成放电后难以恢复。放完电后若不能及时充电，在温度低于–30℃时有冻坏的危险。

3. 蓄电池的放电深度与荷电态

蓄电池放电深度(DOD)是指从蓄电池使用过程中放出的有效容量占该电池额定容量的比值，通常以百分数表示。17%～25%为浅循环放电；30%～50%为中等循环放电；60%～80%为深循环放电。光伏发电系统中，DOD 一般为 30%～80%。

蓄电池的荷电态(SOC)定义为

$$\text{SOC} = \frac{C_r}{C} \times 100\% = 1 - \text{DOD} \tag{4-1}$$

式中，C_r 为剩余电量；C 为总电量，两者单位一致。

4. 蓄电池的串联和并联关系

将多只蓄电池的正极接负极依次串联，组成的蓄电池组的电压为串联的蓄电池电压之和，安时容量不变。将多只蓄电池的正极和负极分别并联，组成的蓄电池组的电压不变，容量为并联的蓄电池容量之和。蓄电池串、并联时应尽可能保证每只蓄电池的性能一致。

【例 4-2】 55 只 2V/250A·h 的铅酸蓄电池串联；10 只 2V/250A·h 的铅酸蓄电池并联；两组 110V/250A·h 的蓄电池组并联，求蓄电池组的电压和安时容量。

解：55 只 2V/250A·h 的铅酸蓄电池串联：电压为 55×2V =110V，容量为 250A·h。

10 只 2V/250A·h 的铅酸蓄电池并联：电压为 2V，容量为 2500A·h。

两组 110V/250A·h 的蓄电池组并联：电压为 110V，容量为 500A·h。

5. 影响蓄电池寿命的因素

蓄电池寿命常有两种评价方法：循环寿命和使用寿命。

蓄电池经历一次充电和放电，称为一次循环。在一定的放电条件下，电池使用至某一容量规定值之前，电池所能承受的循环次数，称为循环寿命。

蓄电池的使用寿命(浮充寿命)是指蓄电池在规定的浮充电压和环境温度下，蓄电池寿命终止时浮充运行的总时间，以蓄电池的工作年限来衡量。

蓄电池的使用寿命与蓄电池本身质量及工作条件、使用和维护情况等因素有很大关系。

6. 影响蓄电池效率的因素

蓄电池在实际工作过程中有一定的能量损耗，通常用能量效率和安时效率来表示。

(1) 能量效率。蓄电池放电时输出的能量与充电时输入的能量之比。影响能量效率的主要因素是蓄电池的内阻。

$$\eta_W = \frac{W_2}{W_1} \times 100\% \tag{4-2}$$

式中，W_1 为充电输入的能量；W_2 为放电输出的能量，两者单位一致。

(2) 充电效率。充电效率(也称库仑效率)，指蓄电池放电时输出的电量与充电时输入的电量之比。影响充电效率的主要因素是蓄电池内部的各种副反应，如自放电。对于一般的离网型光伏发电系统，平均充电效率为 80%～85%，在冬天可增加到 90%～95%。

(3) 蓄电池内阻。电池内阻有欧姆内阻和极化内阻两部分。

欧姆内阻主要由电极材料、隔膜、电解液、接线柱等构成，与电池尺寸、结构及装配有关。

极化内阻是由电化学极化和浓差极化引起的，是电池放电或充电过程中两电极进行化学反应时极化产生的内阻。

电池内阻严重影响电池工作电压、工作电流和输出能量，因而内阻越小的电池性能越好。因为活性物质组成、电解液浓度和温度都在不断变化，电池内阻不是常数，在充放电过程中随时间不断变化。

(4) 蓄电池的自放电。在蓄电池不使用时，随着放置时间的延长，储电量会自动减少，这种现象称为自放电。自放电的主要原因如下。

① 电解液与极板中含有杂质。蓄电池极板成分不纯，杂质之间产生电位差，变成一个局部蓄电池，并通过电解液构成回路，产生局部电流，从而形成自放电。

② 蓄电池电极间污垢较多，使蓄电池正、负电极间形成放电回路而自行放电。

③ 蓄电池负极板的自溶和正极板二氧化铅的自动还原。

④ 电池长期放置不用，硫酸下沉，下部密度较上部大，极板上、下部发生电位差及温度的变化都可引起自放电。

4.2　铅酸蓄电池结构与工作原理

4.2.1　铅酸蓄电池的基本结构

铅酸蓄电池是采用稀硫酸作为电解液，用二氧化铅和绒状铅分别作为电池的正极和负极的一种酸性蓄电池。

铅酸蓄电池由极板、隔板、容器(或电槽、外壳和盖)及电解液(盛在容器内)组成，如图 4-1 所示。

1. 极板

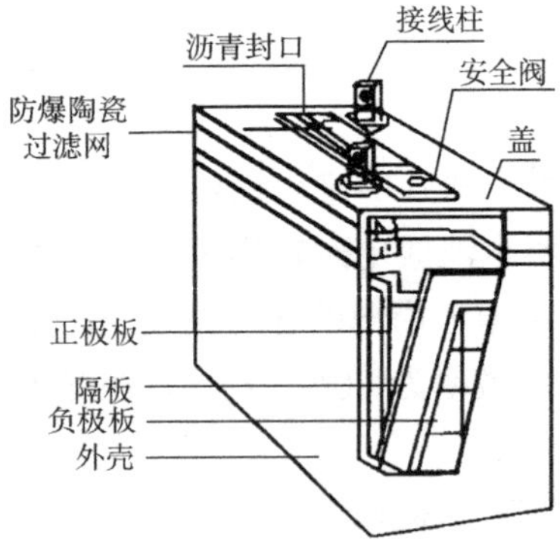

图 4-1　铅酸蓄电池的基本结构

极板分正极板、负极板，极板由板栅和活性物质组成。

板栅是极板骨架，主要作用是支撑活性物质，传导电流、使电流分布均匀。板栅的材料一般采用铅锑合金，免维护电池采用铅钙合金。

活性物质指 PbO_2 和 Pb。正极活性物质主要成分为二氧化铅，负极活性物质主要成分为绒状铅。

(1) 正极板(阳极)。阳极指发生氧化反应的电极。铅酸蓄电池的阳极板就是正极。它以结晶细密、疏松多孔的二氧化铅作为储存电能的活性物质，正常为红褐色，铅酸蓄电池的每个单元也分正极和负极，阳极是放电时的负极，充电时的正极。

(2) 负极板(阴极)。阴极指发生还原反应的电极。阴极是放电时的正极，充电时的负极。阴极以绒状的金属铅作为储存电能的物质，正常为灰色。

铅酸蓄电池的极板依构造和活性物质化成方法，又可分为四类：涂膏式极板、管式极板、化成式极板和半化成式极板。

2. 隔板

在电池两极板组间的隔离物，防止正、负极板相互接触而发生短路和活性物质脱落。隔板主要有AGM(超细玻璃纤维)隔板和PVC（聚氯乙烯）-SiO_2隔板两类。

电池用隔板是由微孔橡胶、颜料玻璃纤维等材料制成的，它的主要作用是防止正负极板短路，使电解液中正负离子顺利通过，阻缓正负极板活性物质的脱落，防止正负极板因震动而损伤。因此要求隔板的孔率高，孔径小，耐酸，不分泌有害杂质，有一定强度，在电解液中电阻小，具有化学稳定性。

3. 容器

容器或电槽，用于盛装电解液和支撑极板，分为硬橡胶式及塑料槽。一般容器做成长方形或方形。为便于运输和安装操作等，常常在容器上附带把手。

4. 电解液

一般为稀硫酸(H_2SO_4)，有一部分做成胶体。它的作用是：参加电化学反应；溶液正、负离子的传导体；极板温升的热扩散体。电解液是由浓硫酸和净化水(去离子水)配制而成的，电解液的纯度和密度对电池容量与寿命有重要影响。电化学反应时，电子、H^+、硫酸氢根不断产生，不断复合。

蓄电池除上述部件外，还有排气栓、连条、接线柱、液面指示器等零部件。排气栓一般由塑料材料制成，对电池起密封作用，阻止空气进入，防止极板氧化。同时可以将充电时电池内产生的气体排出电池，避免电池产生危险。使用前，必须将排气栓上的盲孔用铁丝刺穿，以保证气体溢出通畅。连条是蓄电池构成蓄电池组时的连接导体。接线柱是连条的连接端子。液面指示器用于电解液液面高度的指示。

4.2.2 铅酸蓄电池的工作原理

1. 铅酸蓄电池电动势的产生

铅酸蓄电池充电后，正极板是二氧化铅（PbO_2），在硫酸溶液中水分子的作用下，少量二氧化铅与水生成可离解的不稳定物质——氢氧化铅（$Pb(OH)_4$），氢氧根离子在溶液中，铅离子（Pb^{4+}）留在正极板上，故正极板上缺少电子。负极板上的铅(Pb)与电解液中的硫酸（H_2SO_4）发生反应，变成铅离子（Pb^{2+}），铅离子转移到电解液中，负极板上留下多余的两个电子(2e)。可见，在未接通外电路时(电池开路)，由于化学作用，正极板上缺少电子，负极板上多余电子，两极板间就产生了一定的电位差，这就是电池的电动势。

2. 铅酸蓄电池放电过程的电化反应

铅酸蓄电池放电时，在蓄电池的电位差作用下，负极板上的电子经负载进入正极板形成电流 I 。同时在电池内部进行化学反应。负极板上每个铅原子放出两个电子后，生成的铅离子（Pb^{2+}）与电解液中的硫酸根离子（SO_4^{2-}）反应，在极板上生成难溶的硫酸铅（$PbSO_4$）。正极板的铅离子（Pb^{4+}）得到来自负极的两个电子(2e)后，变成二价铅离子（Pb^{2+}），与电解液中的硫酸根离子（SO_4^{2-}）反应，在极板上生成难溶的硫酸铅（$PbSO_4$）。正极板水解出的氧离子（O^{2-}）与电解液中的氢离子（H^+）反应，生成稳定物质水。电解液中存在的硫酸根离子和氢离子在电场的作用下分别移向电池的正负极，在电池内部形成电流，整个回路形成，蓄电池向外持续放电。放电时 H_2SO_4 浓度不断下降，正负极上的硫酸铅（$PbSO_4$）增加，电池内阻增大(硫酸铅不导电)，电解液浓度下降，电池电动势降低。放电过程化学反应式为

$$\underset{\text{正极}}{PbO_2} + \underset{\text{电解液}}{2H_2SO_4} + \underset{\text{负极}}{Pb} \longrightarrow \underset{\text{正极}}{PbSO_4} + \underset{\text{水}}{2H_2O} + \underset{\text{负极}}{PbSO_4} \tag{4-3}$$

3. 铅酸蓄电池充电过程的电化反应

充电时，应外接一直流电源(充电极或整流器)，使正、负极板在放电后生成的物质恢复成原来的活性物质，并把外界的电能转变为化学能储存起来。在正极板上，在外界电流的作用下，硫酸铅被离解为二价铅离子（Pb^{2+}）和硫酸根离子（SO_4^{2-}），由于外电源不断从正极吸取电子，正极板附近游离的二价铅离子（Pb^{2+}）不断放出两个电子来补充，变成四价铅离子（Pb^{4+}），并与水继续反应，最终在正极板上生成二氧化铅(PbO_2)。在负极板上，在外界电流的作用下，硫酸铅被离解为二价铅离子（Pb^{2+}）和硫酸根离子（SO_4^{2-}），由于负极不断从外电源获得电子，负极板附近游离的二价铅离子（Pb^{2+}）被中和为铅（Pb），并以绒状铅附着在负极板上。电解液中，正极不断产生游离的氢离子（H^+）和硫酸根离子（SO_4^{2-}），负极不断产生硫酸根离子（SO_4^{2-}），在电场的作用下，氢离子向负极移动，硫酸根离子向正极移动，形成电流。充电后期，在外电流的作用下，溶液中还会发生水的电解反应。充电过程化学反应式为

$$\underset{\text{正极}}{PbO_2} + \underset{\text{电解液}}{2H_2SO_4} + \underset{\text{负极}}{Pb} \longleftarrow \underset{\text{正极}}{PbSO_4} + \underset{\text{水}}{2H_2O} + \underset{\text{负极}}{PbSO_4} \tag{4-4}$$

铅酸蓄电池的两组极板插入稀硫酸溶液中。电极在完成充电后，正极板为二氧化铅，负极板为绒状铅。放电后，在两极板上都产生细小而松软的硫酸铅，充电后又恢复为原来物质。

铅酸蓄电池在充电和放电过程中的可逆反应理论称为“双硫酸化理论”：放电时，两电极的有效物质和硫酸发生作用，均转化为硫酸化合物——硫酸铅；充电时，又恢复为原来的铅和二氧化铅。图4-2是铅酸蓄电池的充放电过程。

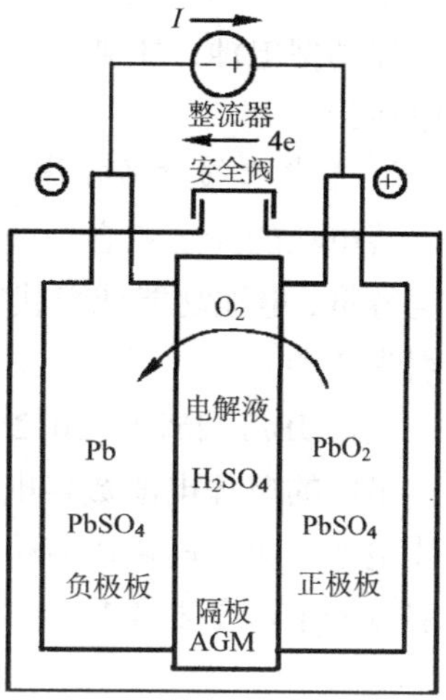

图4-2 铅酸蓄电池的充放电过程

两极板间就产生了一定的电位差，这就是电池的电动势。铅酸蓄电池单体的电动势为2.0V。如果正负极之间连接负载，则蓄电池给负载放电。

铅酸蓄电池充放电后电解液会发生一些变化。铅酸蓄电池放电时，电解液中的硫酸不断减少，水逐渐增多，溶液密度减小。铅酸蓄电池充电时，电解液中的硫酸不断增多，水逐渐减少，溶液密度增大。实际工作中，可以根据电解液密度的变化来判断铅酸蓄电池的充电程度。使用中要定期检查电解液密度和液面高度，密度超过偏差要求或液面高度不足，需要及时维护保养。

4.2.3 铅酸蓄电池的分类和命名

铅酸蓄电池的分类方法有很多，按蓄电池极板结构分类，有形成式、涂膏式和管式蓄电池；按蓄电池盖和结构分类，有开口式、排气式、防酸隔爆式和密封阀控式蓄电池；按蓄电池维护方式分类，有普通式、少维护式、免维护式蓄电池。

1. 铅酸蓄电池的分类

1) 按照电解液数量和电池槽结构分类

传统开口式铅酸蓄电池：开口半密封式结构，电解液处于富液状态，使用过程中需要加水调节酸密度。

阀控密封式铅酸(VRLA)蓄电池：全密封式结构，电解液为贫液状态，使用过程中不需要进行加水或加酸维护——“免维护”。

AGM电池：电解液被吸附在隔板孔隙内。

GEL(凝胶)电池：电解质为已经凝胶的胶体电解质。

2) 按照电池的用途分类

循环和启动使用电池：汽车电池、电动车电池、牵引电池等类型。

浮充使用电池：主要是后备电池。

3) 按照电池的使用环境分类

固定型电池：主要用于后备电源，广泛用于邮电、电站和医院等，最大要求是安全可靠，因其使用固定在一地方，重量不是关键问题。

移动型电池：主要有内燃机车、铁路客车、摩托车、电动汽车及牵引车等用的电池。

2. 蓄电池的命名方法

蓄电池的命名包含组成及其代表意义，蓄电池名称由单体蓄电池格数、型号、额定容量、电池功能或形状等组成。当单体铅酸蓄电池格数为 1 时省略，6V、12V 分别为 3 和 6。

根据 JB/T 2599—2012 标准，我国铅酸电池型号分为三段，其安排和含义如下：串联的单体电池数—电池的类型和特征—额定容量。当电池数为 1 时，称为单体电池，第一段可以省略。电池的类型是根据主要用途划分的，代号用汉语拼音字母表示，见表 4-1。

表 4-1　铅酸蓄电池命名用字母表

汉语拼音字母		含义	汉语拼音字母		含义
表示电池用途的字母	Q	启动用	表示电池特征的字母	A	干荷电池
	G	固定用		F	防酸式
	D	电池车		FM	阀控式
	N	内燃机车		W	无需维护
	T	铁路客车		J	胶体电液
	M	摩托车用		D	带液式
	KS	矿灯酸性		J	激活式
	JC	舰船用		Q	气密式
	B	航标灯		H	湿荷式
	TK	坦克		B	半密闭式
	S	闪光灯		Y	液密式

【例 4-3】　型号 6-GFMJ-100 和 6QA-120 的铅酸蓄电池含义。

解：型号 6-GFMJ-100 表示 6 为 6 个单体，电压 12V，G 为固定用，FM 为阀控式，J 为胶体电液，100 为 10 小时率的额定容量 100A·h。

型号 6QA-120 的铅酸蓄电池表示有 6 个单体电池（12V），启动用电池，装有干荷电式电极板，额定容量为 120 A·h。

4.2.4 铅酸蓄电池的电压

从蓄电池的构造、使用角度分析铅酸蓄电池的电特性。

1. 蓄电池的电动势 E

$$E=0.85+d \tag{4-5}$$

式中，0.85 为 VRLA 蓄电池的电动势常数；d 为电解液的密度，单位为克/厘米^3（g/cm^3），范围 1.05～1.30 g/cm^3。

2. 开路电压 U_k

$$U_k=E_z-E_f \tag{4-6}$$

式中，E_z 为蓄电池正极电位（V）；E_f 为蓄电池负极电位（V）。

蓄电池达到稳定时的开路电压在数值上等于其电动势。

3. 工作电压 U

$$U=U_k-I\left(R_0+R_j\right) \tag{4-7}$$

式中，I 为蓄电池放电电流（A）；R_0 为蓄电池的欧姆电阻（Ω）；R_j 为蓄电池的极化电阻（Ω）。

4. 充电电压

蓄电池的充电电压是指蓄电池在充电时，外电源加在蓄电池两端的电压。

5. 初始电压

蓄电池的初始电压是蓄电池在放电初始时的工作电压。

6. 浮充电压

电池充电器对蓄电池进行浮充电时设定的电压值。铅酸蓄电池的单体电压为2V/格，实际电压随充、放电情况而有变化，充电结束时电压为2.5～2.7V/格，以后缓慢降到2.05V/格左右的稳定状态；放电时，电压缓慢下降，低到1.7V/格时，便不能再继续放电，否则会损坏蓄电池的极板。

VRLA 蓄电池在 25℃时浮充电压 U 是开路电压和极化电压之和：

$$U=U_k+(0.10\sim0.18)\text{V} \tag{4-8}$$

铅酸蓄电池充电时间与电压关系曲线如图 4-3 所示。图中，蓄电池为12V/100A·h，充电电流为2A、10A、20A，横轴为小时数。

7. 蓄电池的放电终止电压

放电终止电压是指蓄电池放电时电压下降到不宜再放电时的最低工作电压。放电终止电压随放电率不同而变化。小于 10h 的小电流放电，终止电压取值稍高；大于 10h 的大电流放电，终止电压取值稍低。

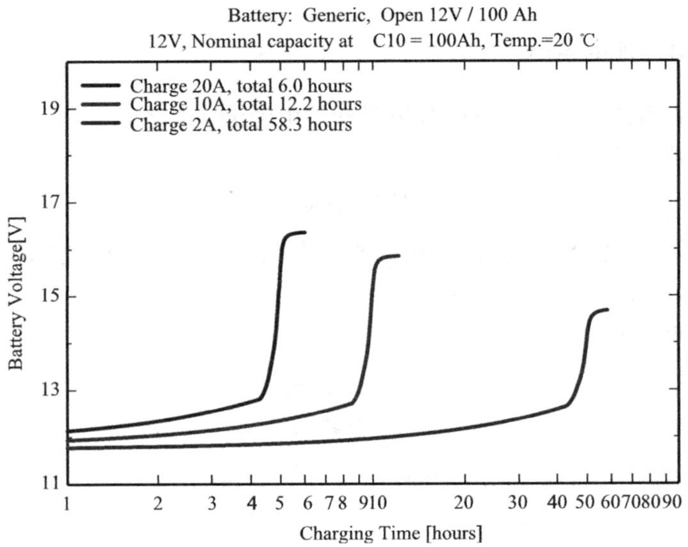

图 4-3　铅酸蓄电池充电时间与电压曲线

放电率对终止电压的影响如图 4-4 所示，图中，蓄电池为 12V/100A·h，放电率为 5h、10h、20h。

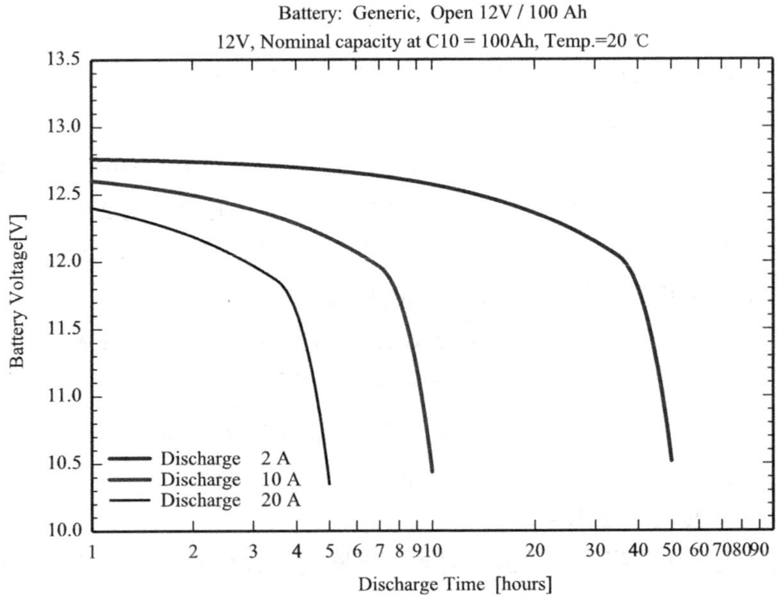

图 4-4　铅酸蓄电池放电率对终止电压的影响

将充放电图合在一起做比较，如图4-5所示，横轴为荷电态SOC，20A、10A、2A充电电流条件下的电池充电曲线对应图中曲线A、B、C，2A、10A、20A放电电流条件下的电池放电曲线对应图中曲线D、E、F。充电时，充电曲线对应的横轴从左往右电量增加，蓄电池的端电压增加；充电电流减小，电池充电终止电压略低。放电时，放电曲线对应的横轴从右往左电量减少，蓄电池的端电压减小；放电电流减小，电池放电终止电压略高。

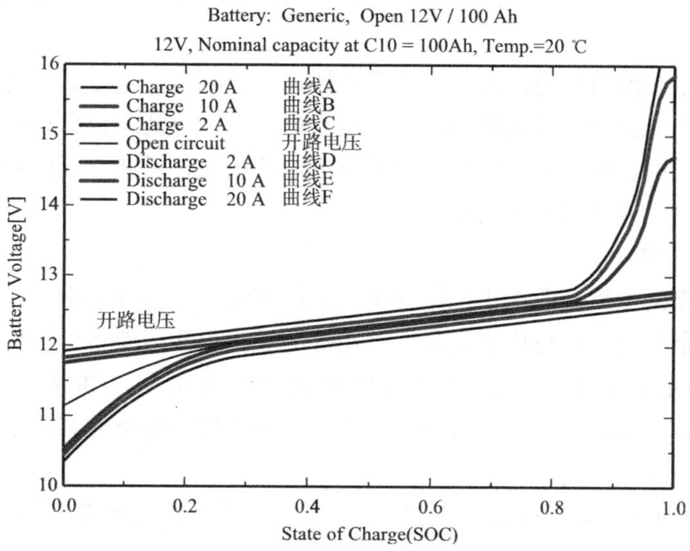

图4-5 铅酸蓄电池的荷电态(SOC)与充放电曲线对照图

4.3 VRLA蓄电池的充放电特性

4.3.1 VRLA蓄电池的充电特性

VRLA蓄电池的充电方式有浮充充电、均衡充电、循环充电等。

充电方式按照端电压电流方式分为恒流充电、恒压充电、恒流恒压充电。下面分别介绍这6种充电方式。

1. 恒压充电法

在充电过程中，充电电压保持不变。这样在刚开始充电时，能以较大的电流对蓄电池充电，随着充电时间的增加，电流逐渐减少。然而充电电流太大会使电池寿命缩短，而且容易造成电池温度上升，因此需要额外加入限流电路及温度补偿电路。

2. 恒流充电法

在充电过程中，充电电流保持不变。这样可以避免恒压充电法因电流太大而产生的问题。其缺点是恒流充电可能造成充电电压过高而影响蓄电池的寿命。此外，恒流充电不能像恒压充电法那样使电池保持在浮充状态，因此无法将蓄电池完全充电。

3. 恒流恒压充电法

恒流充电法与恒压充电法分阶段使用为恒流恒压充电法，又称二阶段充电法。

先以恒定电流对蓄电池充电，等蓄电池电压达到气化电压后，再以恒定电压充电，使蓄电池保持在浮充状态。二阶段充电法在蓄电池寿命和充电时间上已有很大改善。然而在恒压充电阶段，由于充电电流很小，因此必须消耗很长的时间对蓄电池充电，这是其不足之处。

4. 浮充充电

蓄电池充满电后，改用小电流给电池继续充电，称为浮充电。补充电池自放电造成的容量损失，保持电量充足。蓄电池的浮充电压值要参考厂家对产品推荐的数值来确定。根据环境温度的变化来调整浮充电压，通常的调节系数为 −4mV/℃。蓄电池的浮充电电流因蓄电池的结构和性能的不同其大小也不相同。

5. 均衡充电

所谓均衡充电(均充)是把每个 VRLA 蓄电池单元并联起来，用统一的充电电压进行的一种恒压方式充电。

均衡充电的目的是确保蓄电池组中所有单体电池的电压、密度达到均匀一致。

均衡充电电流一般选 0.3C 或略小于 0.3C；均衡充电电压一般选 2.35V/单体(额定电压为 2V 的 VRLA 蓄电池)；均衡充电时间不大于 10 h。

6. 循环充电

在循环应用领域，VRLA 蓄电池都采用薄的极板设计来提高比能量和大电流性能。对于薄极板的 VRLA 蓄电池，最好的充电方法是采用脉冲充电和电流递减充电。脉冲充电方式可在短时间内提高充电电流，缩短蓄电池充满电的时间，并具有很小的过充电；电流递减充电方式具有同样的优点。

4.3.2 VRLA 蓄电池的放电特性

蓄电池的放电特性如图 4-4 所示。

1. 终止电压与放电速率有关

蓄电池的放电速率为(0.05～0.25)C时(一般蓄电池采用 0.1C_{10} 电流 10 小时率

放电)，在放电过程中定期测试蓄电池端电压；端电压达到1.80V/单体时放电终止。

2. 蓄电池实际放出的容量与放电电流有关

放电电流越大，蓄电池的效率越低。在系统中要设置合适的放电电流，根据蓄电池的容量带适当负载；如果负载固定，则要配置容量适当的蓄电池。

3. 蓄电池使用寿命与放电深度有关

放电深度越深，其循环寿命越短。

根据VRLA蓄电池的充放电特性，在设计时需要主要考虑蓄电池是深循环使用、浅循环使用还是浮充使用。实际应用中，若把浅循环使用的电池用于深循环，则铅酸蓄电池会很快失效。在使用VRLA蓄电池时，既要避免重载过流放电，又要避免长时间轻载造成蓄电池深度放电，更要避免蓄电池短路放电。

4.4 VRLA蓄电池在光伏发电系统中的使用

为了使VRLA蓄电池在光伏发电系统中能发挥其作用，需要达到设计目标，保证其运行的质量。运行的质量主要由三个方面决定：产品质量，在于蓄电池生产环节；安装质量，在于蓄电池安装施工技术；运行维护质量，在于蓄电池运行技术管理。

4.4.1 蓄电池的产品质量要求

光伏发电用VRLA蓄电池的主要技术要求如下。

(1) 循环寿命要长。光伏发电系统中，要求蓄电池组寿命应达到 5 年以上。蓄电池应是适用于循环应用的长寿命电池。一般光伏发电系统设计蓄电池循环深度为50%，在此循环深度下，循环寿命应达到1000次以上。

(2) 良好的低温放电性能。光伏发电系统的使用地区，如果环境条件恶劣，室外气温的变化为35～55℃，蓄电池的工作环境温度为10～40℃，湿度为90%，海拔为5000m。要特别注意蓄电池的气阀压力范围和高低温放电性能。在10℃时按10小时率放电，要求放出实际容量80%以上。

(3) 良好的容量恢复性能。光伏发电系统中蓄电池放电深度不稳定，蓄电池过放电后的容量恢复性能是一项重要指标，要求蓄电池100%放电，搁置120h后，充电可恢复到实际容量的95%以上。

(4) 良好的均衡性。光伏发电系统用蓄电池处于循环使用，系统中电池数量较多，因此对整组电池容量的均衡性要求较高。参照相关标准，配组的储能蓄电池容量偏差要求小于5%，以提高整组蓄电池的循环寿命。

(5) 其他。对蓄电池还应有防爆、阻燃、抗震的要求，其自放电率应小于4%/

月，恒流过充电寿命应符合有关标准。

4.4.2　蓄电池的安装质量要求

安装质量要求主要有以下六个方面。

(1) 外观检查。

(2) 根据蓄电池确定是否需要进行充电。

(3) 蓄电池应尽可能安装在清洁、阴凉、通风、干燥的地方，并避免受到阳光直射，远离加热器或其他辐射热源。

(4) 安装后应逐只检查测量蓄电池组电压。

(5) 新老不同、容量不同的蓄电池不能混用。

(6) 安装后进行容量测试、负载测试、内阻测试。

4.4.3　蓄电池的运行维护质量要求

1. 运行要求

光伏发电系统用蓄电池可分为以下两种类型。

户用系统，蓄电池的充、放电主要以一天或者几天为一个循环周期，以充、放电方式运行，供电负载相对固定。对于这种系统，以设置过充电、过放电保护电路为主，核心问题是蓄电池过充、过放电压的选择。

光伏电站，蓄电池的充、放电主要以季节或年为循环周期，以循环方式运行，供电负载复杂多变且有优先级之分。对于这种系统，不仅需要设置过充电、过放电保护电路，而且需要依据负载的优先级合理分配蓄电池的剩余容量。它的特点是持续放电电流较大，寿命只有 1～2 年。

光伏发电系统蓄电池的使用模式、充电模式、失效模式和环境情况与一般的应用差别较大。它放电电流较小，根据系统设计富余量不同，如可设计为 25 小时率放电，放电深度为 20%～50%。

为了能够高效地接受从发电系统中产生的电能，蓄电池通常处于不完全充电状态(POSC)，大多时候保持放电状态；充电受气候的影响大。在光伏发电系统中，蓄电池充电由光伏电池直接提供，其充电电流和充电电压随着太阳辐照度的变化而变化，有时充电电压偏低，有时充电电压过高，由于蓄电池对充电方法特别敏感，易造成电池早期失效。

VRLA 蓄电池的使用要做到“三防、一及时”。

(1) 防高温运行。

(2) 防过充电：25℃时的浮充电压按蓄电池使用手册中给出浮充电压值设定；浮充电流限点可以按 $I_{充}=(0.1\sim0.125)C_{10}$ 进行设定，最大充电电流不能大于 10

小时率充电电流的 1.5 倍，并要根据环境温度的变化对浮充电压进行补偿。

(3) 防过放电。

(4) 及时充电。

不能从整组 VRLA 蓄电池中抽出一部分 VRLA 蓄电池作其他电源用。

尽量避免 VRLA 蓄电池长期闲置不用或使 VRLA 蓄电池长期处于浮充状态而不放电。对长期搁置不用的 VRLA 蓄电池必须每隔一定时间充电一次，以达到激活的目的。

应使用性能良好、具有自动控制和监测功能的充电装置。要经常巡视、检查、测试，做好记录。

2. *充电电压要求*

蓄电池充电电压的要求是非常严格的，必须遵守。当 VRLA 蓄电池充电电压超过 2.35V/单体时就有可能使气体析出。

(1) 充电电压。科学合理地设置蓄电池的充电方式和浮充充电电压、均衡充电电压等。全浮充电压定为 2.23～2.25V/单体 (25℃) 较合适。

(2) 均衡充电方法。充电电压调到 2.33V/单体，充电 30h; 充电电压调到 2.35V/单体，充电 20h。

(3) 一致性。控制蓄电池端电压压差的均匀一致性 (压差<0.03V/单体)。

3. *蓄电池充放电维护要求*

(1) 蓄电池温度。充电过程中，蓄电池温度会升高，但是温升过高，电池寿命缩短；蓄电池温度过低，蓄电池容量减少，容易过度放电，电池寿命缩短。使用状态正常温度为 15～55℃。放电终了，电解液温度最好维持在 40℃以下。

(2) 充电量。蓄电池的充电量与放电量之比不能过高，若过高易使水分解，气体产生，电解液明显减少，会使充电时温度上升，蓄电池寿命缩短。

(3) 气体。充电场所必须通风良好，注意远离火源，避免触电。

(4) 放电。严禁达到放电终止电压时继续放电，应马上充电，否则会缩短蓄电池寿命。蓄电池放电深度不得大于 80%。

4.5　锂离子电池

4.5.1　锂电池简介

锂元素是金属中最轻的元素，且标准电极电位为–3.045V，是金属元素中电位最负的一种元素。

1. 锂电池分类

自 20 世纪 70 年代以来，以金属锂为负极的各种高比能量锂原电池分别问世，并得以广泛应用。锂蓄电池问世后，锂电池经历了一次锂电池、二次锂电池、二次锂离子电池几个阶段。

锂电池根据形状分为方形电池、圆柱形电池和棱柱状电池，如图 4-6 所示。

图 4-6　方形电池、圆柱形电池和棱柱状电池

锂离子电池是指以锂离子嵌入化合物为正极材料电池的总称。锂离子电池分为液态锂离子电池(liquified lithium-ion battery，LIB)和聚合物锂离子电池(polymer lithium-ion battery，PLB)。液态锂离子电池和聚合物锂离子电池所用的正负极材料都是相同的，它们的主要区别在于电解质不同，液态锂离子电池使用的是液体电解质，而聚合物锂离子电池则以聚合物电解质来代替，这种聚合物可以是“干态”的，也可以是“胶态”的。

2. 锂离子电池构成

锂离子电池主要由三个部分组成：正极、负极和电解质。电极材料是锂离子可以嵌入(插入)/脱嵌(脱插)的。

锂离子电池是一种充电电池，其以碳素材料为负极，以含锂的化合物为正极，没有金属锂存在，只有锂离子。它主要依靠锂离子在正极和负极之间移动来工作。锂离子电池的充放电过程，就是锂离子的嵌入和脱嵌过程，在充放电过程中，Li^+ 在两个电极之间往返嵌入和脱嵌。充电时，Li^+ 从正极脱嵌，经过电解质嵌入负极，负极处于富锂状态；放电时则相反。在锂离子的嵌入和脱嵌过程中，同时伴随着与锂离子等当量电子的嵌入和脱嵌。

(1) 正极材料。可选的正极材料很多，主流产品有锂铁磷酸盐等。正极反应：放电时锂离子嵌入，充电时锂离子脱嵌。

(2) 负极材料。负极材料多采用石墨。负极反应：放电时锂离子脱嵌，充电时锂离子嵌入。负极材料大体分为以下几种。

第一种是碳负极材料。实际用于锂离子电池的负极材料基本上都是碳素材料，如人工石墨、天然石墨、中间相碳微球、石油焦、碳纤维、热解树脂碳等。

第二种是锡基负极材料。锡基负极材料可分为锡的氧化物和锡基复合氧化物两种，氧化物是指各种价态金属锡的氧化物，没有商业化产品。

第三种是含锂过渡金属氮化物负极材料，没有商业化产品。

第四种是合金类负极材料，包括锡基合金、硅基合金、锗基合金、铝基合金、锑基合金、镁基合金和其他合金，没有商业化产品。

第五种是纳米级负极材料，如纳米碳管、纳米合金材料。

第六种是纳米氧化物材料。使用纳米二氧化钛和纳米二氧化硅添加在传统的石墨、锡氧化物、纳米碳管里面，极大地提高锂离子电池的冲放电量和充放电次数。

(3) 电解质溶液。溶质常采用锂盐，如高氯酸锂（$LiClO_4$）、六氟磷酸锂（$LiPF_6$）、四氟硼酸锂（$LiBF_4$）。由于电池的工作电压远高于水的分解电压，因此锂离子电池常采用有机溶剂，如乙醚、乙烯碳酸酯、丙烯碳酸酯、二乙基碳酸酯等。有机溶剂常常在充电时破坏石墨的结构，导致其剥脱，并在其表面形成固体电解质膜(solid electrolyte interphase，SEI)导致电极钝化。有机溶剂还带来易燃、易爆等安全性问题。

3. 锂离子电池的使用

当对电池进行充电时，电池的正极上有锂离子生成，生成的锂离子经过电解液运动到负极。负极的碳呈层状结构，它有很多微孔，达到负极的锂离子就嵌入碳层的微孔中，嵌入的锂离子越多，充电容量越高。同样，当对电池进行放电时，嵌在负极碳层中的锂离子脱出，又运动回正极。回正极的锂离子越多，放电容量越高。

一般锂离子电池充电电流设定在 $0.2C\sim1C$，电流越大，充电越快，电池发热也越大。此外，因为电池内部的电化学反应需要时间，过大的电流充电，容量不够满。

对电池来说，正常使用就是放电的过程。锂离子电池放电需要注意两点。

第一，放电电流不能过大，过大的电流导致电池内部发热，有可能会造成永久性的损害。

第二，绝对不能过放电，一旦放电电压低于 2.7V，可能导致电池报废。一般电池内部都已经装了保护电路，电压一旦低到损坏电池的程度，保护电路就会起作用，停止放电。

4. 锂离子电池的特点

锂离子电池优点：相对于传统的镉镍蓄电池和镍氢蓄电池，锂离子电池的电压大约是它们的 3 倍，重量比能量密度提高了约 3 倍；电压是铅酸蓄电池的 1.8 倍，能量密度是 3～4 倍。锂离子电池总体来说，具有工作电压高、比能量大、循环寿命长、自放电率低、无记忆效应、无污染等优点。

锂离子电池缺点：由于锂离子电池的化学特性，在正常使用过程中，其内部进行电能与化学能相互转化的化学正反应，但在某些条件下，如对其过充电、过放电和过电流将会导致电池内部发生化学副反应，会严重影响电池的性能与使用寿命，并可能产生大量气体，使电池内部压力迅速增大后爆炸而导致安全问题。

影响锂离子电池安全性的外部因素有过充电(电压)、外短路、过高温度，这些情况均有可能导致电池发生安全性事故。

因此，锂离子电池需要一个保护电路，用于对电池的充、放电状态进行有效监测，并在某些条件下关断充、放电回路以防止对电池发生损害，如图 4-7 所示。

图 4-7　锂离子电池保护电路和带保护电路的锂离子电池模块电池构造

4.5.2　锂离子电池保护电路

通常锂离子电池保护电路的原理是用电子开关作为电路通断的开关，控制电路完成电池电压的判断和控制信号的输出，通常将判断与控制电路做成集成电路，开关器件使用 MOS(金属氧化物半导体)场效应管(简称 MOSFET)。图 4-8 是一个

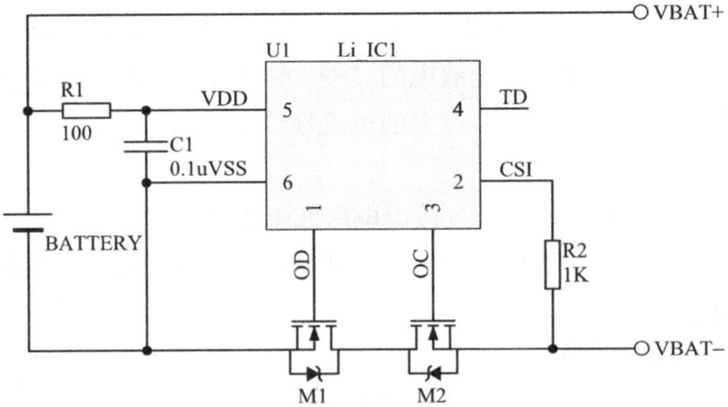

图 4-8　锂离子电池保护的电路原理图

典型的锂离子电池保护的电路原理图。

保护回路由两个 MOS 管(M1、M2)和一个控制集成电路，外加一些阻容元件构成。控制集成电路负责监测电池电压与回路电流，并控制两个 MOS 管的栅极，MOS 管在电路中起开关作用，分别控制着充电回路和放电回路的导通与关断，该电路具有过充电保护、过放电保护、过电流保护与短路保护功能，下面分析它的工作原理。

1. 正常状态

在正常状态下电路中集成电路的“OC”与“OD”脚都输出高电压，两个 MOS 管都处于导通状态，电池可以自由地进行充电和放电，由于 MOS 管的导通阻抗很小，通常小于 30 mΩ，因此其导通电阻对电路的性能影响很小。

此状态下保护电路的消耗电流为μA 级，通常小于 7 μA 。

2. 过充电保护

锂离子电池要求的充电方式为恒流/恒压，在充电初期为恒流充电，随着充电过程的进行，电压会上升到 4.2V(根据正极材料不同，有的电池要求恒压值不同)，转为恒压充电，直至电流越来越小。

电池在充电过程中，如果充电器电路失去控制，会使电池电压超过 4.2V 后继续恒流充电，此时电池电压仍会继续上升，当电池电压充电超过 4.3V 时，会导致电池损坏。

在带有保护电路的电池中，当控制集成电路检测到电池电压达到集成电路设定的充电终止电压(如 4.28V)时，其“OC”脚将由高电压转变为零电压，使 M2 由导通转为关断，从而切断充电回路，使充电器无法再对电池进行充电，起到过充电保护作用。而此时由于 M2 自带的寄生二极管 VD2 的存在，电池可以通过该二极管对外部负载进行放电。

3. 过电流保护

电池在对负载正常放电过程中，放电电流在经过串联的 2 个 MOS 管时，由于 MOS 管的导通阻抗，会在其两端产生一个电压，该电压值$U = I \times R_{DS} \times 2$，$R_{DS}$为单个 MOS 管导通阻抗，控制集成电路上的“CSI”脚对该电压值进行检测，若负载因某种原因导致异常，使回路电流增大，当回路电流大到使 U 大于某一阈值(如 $U > 0.1V$)时，其“OD”脚将由高电压转变为零电压，关断 M1，切断放电回路，起到过电流保护作用。

4. 短路保护

电池在对负载放电过程中，若回路电流大到使$U > 0.9V$，控制集成电路则判断为负载短路，其“OD”脚将迅速由高电压转变为零电压，使 M1 由导通转为关断，从而切断放电回路，起到短路保护作用。短路保护的延时极短，通常小于 7μs。

其工作原理与过电流保护类似，只是判断方法不同，保护延时也不一样。

5. 过放电保护

在电池放电过程中，当控制集成电路检测到电池电压低于过放截止电压时，其“OD”引脚将由高电压转变为零电压，使 M1 由导通转为关断，从而切断放电回路，起到过放电保护作用。而此时由于 M1 自带的体二极管 VD1 的存在，充电器可以通过该二极管对电池进行充电。

由于在过放电保护状态下电池电压不能再降低，因此要求保护电路的消耗电流极小，此时控制集成电路会进入低功耗状态。

多节电芯串联保护板电路原理及工作过程同单节电芯一样，在多节电芯保护电路中，保护板同样必须能对电芯提供过充、过放、过流、短路等保护。图 4-9 是一个两节锂离子电池的保护电路原理图。U1 为锂离子电池保护专用集成电路，完成电池电压的采集、电压比较和判断，以及控制信号的产生。M1、M2 为 MOS 场效应管。

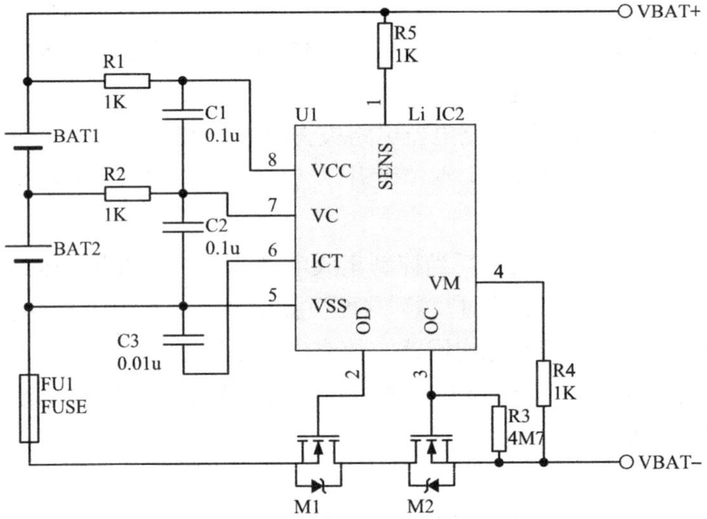

图 4-9　两节锂离子电池的保护电路原理图

4.6　其他蓄电池

4.6.1　镍氢蓄电池

镍氢蓄电池属于碱性电池，镍氢蓄电池循环使用寿命较长，无记忆效应，但价格较高。目前国外生产镍氢蓄电池的公司主要是 Ovonie、丰田公司。Ovonie 现有 80 A · h 和 130 A · h 两种单元电池，其比能量达 75～80 W · h/kg，循环使用寿命超过 600 次。这种蓄电池装在几种电动汽车上试用，其中一类车一次充电可行驶 345km，有一辆车一年中行驶了 8 万多千米。由于价格较高，目前尚未大批量生产。国内已开发出 55A·h 和 100 A·h 单元电池、比能量达 65 W·h/kg、比功率大于 800 W/kg 的镍氢蓄电池。

4.6.2 镍镉蓄电池

镍镉蓄电池的应用广泛程度仅次于铅酸蓄电池，其比能量可达 55W·h/kg，比功率超过190W/kg。镍镉电池可快速充电，循环使用寿命较长，是铅酸蓄电池的两倍多，可达到 2000 多次，但价格为铅酸蓄电池的 4～5 倍。它的初期购置成本虽高，但由于其在能量和使用寿命方面的优势，因此其长期的实际使用成本并不高。缺点是有“记忆效应”，容易因为充放电不良而导致电池可用容量减小。必须在使用 10 次左右后，进行一次完全充放电，如果已经有了“记忆效应”，应连续进行 3～5 次完全充放电，以释放记忆。另外，镉有毒，使用中要注意做好回收工作，以免镉造成环境污染。

4.6.3 钠硫蓄电池

钠硫蓄电池的优点：①比能量高。其理论比能量为 760W·h/kg，实际已大于 100W·h/kg，是铅酸蓄电池的 3～4 倍。②可大电流、高功率放电。其放电电流密度一般可达 200～300mA/mm^2，且瞬时间可放出其 3 倍的固有能量。③充放电效率高。由于采用固体电解质，所以没有通常采用液体电解质二次电池的那种自放电及副反应，充放电电流效率几乎为 100%。

钠硫蓄电池的缺点：其工作温度在 300～350℃，所以，电池工作时需要一定的加热保温。此外，高温腐蚀严重，电池寿命较短，也有性能稳定性及使用安全性不太理想等问题。现在已有采用高性能的真空绝热保温技术，可有效地解决加热保温这一问题。

4.6.4 镍锌蓄电池

新型密封镍锌蓄电池具有高比能量、高比功率和大电流放电的优势。这种优势使得镍锌蓄电池能够满足电动车辆在一次充电行程、爬坡和加速等方面对能量的需求。镍锌蓄电池是极具竞争力的电池。其优点是：比能量达到 50W·h/kg 以上，体积比能量已超过镍镉蓄电池，小于镍氢蓄电池；大电流放电，电池的电压在宽广的范围是平衡的，且具有很长的使用寿命，循环寿命≥500 次；充电时间≤3.5h，快速充电≤1h。自放电抗电荷量衰减性十分好，在室温下一个月，自放电量不到 30%的额定电荷量。在 50℃高温，以 $C/3$ 放电，电池电荷量衰减≤10%

的额定电荷量，而在−15℃，$C/3$ 放电≤30%。镍锌蓄电池与铅酸蓄电池外廓上具有很好的兼容性，凡现在应用铅酸蓄电池的车辆，均可换用镍锌蓄电池。

超级电容是近年来发展快速的一种储能器件，它类似于一个电容器，充放电速度很快，能够大电流充放电。

表 4-2 是常用蓄电池的性能对比表。铅酸蓄电池在光伏发电系统中应用较多，而随着锂离子电池的迅速发展，现在的光伏发电系统中使用锂离子电池储能的系统快速增加，逐渐得到用户的认同。

表 4-2　蓄电池性能对比

电池种类	电动势/V	比功率/(W/kg)	比能量/(W·h/kg)	循环寿命/次	记忆效应	污染
铅酸蓄电池	2	200～300	35～40	400～500	无	有
镍镉蓄电池	1.2	150～350	40～60	600～1200	有	有
镍氢蓄电池	1.2	150～300	60～80	600～1200	无	无
锂离子电池	3.6	250～450	90～150	800～2000	无	无
超级电容	—	>1000	1～20	100000	无	无
燃料电池	1.2	60	500	—	无	无

思　考　题

1. 铅酸蓄电池的结构和“双硫酸化理论”是什么？
2. 蓄电池的容量如何表示？额定容量的含义是什么？
3. 比能量的含义是什么？
4. VRLA 蓄电池组有哪些常见的充电方式？
5. 铅酸蓄电池充电时充电电压为什么要对温度补偿？
6. 蓄电池使用和维护有什么主要要求？
7. 简述锂离子电池的基本结构与工作原理。
8. 锂离子电池与铅酸蓄电池相比有哪些优点？
9. 画出典型的锂离子电池保护电路原理图，其工作原理是什么？
10. 单格铅酸蓄电池、镉镍蓄电池、锂离子电池的电动势是多少？

第 5 章　最大功率点跟踪

5.1　最大功率点跟踪基本原理

5.1.1　最大功率点跟踪概念

根据光伏电池的非线性函数关系，绘制出其在日照变化、结温不变和日照不变、结温变化两种情况下的光伏电池 *I-V*、*P-V* 曲线。

1. 电池结温不变，日照变化

图 5-1 为光伏电池结温不变、日照强度变化情况下的一组 *I-V* 和 *P-V* 特性曲线。

从图 5-1 中可以得出以下四点。

(1) 光伏电池的短路电流随日照强度增强而变大，两者近似为正比例关系；光伏电池的开路电压在各种日照条件下变化不大。

(2) 光伏电池的最大输出功率随日照强度增强而变大，且在同一日照环境下有唯一的最大输出功率点。在最大功率点左侧，输出功率随电池端电压上升呈近似线性上升趋势；到达最大功率点后，输出功率开始快速下降，且下降速度远大于上升速度。

(3) 如图 5-1(a) 所示，在最大功率点左侧，光伏电池的特性近似为电流源，右侧近似为电压源。最大功率点时光伏电池的工作电流约为电池短路电流的 90%。

(4) 如图 5-1(b) 所示，结温一定的情况下，光伏电池最大功率点对应的输出电压值基本不变，不同的光伏电池，该值会略有不同，一般为其开路电压的 70%～80%。

2. 电池结温变化，日照不变

图 5-2 为光伏电池日照强度不变、结温变化情况下的一组 *I-V* 和 *P-V* 特性曲线。

可以得出以下两点。

(1) 如图 5-2(a) 所示，光伏电池的结温对光伏电池的短路电流影响不大，随着温度的上升，输出短路电流只是略有增加；光伏电池的开路电压随电池结温的上升而下降，且变化范围较大。

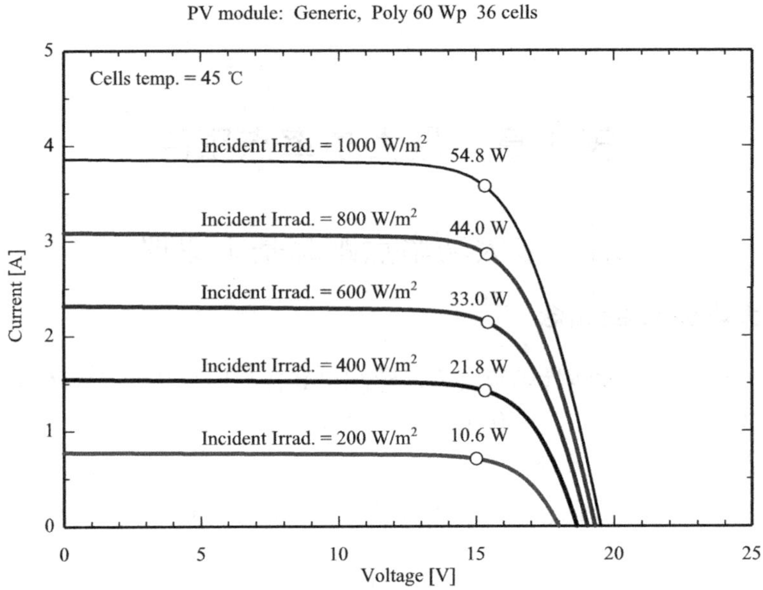

(a) *I-V*特性

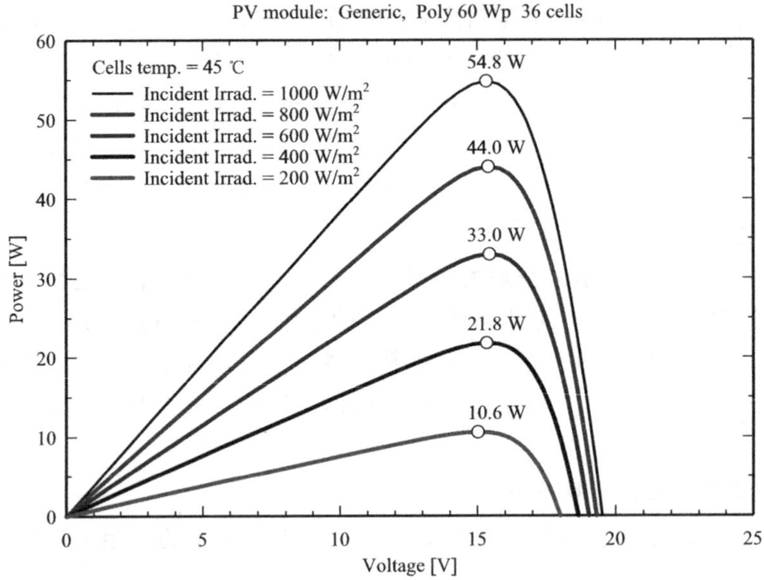

(b) *P-V*特性

图 5-1　日照强度变化情况下 *I-V* 和 *P-V* 特性曲线

(2) 如图 5-2(b) 所示，光伏电池输出功率总的变化趋势与不同日照条件下的功率变化相似。但相同日照情况下其最大输出功率随电池温度的上升而下降，且最大功率点对应的工作电压随温度上升而下降。

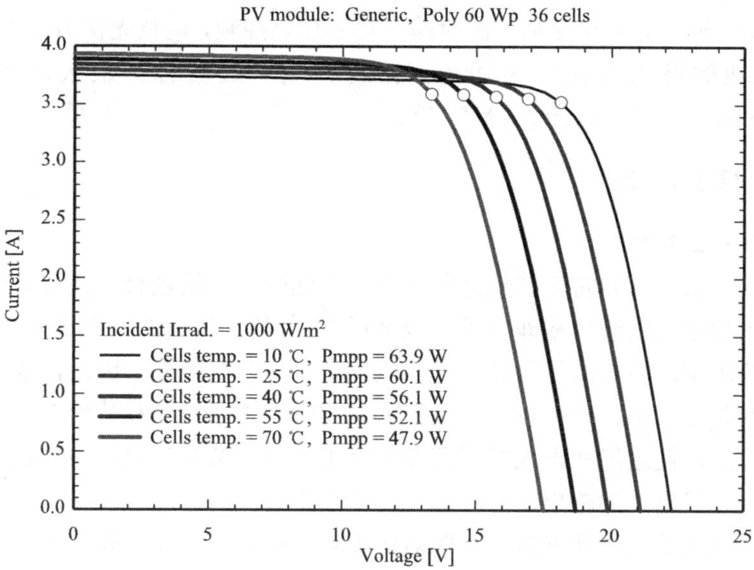

(a) *I-V*特性

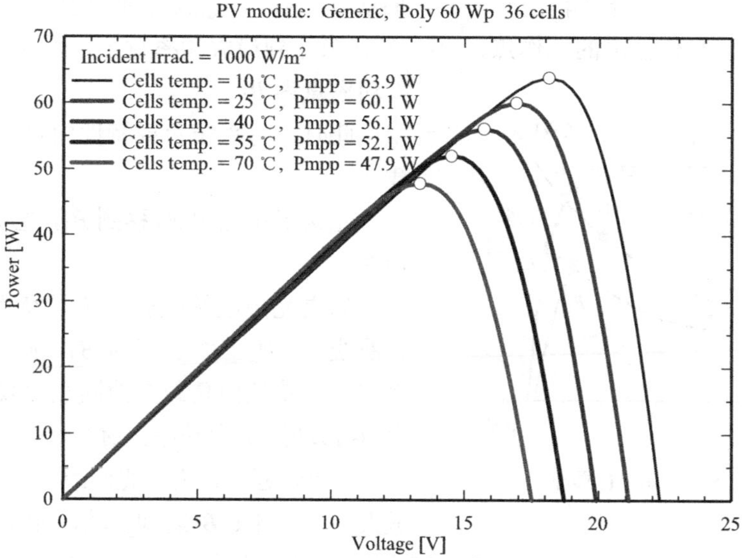

(b) *P-V*特性

图 5-2　结温变化情况下 *I-V* 和 *P-V* 特性曲线

由以上两点得出，光伏电池的输出功率与它所受的日照强度、环境温度有密切的关系。在不同外部环境情况下，光伏电池的输出功率会有较大的变化。日照强度和温度变动都会导致光伏电池的最大功率点(maximum power point，MPP)变动，实时采用相关电路和控制方法对输出功率加以控制，调整光伏电池的工作点，使光伏电池始终工作在最大功率点附近，这一过程称为最大功率点跟踪（maximum power point tracing，MPPT）。

5.1.2　MPPT 技术分析

1. MPPT 基本原理

从理论上讲，只要将光伏电池与负载完全匹配、直接耦合，负载的伏安特性曲线与最大功率点轨迹曲线即可重合或渐近重合，使光伏电池处于高效输出状态。但在日常应用中，很难满足负载与光伏电池的直接匹配条件。因此，要提高光伏发电系统的整体效率，一个重要的途径就是实时变更系统负载特性，即调整光伏电池的工作点，使之能在不同的日照和温度下始终调节负载电阻与光伏电池内阻相等，可使光伏电池的输出工作在最大功率点附近。

假设，在初始工作状态时，光照对应 I-V 曲线为曲线 1，负载 1 的工作点为 A_1，A_1 为最大功率点。

当光照改变，光伏输出对应 I-V 曲线 2，这时，负载特性仍为负载 1，则根据负载曲线，光伏输出的工作点在 A_2，光伏未达到最大功率输出，因为曲线 2 的最大功率点为 B_1 。

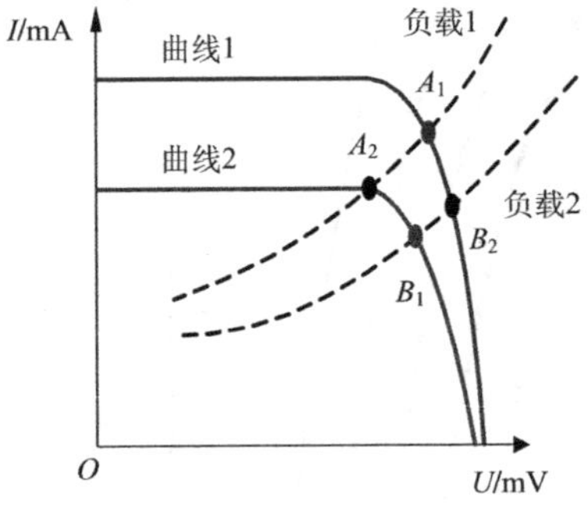

图 5-3　MPPT 原理

此时，将系统负载特性由负载 1 改为负载 2。

光伏工作点由 A_2 移到 B_1，光伏输出最大功率。

如果光照继续变化，I-V 特性曲线恢复为曲线 1，则工作点变为 B_2，此时，需要将系统负载特性由负载 2 改回至负载 1，工作点由 B_2 移动到最大功率点 A_1。

这个过程可认为，光照改变，光伏输出在最大功率点 A_1、B_1 之间变动，如图 5-3 所示。

因此，光伏发电系统中的 MPPT 控制策略，就是先实时检测光伏电池的输出功率，再经过一定的控制算法预测当前工况下光伏电池可能的最大功率输出点，最后通过改变当前的阻抗或电压、电流等电量来满足最大功率输出的要求。

这样，不论是因外部光照强度变化，还是因内部光伏电池的结温变化使得光伏电池的输出功率减少，系统始终可以自动运行于当前工况下的最佳工作状态，达到最大功率输出，从而可提高整个光伏发电系统的转换效率。

2. MPPT 技术的特点

(1) 实验验证困难。目前的实验方法主要有以下几种。

第一种方法是短时实测，直接用阳光照射下的光伏电池作为电源，在较短的时间段内进行实验。这种方法的优点是能体现光伏电池的真实特性，缺点是难以保证实验条件的均一性、灵活性差。

第二种方法是实测统计，记录和分析实际系统的长期运行数据。这种方法的优点是真实地反映系统运行效果，缺点是耗时长，可重复性差，无法得知真正的光伏特性。

第三种方法是模拟光源法，用人造光源照射光伏组件，进行实验。这种方法的优点是实时性好、特性真实，缺点是成本高、效率低、功率小、灵活性差。

第四种方法是模拟电源法，用直流电源(电压源和电流源)改变输出模拟光照辐射的改变。这种方法的优点是实时性好、功率较大，缺点是成本高、效率低、不能模拟出真实光伏电池板的全部特性。

(2) 误跟踪现象。大多数 MPPT 算法仅采集光伏电池的电压和电流，并基于扰动观察的思想进行跟踪，但是无从得知光伏电池输出功率的变化是由扰动还是由外界环境的变化而引起的，所以当环境变化较快时，容易发生误跟踪现象。

(3) 对实际运行状态的考虑不足。多数算法的仿真验证，是通过对环境变化的阶跃响应实现的。但实际情况中，环境的变化是连续的，不会从一个稳态突然跳到另一个稳态，导致很多算法会在环境快速连续变化的情况下失效。另外，采样精度和计算误差会带来一定的限制，很多理论上成立且仿真中有效的算法，在实际系统中是不可行的。

(4) 多峰值问题。光伏电池被局部遮挡或特性不一致可能导致多功率极值的出现。尤其对于大规模光伏电池，由于光伏组件本身的不一致性和外界环境的不一致性(如局部阴影)，光伏电池可能呈现出多峰值的特性。在多峰值的条件下，找到最大点，寻求全局最优，而不是局部极值，是一个比较困难的问题。

3. 测试 MPPT 的控制运行效果

虽然各种 MPPT 技术的算法和机理各异，但是最终的目的都是在外界条件发生变化的情况下，使得光伏发电系统能有效地、快速地跟踪到最大功率点继续运行。

因此，应从控制算法复杂度、系统稳态运行效率、系统抗干扰性能、动态响应能力等方面对 MPPT 控制效果进行测试。

(1) 控制算法复杂度。MPPT 控制方法多种多样，各自控制思想和要求不尽相同。控制方法的复杂度在工程具体实现中具有很大影响，一个过于复杂的算法和控制模型，势必需要高性能控制器和高精度传感器以及相关外围硬件投入，提高系统实现成本，有时还会降低控制系统的容错能力。因此，控制算法是否精准，实现是否困难，对具体调试环节不确定因素是否敏感，以及调试参数的经验成分等，都将成为其衡量指标。

(2) 系统稳态运行效率。系统稳态运行效率主要表现为稳态运行时 MPPT 控制精度问题。MPPT 控制的主要目标是提高系统运行效率。因此，采用 MPPT 控制算法的最终控制效率是否满足要求至关重要。若控制效率低，则无法实现预期的控制效果。相反，可靠稳定的控制方法能尽可能提高系统运行效率，提高系统发电量，降低系统运行成本。

(3) 系统抗干扰性能。一般系统在正常运行中，若出现误判断或外界不确定因素所带来的干扰，系统要有较强的抗干扰能力。

光伏系统 MPPT 控制若在突发外界干扰的情况下，无法有效地进行矫正措施的判定，甚至作出错误判断，使得工作点进一步偏离最大工作点，则会使得系统电压电流大范围波动，导致系统振荡甚至发生运行事故。

(4) 动态响应能力。外界条件变化，如光照和环境温度的变化会导致光伏电池特性曲线发生改变。

动态响应能力主要表现为控制系统通过搜寻判断能自动把工作点纠正到新的最大功率点上的反应速度和效果。

5.1.3 MPPT 控制方法

根据算法的特征和实现机理来划分，可将 MPPT 控制方法分为三大类：基于参数选择方式的间接控制法、基于采样数据的直接控制法、基于现代控制理论的人工智能控制法。

光伏电池最大功率点的跟踪算法比较典型的有恒压跟踪法(constant voltage tracking，CVT)、扰动观测法(perturbation and observation method，P&O)和电导增量法(incremental conductance method)，除以上三种方法之外还有变步长导纳增量法、基于模糊控制的 MPPT 方法、神经元网络控制法、最优梯度法、基于预测数据的 MPPT 方法、基于差分方程解的 MPPT 方法。

(1) 基于参数选择方式的间接控制法。恒压法是基于参数选择方式的间接控制法。这类 MPPT 方法还包括开路电压比例系数法、短路电流比例系数法、曲线拟合法、查表法等，它们主要根据预存数据库和具体光伏电池参数，通过数学函数和经验公式得到近似的 MPPT。

这类方法都是近似 MPPT 控制方法，没有真正实现在线实时跟踪与控制，误差较大。

(2) 基于采样数据的直接控制法。这类 MPPT 方法主要包括定步长或变步长的扰动观测法、电导增量法、实际测量法、寄生电容法等。此类方法的主要特征是根据电压、电流的检测值经 MPPT 算法直接实现控制。由于采用电压、电流的实时采样信号，因此其精度比近似控制法高，能够根据系统运行情况进行实时 MPPT 控制，满足一般的应用场合要求，因而在实际应用中最为广泛。

(3) 基于现代控制理论的人工智能控制法。这类 MPPT 方法以模糊逻辑控制法和人工神经网络控制法为代表，主要特征是引入模糊控制和神经网络控制等现代控制理论，可以不依赖于复杂的系统数学模型，由现代控制理论模型为依据采样数据，再通过控制算法运算得出控制信号来实现系统控制。该类型控制算法复杂，但控制精度较高，对被控对象的数学模型准确性要求较低，适合难以建立准确数学模型的大型光伏发电系统。

5.2　恒压跟踪法

5.2.1　恒压跟踪法的基本原理

恒压跟踪法是一种基于参数选择方式的间接 MPPT 控制法。

在一定温度情况下，最大功率点近似分布在同一直线上，若采用一条垂直的直线代替，就是保持恒定电压不变，说明光伏电池的最大功率输出点大致对应某一恒定电压，可对其进行等效代替。

可以通过实验测试得到光伏电池在某一日照强度及温度下的最大功率点的电压值 U_m，将系统输出电压稳定控制在特定值 U_m 处。

在光伏发电早期的应用中，大多采取固定输出电压的方法。例如，卫星的光伏供电系统中组件的输出功率控制，因为外太空温度变化小，光照强度恒定，所以恒压跟踪法可以维持输出功率在最大功率点处。

但对于大多数实际应用的光伏系统，外界环境都在时刻变化，如果输出电压始终保持不变，则会造成一定的功率损失。

为了克服恒压跟踪法的缺点，出现了改进型恒压跟踪法，如手动调节法、温度查表调节法、参考光伏电池法等。

手动调节法，是手动调节电位器，按照季节给定不同的输出电压。这种方法效率低、工作量大。

温度查表调节法，是将不同温度对应的光伏输出列表储存，实测温度，查表修正输出电压。这种方法需要检测光伏电池温度，通常采用温度传感器、ADC（模数转换）电路、微控制器等实现，增加了电路和成本，对温度变化时的输出功率调节有改善。

参考光伏电池法，是在光伏系统中添置一小块光伏电池作为参考，检查参考电池开路电压，修正输出电压。这种方法需要设置参考电池，对光照变化时的输出功率调节效果好，但对于大规模阵列的光伏系统和环境复杂的光伏系统，需要设置多处参考电池，增加了连线和系统的复杂性。

以上恒压输出的方法，其实并没有跟踪的控制，只是开环的恒压输出，严格来说并不是光伏的最大功率点跟踪。而光伏的恒压跟踪法可以利用光伏器件输出最大功率时工作电压 V_{MPPT} 与开路电压 V_{oc} 存在近似的比例关系这一特性进行控制。

恒压跟踪法，又名开路电压比率法(fractional open-circuit voltage)，算法基于最大功率电压和开路电压的线性关系式：

$$V_{MPPT} = \alpha \cdot V_{oc} \tag{5-1}$$

式中，系数 α 取值由设计人员决定，一般为 0.71～0.78，大多数设定为 0.76。

MPPT 在追踪时，首先利用开路光伏的输出端来测量开路电压，然后通过算法来计算最大功率电压并且定位最大功率点。MPPT 会保持在该功率点一段时间，然后重复开路测算并且重新定位。

5.2.2　恒压跟踪法的特点

恒压跟踪法的优点是控制简单、制作便宜并且应用简单，事实上它是计算设定值而非即时追踪值。

恒压跟踪法的缺点是精确值较低、追踪效率较低、有能量损失。

(1) 精确值较低。此方法完全且单纯依赖于组串的开路电压值而放弃了对于工作电流的追踪。当局部阴影出现在阵列时，实际最大功率点和 MPPT 设定功率点就会出现相当大的偏差，偏差范围取决于阴影遮盖程度。

(2) 追踪效率较低。光伏电池最大功率点电压与 V_{oc} 的比例关系是在电池结温不变的情况下推出的，而实际工作中 V_{oc} 是随温度变化而变化的，在光伏阵列的功率输出随着温度变化的情况下，恒压跟踪时，阵列的输出功率将会偏离最大功率输出点，特别在太阳电池的结温升高比较明显时，导致阵列的伏安曲线与系统预先设定的工作电压可能不存在交点，引起系统振荡。对于温差比较大的地区，温度对整个光伏阵列的输出将会产生比较大的影响，如果仍然采用恒压跟踪控制策略就只能通过降低系统的效率来保证其稳定性。

(3) 有能量损失。每次机器进行开路电压测量时，太阳能系统是无法输出功率的，随着时间和次数累积，此算法会造成一定量的能量流失。

恒压跟踪法在相同测试条件下，光伏器件的输出功率至多为理论最大输出功率，低于其他最大功率点控制方法。虽然该方法控制精度低，但是因其原理简单、易于实现，通常用于功率较小、日照情况稳定的工作场合。

与开路电压比率法相对应的跟踪电流的方法是短路电流比率法。

短路电流比率法(fractional shirt-circuit current)和恒压跟踪法的算法相似，可以表述为

$$I_{MPPT}=\gamma \cdot I_{sc} \tag{5-2}$$

式中，γ 是一个变量系数，通常变化范围在 0.78～0.92。

和恒压跟踪法不同的是，短路电流比率法要求在转换器内置一个高频开关来测量短路电流，如在组串和 DC 电容之间并联安装一个开关管。由于电流受到光照强度的影响非常大，通常机器还需要一个微控制器或运算器来保证数据的准确度，这也让短路电流比率法设计更加复杂且难以应用。

短路电流比率法的优缺点参照开路电压比率法，这里不作分析。

除了开路电压比率法(或参考光伏电池法)、短路电流比率法(或测量参考光伏电池的短路电流)，还有温度补偿法、曲线拟合法等。在这类控制方法中，都需要通过实际硬件参数和经验数据确定相应的初始值，作为控制的基础。

5.3　干扰观察法

5.3.1　干扰观察法的基本原理

干扰观察法是基于采样数据的直接 MPPT 控制法，是目前 MPPT 方法中应用较为广泛的一种方法。

干扰观察法的工作原理如下：首先在光伏电池工作的某一参考电压下检测出其输出功率，然后在该电压基础之上加一个正向电压扰动量，再次检测光伏电池输出功率。根据功率变化方向，改变输出电压，直到输出功率稳定在设定的一个很小范围内，即可认为达到了最大功率点。图 5-4 为光伏功率曲线判断工作点示意图。

$\frac{\mathrm{d}P}{\mathrm{d}U}<0$，输出电压大于最大功率点电压，即功率输出点在最大功率点右侧。

$\frac{\mathrm{d}P}{\mathrm{d}U}=0$，输出电压等于最大功率点电压，即功率输出点在最大功率点。

$\frac{\mathrm{d}P}{\mathrm{d}U}>0$，输出电压小于最大功率点电压，即功率输出点在最大功率点左侧。

上式是光伏器件在最大功率点两侧 $\frac{\mathrm{d}P}{\mathrm{d}U}$ 的特性表达式。式中，$\mathrm{d}P$、$\mathrm{d}U$ 分别代表相邻两个采样周期光伏器件的输出功率和输出电压的变化。该方法通过不断调节光伏器件 MPPT 电路的工作状态来比较电路调整前后光伏器件输出功率和输

出电压的变化情况，再根据变化情况调整 MPPT 电路的工作，最后使光伏器件工作在最大功率点附近。

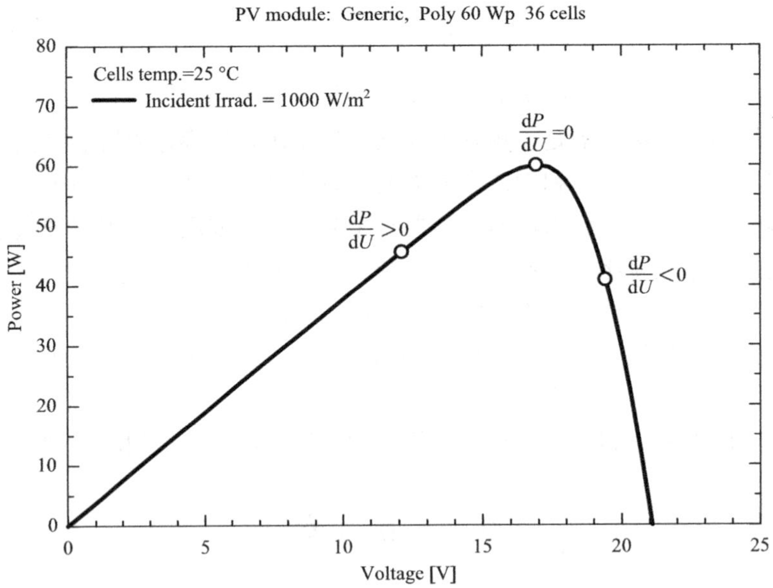

图 5-4　光伏功率曲线判断工作点示意图

图 5-5 为该方法的控制流程图，光伏系统控制器在每个控制周期用较小的步长改变光伏阵列的输出，方向可以是增加也可以是减小，控制对象为光伏阵列输出电压或电流，这一过程称为“干扰”，干扰量为ΔU，又称为步长；然后，比较该干扰周期前后光伏阵列的输出功率 P_n 和 P_{n-1}（P_n 为当前功率，P_{n-1}为前一次功率），如果输出功率增加（P_n 大于 P_{n-1}），则说明电压的改变方向正确，继续在该方向上按照此步长变化电压，按照上一周期的方向继续“干扰”过程(输出电压继续增加ΔU)；如果检测到输出功率减少，则说明电压的改变方向错误，在下一控制周期反向调整参考电压，改变“干扰”的方向(输出电压ΔU变为$-\Delta U$)。这样，光伏阵列的实际工作点就能逐渐接近当前最大功率点，最终在其附近的一个较小范围往复达到稳态。如果采用较大的步长进行“干扰”，这种跟踪算法可以获得较快的跟踪速度，但达到稳态后的精度较差，较小的步长则正好相反。较好的折中方案是控制器能够根据光伏阵列当前的工作点选择合适的步长，例如，当已经跟踪到最大功率点附近时采用小步长。

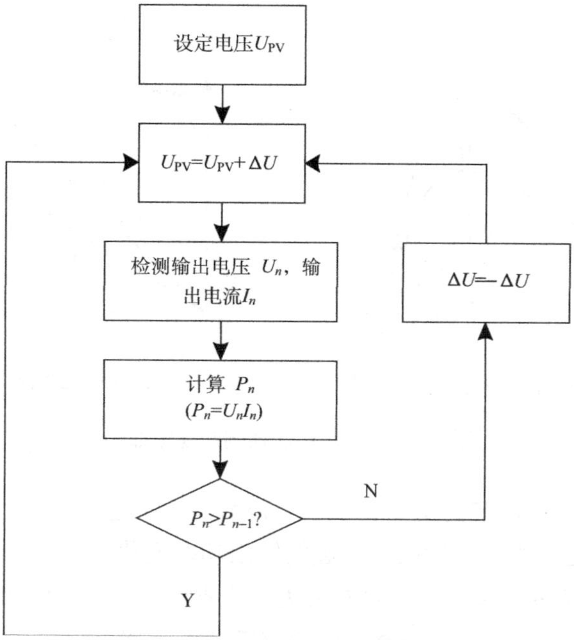

图 5-5　干扰观察法的控制流程图

5.3.2　干扰观察法的特点

干扰观察法对光伏电池的输出施加一个扰动，判断输出功率的变化情况进行最大功率点跟踪。

干扰观察法的优点如下。

(1) 模块化控制回路。

(2) 跟踪方法简单，实现容易。

(3) 对传感器精度要求不高。

干扰观察法的缺点如下。

(1) 在光伏阵列最大功率点附近振荡运行，导致一定功率损失。

(2) 跟踪步长的设定无法兼顾跟踪精度和响应速度；在干扰观察法中，控制参数步长需要针对系统参数和动态响应特性进行合理选取。

(3) 在特定情况下会出现判断错误情况。干扰观察法需要通过检测输出功率的变化 ΔP 来跟踪最大功率点，但在特定情况下，若不能区分输出功率的变化究竟是由外界光照辐射变化所引起的，还是由控制参考值变化引起的，会出现误判断现象。

下面分析干扰产生误判断的原因。假设光伏组件的 P-V 特性曲线如图 5-6 中的曲线 I 所示。

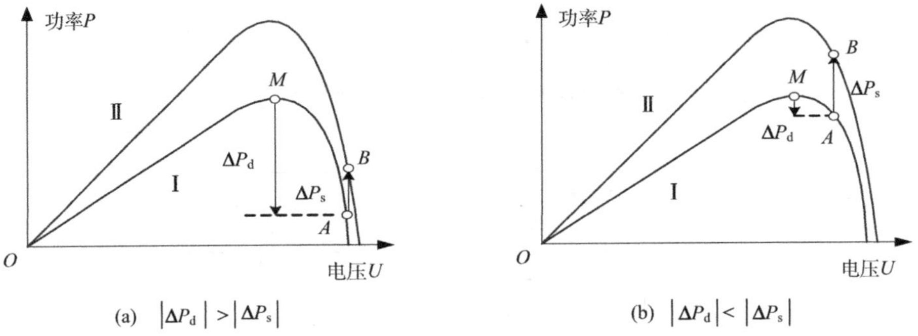

图 5-6　干扰观察法误判断现象曲线

设升压电路通过调节占空比实现电压调节，ΔP_d 是由占空比改变引起的输出功率变化，ΔP_s 是由光照辐射改变引起的输出功率变化。

假设系统在第 n 次采样时工作在最大功率点 M 处，光照强度为 S，占空比的扰动方向为负，即 $D_{n+1} = D_n - \Delta D$，经调整后工作点移至 A 点。如果在第 n 次采样点到第 n+1 次采样之间，光照强度增大到曲线Ⅱ，实际在第 n+1 次采样时，系统运行工作点变为 B 点，而不再是 A 点。

在图 5-6(a)中，$|\Delta P_d|>|\Delta P_s|$，使工作点由 A 点转移到 B 点，由于总的输出功率增量 $\Delta P<0$，因此在下一控制周期将进行正向调节，即 $D_{n+1} = D_n + \Delta D$，使功率输出朝着最大功率点移动。而在图 5-6(b)中，$|\Delta P_d|<|\Delta P_s|$，总的输出功率增量 $\Delta P>0$，因此在下个周期将继续保持负向调节，即 $D_{n+1} = D_n - \Delta D$，这会使得下一运行点背离最大功率点 M 移动，使系统出现控制电压反向变化，朝着最大功率点的相反方向变化，从而使 MPPT 失效。

若选取干扰观察法扰动步长，在每次采样间隔内，系统运行点都应满足条件 $|\Delta P_d|>|\Delta P_s|$，即由占空比改变引起的输出功率变化 ΔP_d 大于由光照辐射改变引起的输出功率变化 ΔP_s，才可以保证在光照强度变化时不会出现误判断的现象。

误跟踪现象的解决方案主要有以下几类：根据环境进行开环控制；使算法扰动带来的功率变化大于环境变化带来的功率变化；辨识和补偿环境变化带来的功率变化。

5.3.3　参数选取

采用现有的 DC/DC 平台来实现 MPPT，存在以下问题：控制步长(时间间隔)问题、扰动步长问题、判断精度问题。

由于控制系统存在动态响应和稳态精度的问题，要选择合理的扰动步长，还需要选择与扰动步长相匹配的控制步长，即控制步长(周期 T_a)是干扰观察法的除扰动步长外的另一重要参数。

1. 控制步长问题

考虑外界环境缓慢变化的情况，对于在 DC-DC 上实现 MPPT，要考虑多长时间对光伏侧目标电压进行一次更新，控制步长时间周期 T_a 的选取不能太小，如果对光伏电池输出电压、电流采样太快，势必会在上一扰动控制还未达到稳态时就进行了下一次判断和控制，其动态过渡过程会影响控制精度，甚至产生误判断。而每一次采样和控制周期所引起的功率变化 ΔP_d 和 ΔP_s 将受扰动步长和控制周期共同作用。因此，这两个参数需要合理匹配，目前由单片机控制的控制器在函数设计时，可以考虑 MPPT 的控制步长为 0.2～0.5ms。

2. 扰动步长问题

扰动步长的确定是干扰观察法的一个问题，设置不当有可能产生误判。另一个缺点是，需要对电压始终加以干扰，判断系统是否工作在最大功率点处。因此即使是在稳态时，系统工作电压也不能稳定在一个特定值上，不可避免地会造成一定功率损失。如果扰动步长较大，则系统动态响应较快，但会在最大功率点附近有较大波动，功率损失也较大；而如果扰动步长较小，相应的功率输出在最大功率点附近的波动较小，但系统动态响应较慢。

3. 判断精度问题

无论是干扰观察法还是其他 MPPT 控制法，都存在功率、电压、电流的增量的判断，判断中总是会存在误差，并且检测中也会存在误差。如果以 0 为判断准值，考虑实际应用中的误差因素，可以用一个小的阈值来替代 0，如阈值设为 0.01W、0.1V 和 0.1A。

因此，干扰观察法适用于外界环境较稳定的中小功率系统，并在满足一定的动态响应的基础上，尽量减小扰动步长，增大控制周期，也就是以牺牲部分动态响应速度来提升系统的稳态精度和抗扰动能力。由于光伏系统为长期运行系统，因此系统稳态特性更为重要，干扰观察法在中小功率系统比较适用。

由于传统干扰观察法有诸多缺陷，因此就出现了对其改进的一些控制方法，如变步长法。

变步长的干扰观察法的控制思想是加入步长变化的环节，在工作点远离最大功率点区间时，设定扰动步长较大，在工作点接近最大功率点区间时，设定步长较小。光伏电池板的 *P-V* 曲线可以分为三段，如图 5-7 所示。在 I 段，曲线斜率为正的直线；在 II 段，曲线近似为以最大功率点为中心对称的正弦波；在III段，曲线斜率为负的直线。在 I 段和III段选用大步长，而在 II 段采用小步长，就可以获得较好跟踪速度和减小稳态功率损失。

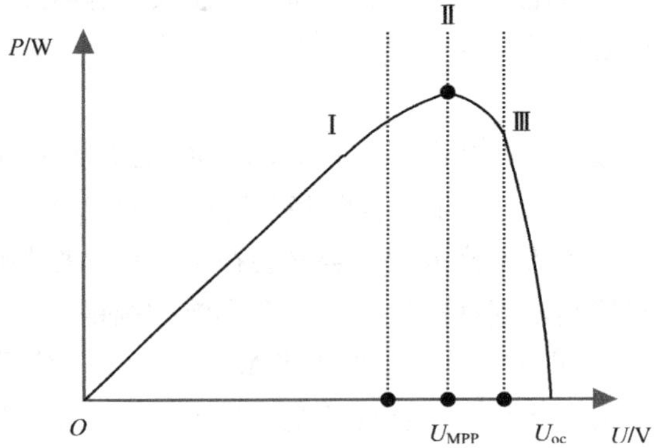

图 5-7　光伏电池 P-V 曲线三段判断功率点

5.4　电导增量法

5.4.1　电导增量法的基本原理

电导增量法也是常用的一种 MPPT 控制方法，是对干扰观察法的改进。其控制思想与干扰观察法类似，也是利用 $\frac{\mathrm{d}P}{\mathrm{d}U}$ 的方向进行最大功率点跟踪控制，只是光伏器件工作在最大功率点时控制有所不同。电导增量法通过比较光伏电池的电导增量和瞬间电导来改变系统的控制信号。

由光伏电池工作特性曲线可知，在最大功率点处，光伏电池输出功率 P 对输出电压 U 求导等于 0。

$$\frac{\mathrm{d}P}{\mathrm{d}U}=\frac{\mathrm{d}(UI)}{\mathrm{d}U}=I+U\frac{\mathrm{d}I}{\mathrm{d}U}=0 \tag{5-3}$$

由此可得

$$\frac{I}{U}+\frac{\mathrm{d}I}{\mathrm{d}U}=G+\mathrm{d}G=0 \tag{5-4}$$

式中，G 为输出特性曲线上一点的电导；$\mathrm{d}G$ 为电导 G 的增量。增量 $\mathrm{d}U$ 和 $\mathrm{d}I$ 可以分别用 ΔU 和 ΔI 来近似代替。

因此，系统运行点与最大功率点的判据如下。

(1) $G+\mathrm{d}G>0$，则 $U<U_{MPP}$，需要适当增大参考电压来达到最大功率点。

(2) $G+\mathrm{d}G<0$，则 $U>U_{MPP}$，需要适当减小参考电压来达到最大功率点。

(3) $G+\mathrm{d}G=0$，则 $U=U_{MPP}$，此时系统正工作在最大功率点处。

U_{MPP} 是光伏电池工作在最大功率点的输出电压。

式(5-4)为要达到最大功率点的条件，当输出电导的变化率等于输出电导的负值时，光伏阵列工作于最大功率点。根据原理可以画出其常用的算法程序流程图，如图 5-8 所示。

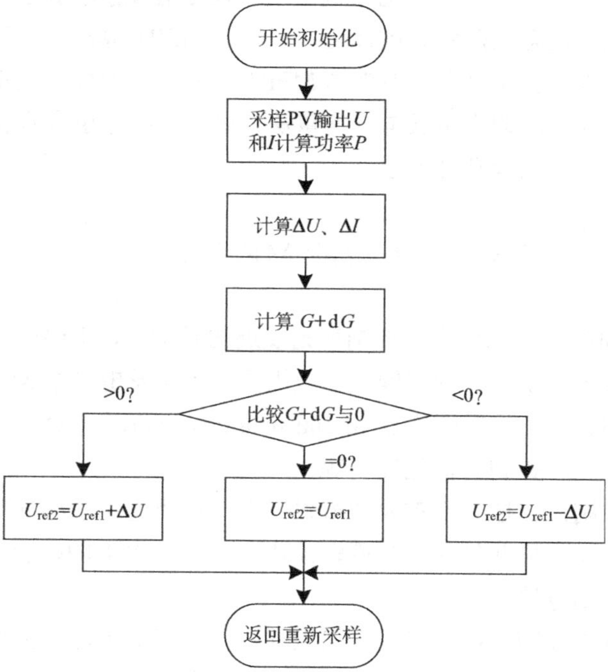

图 5-8　电导增量法流程图

ΔU 和 ΔI 分别为当前采样和上一次采样所得电压与电流变化量，计算判据中的 G 和 dG 为电导和电导增量；U_{ref1} 和 U_{ref2} 分别为当前控制周期和下一控制周期的电压参考值。

5.4.2　电导增量法的特点

电导增量法的最大优点在于，能够快速准确地使系统工作在最大功率点，不会像干扰观察法那样在最大功率点附近反复振荡，并且当外界光照等条件剧烈变化时，电导增量法也能很好地快速进行跟踪，并且阵列电压摆动较干扰观察法小，系统运行效果较好。这种方法控制精确，响应速度快，适用于光照强度不断变换的情况。

电导增量法的缺点主要是，需要反复进行微分运算，系统的计算量较大，需要高速的运算控制器。此外，对传感器精度要求非常高，否则会出现误判断的情况。因此使用传统的电导增量法进行控制的系统成本较高，模型计算过程也相对复杂，控制效率不高。但对硬件，特别是传感器的精度要求比较高，因而整个系统的硬件造价也较高。

改进电导增量法缺点的一种方法是，采用变步长的 MPPT。常规定步长 MPPT 方法就是以固定步长来修改逆变电路输出功率设定值 P_{ref}，求电导和电导增量，不能使动态响应和稳态振荡两者最优化。变步长 MPPT 算法，在动态响应和减小稳态振荡之间折中，能简单有效地提高 MPPT 的精度和速度。变步长电导增量法又分具有功率前馈控制的变步长电导增量法、最大功率输出变步长电导增量法、梯度变步长电导增量法等几种方法。

5.5　人工智能 MPPT 控制法

人工智能 MPPT 控制技术是控制理论发展的新阶段，主要用来解决用传统方法难以解决的复杂系统的控制问题，也应用到了光伏发电系统 MPPT 的技术中，如模糊逻辑控制、人工神经网络（artificial neural networks，ANNS）控制、遗传算法（genetic algorithm）控制、优化控制等。

模糊逻辑控制：该控制不需要调节输出电压从而避免了部分功率损失，它通过定义输入量与输出量并借助模糊逻辑模块来完成 MPPT 的控制，是目前使用较为普遍的一种控制方法。

人工神经网络控制：在天气发生间歇性变化的情况下，人工神经网络控制使得系统的精度和稳定性提高，可以有效地输出最大功率。

遗传算法控制：针对固定步长寻优的缺点进行改进，采用二次插值法进行最大功率点跟踪，具有较好的跟踪性能。

优化控制：通过建立优化效率数学模型，构造求解方法，从而得到光伏阵列最大功率的输出。

这里仅介绍模糊逻辑控制、人工神经网络控制、遗传算法控制的基本概念和它们在 MPPT 中应用的思路。

5.5.1　模糊逻辑控制法

恒压跟踪法、干扰观察法、电导增量法等算法控制时，从一个最大功率点跟踪到下一个最大功率点计算量很大，实现较困难；控制精度差，受外在影响大。在并网型光伏发电系统中，使用模糊逻辑对系统的输入和输出进行设计，可以得出一系列控制规则，可以由微型计算机十分简明地实现。

模糊控制是以人的经验作为控制的知识模型，以模糊集合、模糊语言变量以及模糊逻辑推理作为控制算法的数学工具，并用计算机来实现的一种智能控制。

将模糊控制应用到了光伏发电系统的 MPPT 控制中。由于模糊控制适合于数学模型未知、复杂的非线性系统。而光伏发电系统正是一个很强的非线性系统，MPPT 是通过不断地测量和调整以达到最优的过程，它不需要知道光伏阵列精确的数学模型，而是在运行过程中不断改变可控参数的整定值，使得当前工作点逐渐向峰值功率点靠近，最后工作在峰值功率点附近。因此采用模糊逻辑控制的方法来进行光伏电池的最大功率点跟踪是非常合适的。

1. 模糊逻辑理论

模糊逻辑法控制系统的基本原理如图 5-9 所示，由模糊化、模糊规则基(包括数据库和规则库)、推理决策和精确化(或称反模糊化、解模糊)4 部分组成。

模糊规则基的建立是模糊控制器的核心。模糊控制器有 3 个重要功能：①把系统的偏差从精确量变成模糊量，由模糊化过程和数据库完成；②对模糊量由给定的规则进行模糊推理，由规则库、推理决策完成；③把推理结果的模糊输出量转化为实际系统能够接收的精确数字量或模拟量，由精确化(反模糊化)接口完成。

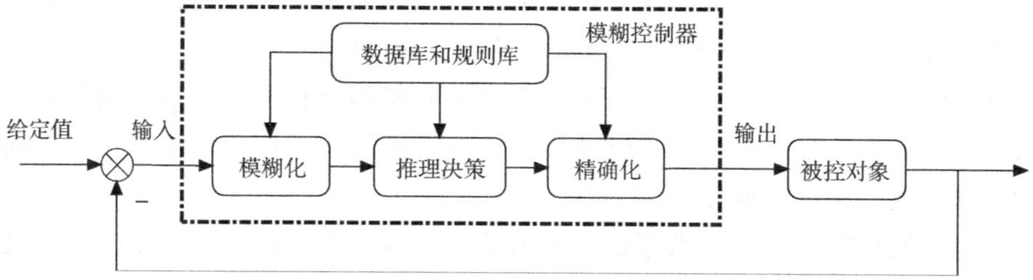

图 5-9　模糊逻辑控制法控制原理图

设 $X=(x_1,x_2,\cdots,x_n)$ 为模糊逻辑系统的输入，$Y=(y_1,y_2,\cdots,y_m)$ 为模糊逻辑系统的输出，且 X 和 Y 是有限集合，$X\subset U$，$Y\subset V$，模糊逻辑系统构成了由子空间 X 到子空间 Y 上的一个映射。

(1) 模糊规则基。模糊规则基由若干模糊“如果—则”规则的总和组成，即 $R=\left\{R^1,\cdots,R^M\right\}$。其中每一条规则都由下面形式的“如果—则”的模糊语句构成。

模糊关系 $\boldsymbol{R}$ 可用如下 $n\times m$ 阶矩阵表示：

$$\boldsymbol{R}=\begin{bmatrix}\mu_R(x_1,y_1) & \mu_R(x_1,y_2) & \cdots & \mu_R(x_1,y_m)\\ \mu_R(x_2,y_1) & \mu_R(x_2,y_2) & \cdots & \mu_R(x_2,y_m)\\ \vdots & \vdots & & \vdots\\ \mu_R(x_n,y_1) & \mu_R(x_n,y_2) & \cdots & \mu_R(x_n,y_m)\end{bmatrix} \tag{5-5}$$

$$\boldsymbol{R}=\left[r_{ij}\right],\quad r_{ij}=\mu_R(x_i,y_j) \tag{5-6}$$

该矩阵称为模糊矩阵，由于其元素均为隶属度函数，因此都在[0，1]取值。

模糊规则来源于人们离线或者在线对控制过程的了解，是人们直接观察控制过程或者对控制过程建立数学模型仿真。

(2) 模糊推理决策。模糊推理是模糊逻辑系统和模糊控制的核心，它根据模糊系统的输入和模糊推理规则，经过模糊关系合成和模糊推理合成等逻辑运算得出模糊系统的输出。

(3) 模糊化算子。模糊化方法的作用是将一个确定的点 $x=(x_1,\cdots,x_n)\subset U$ 映射成 U 上的一个模糊集合 A'。映射方式主要有单点模糊化和非单点模糊化两种。

(4) 反模糊化算子。在实际控制中，系统的输出是精确的量，不是模糊集，但模糊推理或系统的输出是模糊集，所以，反模糊化的作用是将 V 上的模糊集合映射为一个确定的点 $y\in V$ 。

2. MPPT 的模糊逻辑控制

模糊逻辑控制在光伏阵列最大功率点跟踪的应用原理是：将采样得到的数据经过一定的运算，判断出光伏电池的当前工作点和最大功率点之间的位置关系，然后自动改变扰动电压，使工作逐渐接近最大功率点。

基于模糊逻辑控制的 MPPT 控制算法主要包括以下内容：确定模糊控制器的输入变量和输出变量；归纳和总结模糊控制器的控制规则；确定模糊化和反模糊化的方法；选择论域并确定有关参数。

确定模糊控制规则，需要根据功率值的变化量，来决定这一时刻的占空比改变量。通过对光伏电池输出功率 P 与占空比 D 之间的特性曲线分析，并且考虑到外界环境因素(温度、日照强度)对光伏电池输出功率的影响得到以下原则。

(1) 若输出功率增加，则继续原来改变量调整方向，否则取相反方向。

(2) 离最大功率点较远处，采用较大改变量以加快跟踪速度；最大功率点附近，采用较小改变量进行搜索以减小搜索损失。

(3) 当达到以最大功率点为中心的极小的 ZO 区域时，系统稳定下来，直至外界环境再次发生明显变化。

(4) 当温度、日照强度等因素发生变化导致光伏电池输出功率发生明显变化时，系统能够作出快速的反应，进行再次寻优。

模糊逻辑控制最大的特点是将专家经验和知识表示成语言控制规则，然后用这些规则去控制系统，模糊逻辑控制跟踪迅速，达到最大功率点后基本没有波动，即具有较好的动态和稳态性能。但是定义模糊集、确定隶属函数的形状以及制定规则表这些关键的设计环节难度较大，需要设计人员具有更多的直觉和经验。

5.5.2　人工神经网络控制法

1. 人工神经网络

人工神经网络，是对人脑或自然界神经网络若干基本特征的抽象和模拟，一般是由简单的元件分层次组织成大规模的并行连接构成的网络。这种网络依靠系统的复杂程度，通过调整内部大量节点之间相互连接的关系，从而达到处理信息的目的。

简单的神经元经过广泛并行连接组成结构复杂、数量庞大的具有适应性的神经网络，神经网络模型能够模拟生物神经系统，实现认知、决策及控制的智能行为。人工神经网络具有以下优点。

(1) 神经网络可以逼近任意复杂的函数。

(2) 神经网络具有分布式信息储存特点，具有很强的鲁棒性和容错性。

(3) 神经网络具有大量信息并行处理和大规模平行计算能力。

(4) 神经网络具有自组织、自学习功能，是自适应能力。可以通过预先提供的一批相互对应的输入-输出数据，分析掌握两者之间潜在的规律，最终根据这些规律，用新的输入数据来推算输出结果。

2. MPPT 的 BP 神经网络控制

神经网络具有自适应特点，可以很好地拟合光伏电池的非线性特性。针对不同目的和不同起源而构造的神经网络模型有很多种，以下简要介绍一种基于反向传播(back propagation，BP)神经网络的 MPPT 控制方法。BP 网是一种多层前馈神经网络，其网络结构由输入层、输出层、隐含层构成。

从光伏模型可知，如果环境温度 T 和光强 G 已知，就可确定最大功率点，在设计 BP 神经网络的 MPPT 算法时，使用环境温度 T、光强 G 和测试得到的最大功率，通过理论样本的训练，最后达到误差收敛，从而使输出得到期望的最大功率。该算法能在短时间的训练下使模型逼近最大功率点，从而可显著提高功率跟踪的响应速度和精度。

输入层设计：BP 神经网络输入层的个数通常由求解问题和数据表示方式确定。对于最大功率跟踪，影响因素为光强、温度、时间。所以，设计的网络可以设计成三维输入。

输出层设计：输出层的维数根据使用者的要求决定，故输出层神经元数可以为输出最大功率点的任何参数。MPPT 中神经元的个数为 1 个(即最大功率点电压)，传递函数采用 logsig 型。

隐含层设计：①隐含层的数目。当各节点均采用 S 型函数时，一个隐含层就足以实现任意判决分类问题。增加隐含层数可进一步降低误差，提高精度，但同时使网络复杂化，增加了网络权值的训练时间。误差精度的提高也可以通过增加隐含层中的神经元数目获得，其训练效果也比增加隐含层数更容易观察和调整。所以，在一般情况下，应先考虑增加隐含层中的神经元数量，在单隐含层不能满足要求时，可以考虑增加隐含层数目。MPPT 采用单隐含层。②隐含层单元数的选择。BP 网络隐含层单元的输入与输出之间是单调上升的非线性函数，要求隐含层单元数必须是一个合理的数目。隐含层单元数太少，则训练出的网络有可能不收敛，也可能无法提取样本的准确特征，没有训练的样本识别率低，容错性差；隐含层单元数过多，则会导致网络规模过于庞大，结构复杂，从而增加网络的训练时间，甚至不收敛。所以，需要设置的隐节点数量取决于训练样本数的数量、样本噪声，以及样本中蕴含规律的复杂程度。隐含层节点数应根据具体问题，采用实验法、经验公式试凑法等确定，若设置隐含层单元数为 5，则输入单元为 3、输出单元为 1，对应的 BP 模型如图 5-10 所示。

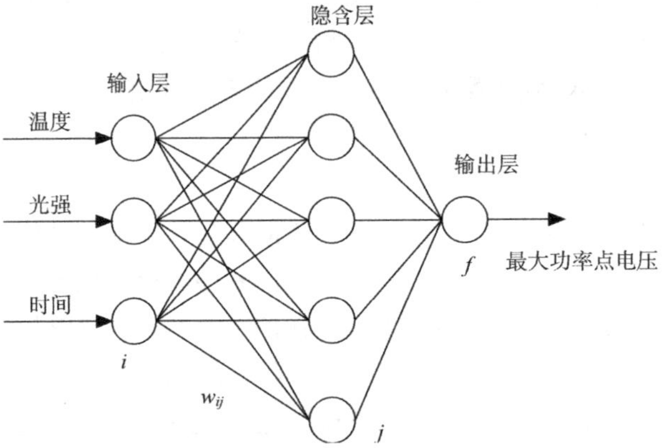

图 5-10　自学习 BP 模型

采样一定时间内使用环境温度、光强和测试得到的最大功率点电压多组数据，通过 BP 神经网络控制理论样本的学习训练，最后达到误差收敛，得出光伏最大功率点跟踪的训练函数。该算法能在短时间的训练下使模型逼近最大功率点，从而可显著提高功率跟踪的响应速度和精度。

5.5.3　遗传算法控制法

1. 遗传算法

遗传算法是一类借鉴生物界自然选择和自然遗传机制的高度并行、随机、自适应搜索算法，其特点是群体搜索策略和群体中个体之间的信息交换与搜索不依赖梯度信息，适合处理复杂情况下的非线性搜索问题。

(1) 选择算子。模拟自然选择的操作，反映“优胜劣汰”原理。它根据每一个个体的适应度，按照一定规则或方法，从 t 代种群 $X(t)$ 中选择出一些优良的个体(或作为母体，或让其遗传到下一代种群 $X(t+1)$)。

(2) 交叉算子。模拟有性繁殖的基因重组操作，它将从种群 $X(t)$ 所选择的每一对母体，以一定的交叉概率交换它们之间的部分基因。

(3) 变异算子。模拟基因突变的遗传操作，它对种群 $X(t)$ 中的每一个个体，以一定的变异概率改变某一个或某一些基因座上的基因值为其他的等位基因。交叉算子与变异算子的作用都在于重组染色体基因，以生成新的个体。

遗传算法的运算过程如下。

(1) 初始化。确定种群规模 N、交叉概率 P_c、变异概率 P_m 和终止进化准则；随机生成 N 个个体作为初始种群 $X(0)$；置 $t=0$。

(2) 个体评价。计算评估 $X(t)$ 中各个体的适应度。

(3) 种群进化。

选择(母体)，从 $X(t)$ 中运用选择算子选择出 $M/2$ 对母体($M \geqslant N$)。

交叉，对所选择的 $M/2$ 对母体，以概率 P_c 执行交叉，形成 M 个中间个体。

变异，对 M 个中间个体分别独立以概率 P_m 执行变异，形成 M 个候选个体。

选择(子代)，从上述所形成的 M 个候选个体中依据适应度选择出 N 个个体组成新一代种群 $X(t+1)$。

(4) 终止检验。若已满足终止准则，则输出 $X(t+1)$ 中具有最大适应度的个体作为最优解，终止计算，否则置 $t=t+1$ 并转步骤(2)。

以上运算过程只是遗传算法的多种实现方式中的一种，根据实际问题的不同，遗传算法的实现也是多种多样的。

2. 遗传算法与 MPPT

遗传算法主要用来寻优，它具有很多优点：有效地避免局部最优现象，有其顽强的鲁棒性，并且在寻优过程中，基本不需要任何搜索空间的知识和其他辅助信息等。利用遗传算法，可以解决很多标准优化算法解决不了的优化问题，其中包括目标函数不连续、不可微、高度非线性或随机的优化问题。

光伏阵列的 MPPT 过程采用遗传编码并行搜索机制，不受适应度函数连续可微的影响，通用性较好，且具有可扩展性，易于同其他技术混合。

5.6 光伏发电系统的 DC-DC 变换器

光伏组件为直流输出与直流负载之间的电能变换，或者是将其转换成另一种性能的直流电，需要 DC-DC 变换器。MPPT 主要是通过 DC-DC 变换电路实现的，除此之外，如光伏控制器、逆变器的前级都有可能用到 DC-DC 变换电路。

5.6.1 MPPT 的基本要求

电能输出稳定、完善的保护措施、较高的可靠性等，这些与电力电子 DC-DC 变换电路有类似的地方。另外，由于光伏发电系统的特殊性，对电能变换有一些特殊要求。

(1) 最大功率点跟踪。为提高光伏电池的利用率，一个重要的途径就是实时调整光伏电池的工作点，使光伏电池在受到外界温度、光照等条件变化时的输出功率，能够始终工作在最大输出功率，调节电池最大功率点的任务就是由电能变换电路完成的。

(2) 提高变换效率。光伏发电系统通常由 DC–DC 变换电路、DC–AC 逆变电路、蓄电池充电电路等构成，至少有一级电能变换电路，为充分发挥有限的光伏电池资源，电源变换电路必须降低损耗，尽可能提高变换效率。

(3) 绿色无污染。绿色无污染的要求主要针对并网型光伏发电系统。光伏发出的电能会产生较多的谐波，在并网时会对电网产生干扰。因此，并网发电系统中，网侧接口尽可能绿色无污染供电，同时应具有隔离市电电网谐波污染的功能，以免其影响光伏发电系统本身的性能。

(4) 能量管理。管理光伏发电能量在电气负载和充电控制器之间的分配，提供合理的充放电管理策略，预测天气和负荷情况，评估负载类型和性质，检测蓄电池工作状态，实现光伏电能的合理调度。

5.6.2 电能变换电路的分析方法

目前，光伏电能变换电路主要通过电力电子变流器实现。在对电力电子变流器进行设计前，首先分析典型的变流电路结构，将复杂的变流电路作合理的假设和简化。变流电路中的一部分控制电路不作分析，主要分析主电路结构和特性。主电路就是由电力电子开关元件控制的电能流动的主要通路。主电路中电力电子器件受控制电路的作用，在不同的时间完成预期的通断动作，电力电子元件的工作状态是主电路主要分析的对象。因此对主电路的简化主要是时间分段化、开关器件理想化。

(1) 对开关管器件，通态电阻为零，电压降为零；断态电阻为无限大，漏电流为零；从通态到断态、从断态到通态的过渡过程时间为零；只需分析开关的通态和断态，不需分析暂态。

(2) 电感、电容、线路均为无损耗的理想元件。

(3) 电路分析时间逐段完成，按照开关稳态分析。

在以上假设下，就会有“电源输入变换器的功率等于变换器的输出功率”，即变换电路无损耗转换效率为 100%的结论。

5.6.3　DC-DC 变换器指标

DC-DC 变换器的主要指标如下。

(1) 平均输出电压 V_O。

(2) 平均输出电流 I_O（或输出功率 P_O）。由输出电压和输出电流指标可以算出功率要求，也可以由输出功率范围和平均输出电压算出输出电流范围。

(3) 电感电流纹波 Δi_L。

(4) 负载电压纹波 Δv_C。负载直流电压均通过并联输出电容 C 滤波，因此负载电压的纹波同输出电容 C 的纹波。

主要器件承受的电压、电流等可以根据电力电子技术中分析波形的方法来确定。

5.6.4　改变调制信号占空比的方法

假设开关管 T 加驱动信号 VG，稳态时为周期性通断信号，开关周期为 T_s，导通时间为 T_{on}，关断时间为 T_{off}，开关频率用 f_s 表示。占空比 D(或导通比) 是开关管导通时间与周期的比值，因此，

$$T_{off} = T_s - T_{on} = (1-D)T_s \tag{5-7}$$

$$T_{on} = DT_s \tag{5-8}$$

$$D = T_{on} / T_s \tag{5-9}$$

$$f_s = 1 / T_s \tag{5-10}$$

改变占空比 D 有三种基本方法。

1. 定宽调频法(脉冲频率调制，PFM)

维持 T_{on} 不变，改变 T_s。改变 T_s 就改变了输出电压周期或频率，如图 5-11 中的波形 A、B 所示。

$$D_1 = \frac{T_{on1}}{T_{s1}} \neq \frac{T_{on1}}{T_{s2}} = D_2 \tag{5-11}$$

2. 定频调宽法(脉冲宽度调制，PWM)

维持 T_{s1} 不变，改变 T_{on}，即输出电压波形的周期不变，仅改变脉冲宽度，如图 5-11 中的波形 A、C 所示。

这种方式有利于滤波器的设计。在变换电路的后级接输出滤波器，滤除由 PWM 控制而产生的各级噪声、谐波等，而 PWM 产生的基频固定(谐波频率为

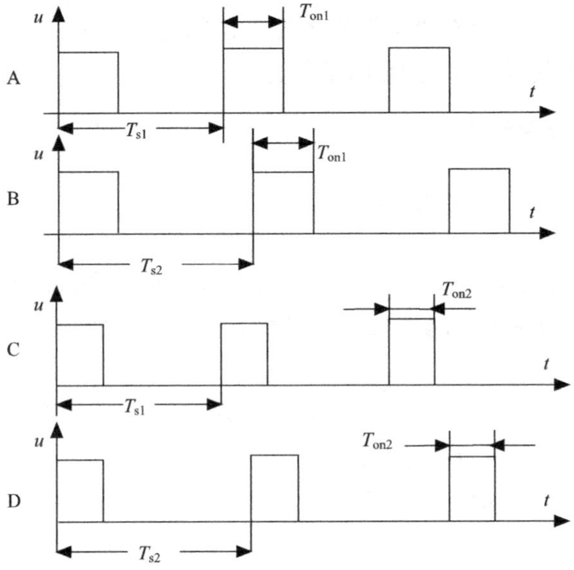

图 5-11　脉冲调制波形图

PWM 基频的整数倍，幅值远小于基波幅值），因此有利于后级低通、带阻等滤波器的设计。

3. 调频调宽法

脉冲周期 T_s 与宽度 T_{on} 均改变，如图 5-11 中的波形 A、D 所示。这种方法既可以调节脉冲宽度，也可以调节脉冲产生的时间。可以结合 PWM 和 PFW 的特点，针对性地改变调节方式，取其优点。利用 PFM 及 PWM 的优越性，可以提供一个高效、较宽电压调节范围的电源。前者具有较小的静态电流，轻载情况下效率较高，但纹波较大。后者在重载情况下具有较高的效率，噪声小。

5.7　DC-DC 变换电路

DC-DC 变换电路就是实现直流输入、直流输出的变换电路，其有多种分类形式。常用的是按照输入和输出是否电气隔离分类，分为隔离型变换电路和非隔离型变换电路，隔离方式通常采用变压器隔离。非隔离型变换电路，根据输入和输出电压的关系又分为降压电路（又称为 Buck 电路）、升压电路（又称为 Boost 电路）、升降压电路（升降压电路的主要结构有多种，典型的有 Boost-Buck、Cuk、Sepic 电路）。隔离型变换电路根据对变压器初级端的控制分为单端控制变换电路和双端控制变换电路。隔离型单端控制变换电路又分为正激型变换电路和反激型变换电路，而隔离型双端控制变换电路又分为半桥型变换电路、全桥型变换电路、推挽型变换电路。

5.7.1　非隔离型 Buck 电路

1. 电路原理

Buck 电路的主电路结构如图 5-12(a)所示。电路中 T 为电力电子开关器件(用 IGBT 表示)，V_s为输入 DC 电源，D 为续流二极管，L 为电感线圈，C 为滤波电容，R 为负载。电路的工作原理是通过控制开关 T 的导通和关断时间控制直流电流向负载的能量，D 由于其单相导电特性可以处于两种状态(通态或断态)，控制负载电流的导通回路，为负载续流，LC 构成滤波电路使负载上得到的电压和电流平稳，负载供电近似直流电。

由于时间分段化和器件理想化的简化，Buck 电路根据开关 T 的状态和电感 L 的电流情况分为三种工作状态和两种运行模式。

三种工作状态如图 5-12(b)～(d)所示，第 1 种电路状态是 T 为通态、D 为断态，此时电源 V_s通过 L 后加到 R 上，$V_s = v_L + v_O$；第 2 种电路状态是 T 为断态、D 为通态，L 中保持有电流，二极管续流构成回路，也就是通过电感 L 将其储能向负载供电；第 3 种工作状态是 T、D 都关断的状态，电感 L 的电流断流，负载两端的电压与电容两端的电压相同，通过电容给负载放电。

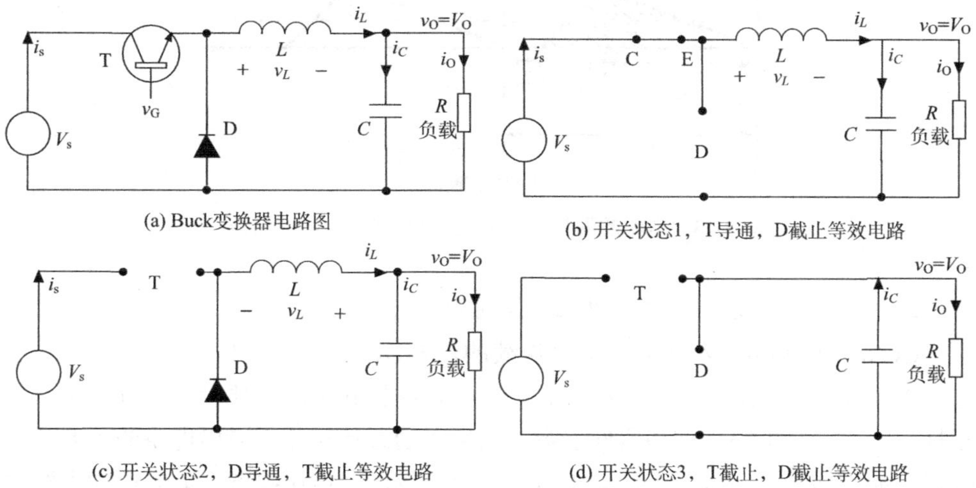

(a) Buck变换器电路图　(b) 开关状态1，T导通，D截止等效电路

(c) 开关状态2，D导通，T截止等效电路　(d) 开关状态3，T截止，D截止等效电路

图 5-12　Buck 电路图和工作状态图

电路的两种运行模式如图 5-13 所示。

(1) 电感电流连续模式(CCM)，在整个开关周期中电感电流不为零。

(2) 电感电流断流模式(DCM)，一段时间内电感电流为零。

开关管阻断期结束时电感电流刚好降为零的情况是两模式的临界点，称为临界连续状态。

在图 5-13 (a)～(c) 中可以得出，在 CCM 任意时刻，$i_{L\min}>0$，总有负载电流 $I_O>i_{L\min}>0$；在 CCM 的临界点只有一个时刻出现电感电流为 0，$i_{L\min}=0$；在 DCM 有一段时间出现电感电流为 0。

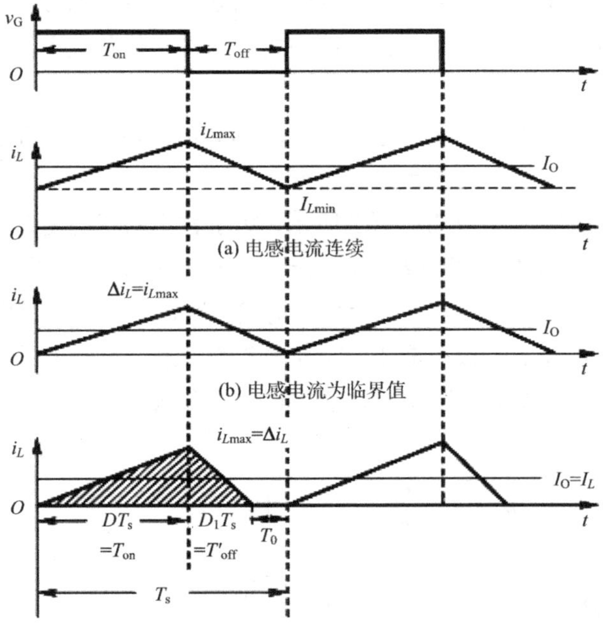

图 5-13　电路的两种运行模式(电流连续和电流断流)

2. 主要数量关系——电感电流连续情形

CCM 中电感电流和负载电流是连续的，与 DCM 相比，是一种较优的工作状态，电路要尽可能地工作在这种模式下。在这种模式下，需要设计或分析电路的指标。如果已知电路结构和器件参数，则可以通过计算分析得出电路的主要技术指标，如平均输出电压、平均输出电流、电流纹波、电压纹波。如果已知电路的设计的主要指标，则与以上过程相反，可以计算出占空比 D 的取值范围和 L、C 的取值完成设计。

由于临界点介于 DCM 和 CCM 两种状态之间，输出电流、电感电流等易于计算，此时对应的 L、C 的值是电路中的最小取值，因此对 L、C 是基于临界点来计算的。图 5-14 为临界模式波形图。

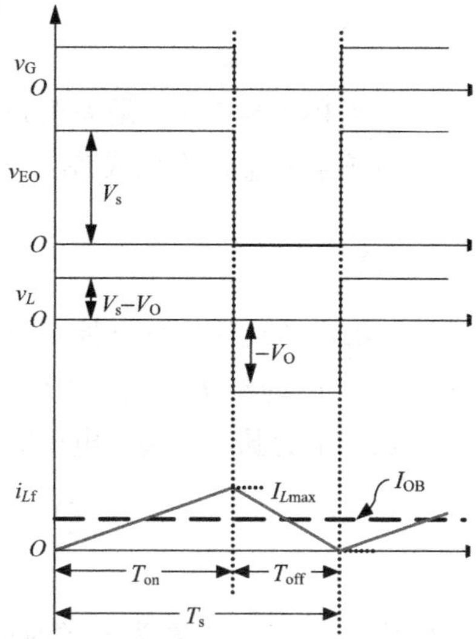

图 5-14　临界模式波形图

根据电力电子技术，Buck 电路的主要电路指标与输入 V_s、占空比 D 等有如下关系。

(1) 平均输出电压 V_O：

$$V_O = \frac{T_{on}}{T_s} V_s = DV_s \tag{5-12}$$

式中，D 的取值范围理论上为 (0,1)，输出电压总是小于输入电压，实现降压功能，占空比越趋近于 0，输出电压越小，占空比越大，输出电压越大。实际电路中，占空比调节在 50%附近时，电路工作最稳定，效率高。

(2) 输出平均电流 I_O：

$$I_O = \frac{I_s}{D} = D\frac{V_s}{R} \tag{5-13}$$

由式 (5-13) 可得，当输出电压降低时，输出电流增加，不考虑电路的损耗时，输出功率等于输入功率，Buck 电路效率为 100%。实际中器件开关总是有损耗，电路的效率无法达到 100%，在设计时要尽可能提高 Buck 电路的效率。对于 Boost、Boost-Buck、Cuk 其他变流电路的效率同样有以上结果，要在设计中提高电路效率。

(3) 电感电流纹波 Δi_L：

$$\Delta i_L = i_M - i_m = \frac{V_s - V_O}{L} T_{on} = \frac{1-D}{L} V_s T_{on} \tag{5-14}$$

(4) 电容电压纹波 Δv_C：

$$\Delta v_C = V_{O\max} - V_{O\min} = \frac{\Delta Q}{C} = \frac{(1-D)V_O}{8LCf_s^2} \tag{5-15}$$

式中，$f_s = \frac{1}{T_s}$；T_s 为开关时间；f_s 为开关频率 (Hz)。

3. L 的设计依据分析

如图 5-14 所示，在 T_{on} 期间，电感上的电压为 $V_s - V_O$，电流从 0 线性增加到 $i_{L\max}$；在 T_{off} 期间，电感上电压为 $-V_O$，电流由 $i_{L\max}$ 线性减小到 0。电感电流临界连续电流值 I_{OB} 即负载最小电流。

$$I_{OB} = \frac{V_s}{2Lf_s} \cdot D \cdot (1-D) = \frac{V_O}{2Lf_s}(1-D) \tag{5-16}$$

当 V_O 一定时 I_{OB} 是关于 D 的线性函数且在 D=0 时有最大值，对应电路中的最小电感量 L_{min}，表达成 V_O，则电感 L(H)：

$$L = \frac{V_O^2(1-D_{min})}{2P_{O(min)}f_s} \tag{5-17}$$

4. *C* 的设计依据分析

若 C 足够大，则输出电压视为恒定的直流电压。当 C 不很大时，电容电压存在一定的脉动。输出电压的脉动量为式(5-15)，负载电压纹波：

$$\frac{\Delta v_C}{V_O} = \frac{1-D}{8LCf_s^2} = \frac{\pi^2}{2}\left(\frac{f_C}{f_s}\right)^2(1-D) \tag{5-18}$$

式中，$f_s = \frac{1}{T_s}$，T_s 为开关时间，f_s 为开关频率(Hz)；$f_C = \frac{1}{2\pi\sqrt{LC}}$，$f_C$ 是由 LC 构成的滤波电路的截止频率，则由式(5-18)，得出电路中电容的最小取值 C_{min}(F)，计算公式：

$$C_{min} = \frac{(1-D_{min})}{8Lf_s^2}\frac{V_O}{\Delta V_O} \tag{5-19}$$

5. T、D 的设计依据分析

T 和 D 的最大电流就是 $i_{L\max}$：

$$i_{L\max} = I_O + \frac{1}{2}\Delta i_L = \frac{V_O}{R} + \frac{1}{2}\Delta i_L \tag{5-20}$$

T 和 D 截止时所承受的最大正反向电压都是电路中的电压最大值 V_s。

对于开关管、二极管设计，首先要由电感电流临界连续条件确定电感 L，然后由电感电流的最大值确定 T、D 承受的最大电流值(等于电感电流的最大值)，而 T、D 承受的最大电压值，都是输入电压 V_s，最后将最大电流值和最大电压值放大一个安全余量系数，确定 T 和 D 的额定电压和额定电流。

5.7.2　非隔离型 Boost 电路

1. 电路结构

Boost 电路的主电路结构如图 5-15(a)所示。电路中 T 为电力电子开关器件(用 IGBT 表示)，V_s 为输入 DC 电源，D 为电力二极管，L 为电感线圈，C 为滤波电容，R 为负载。电路的工作原理是通过控制开关 T 的导通给电感 L 储能，在 T 关断时利用 L 的反向电动势和输入的直流电源 V_s 电压叠加升压给负载供电，达到升压的效果。在开关 T 导通时 V_s 能量传递给 L，开关 T 断开时，电源 V_s 能量传递给负载。因此，Boost 电路中电源 V_s 的电流波动性就比 Buck 电路小。

同样，Boost 电路根据开关 T 的状态和电感 L 的电流情况分为三种工作状态和两种运行模式。三种工作状态如图 5-15(b)～(d)所示，第 1 种工作状态是 T 为通态、D 为断态，此时电源 V_s 与 L 连通，D 上电压反向断开，负载由 C 供电；第 2 种工作状态是 T 为断态、D 为通态，V_s 和 L 的反向电动势联合给后面的电路供电，D 正偏导通，L 中保持有电流，通过电感 L 将其储能向负载供电；第 3 种工作状态是 T、D 都关断的状态，电感 L 的电流断流，负载两端的电压与电容两端的电压相同，通过电容给负载放电。

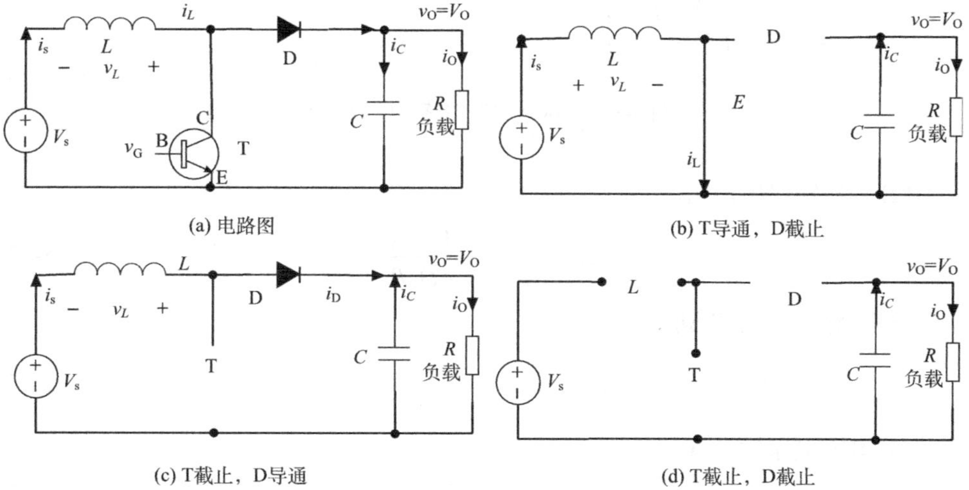

(a) 电路图　　(b) T导通，D截止

(c) T截止，D导通　　(d) T截止，D截止

图 5-15　Boost 电路图和工作状态图

同 Buck 电路一样，Boost 电路也有两种运行模式，如图 5-16 所示，即电感电流连续(在整个开关周期中电感电流不为零)和电感电流断流(出现电感电流为零)两种运行模式，开关管阻断期结束时电感电流刚好降为零的情况是临界连续状态。

2. 主要数量关系——电感电流连续情形

由于临界点介于 DCM 和 CCM 两种状态之间，输出电流、电感电流等易于计算，此时对应的 L、C 的值是电路中的最小取值，因此对 L、C 是基于临界点来计算的。

(1) 平均输出电压 V_O：

$$V_O = \frac{T_s}{T_{off}} V_s = \frac{1}{1-D} V_s \tag{5-21}$$

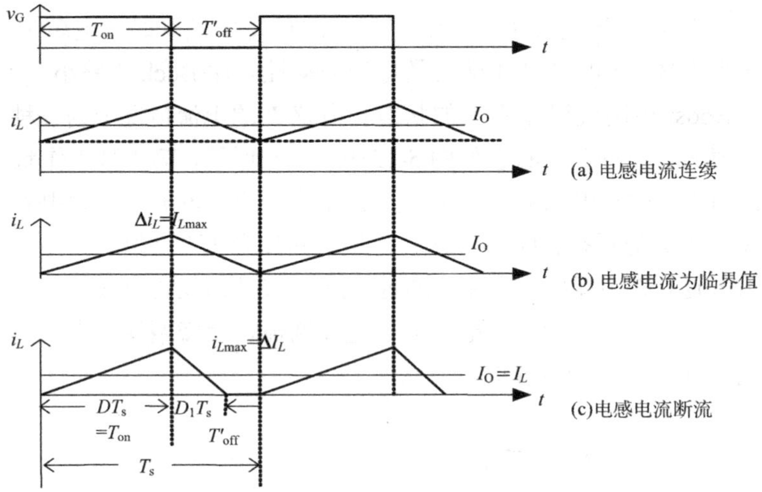

图 5-16　Boost 电路电感电流波形图

(2) 平均输出电流 I_O：

$$I_O = \frac{V_O}{R} = \frac{1}{1-D}\frac{V_s}{R} \tag{5-22}$$

(3) 电感电流纹波 Δi_L：

$$\Delta i_L = i_M - i_m = \frac{V_s}{L}T_{on} \tag{5-23}$$

(4) 电容电压纹波 Δv_C：

$$\Delta v_C = \frac{1}{CR}\frac{V_s}{1-D}DT_s \tag{5-24}$$

3. L 的设计

当负载电流 $I_O = I_{OB}$ 时，电感电流处于连续与断流的边界（当负载电流 $I_O < I_{OB}$ 时，电感电流断流）。

$$I_{OB} = \frac{1}{2}I_{L\max}\frac{T_{off}}{T_s} = \frac{1}{2}\frac{V_s}{L}DT_s\frac{(1-D)T_s}{T_s} = \frac{V_O}{2Lf_s}\frac{V_s}{V_O}D(1-D) \tag{5-25}$$

即 I_{OB} 用 V_O 表示为

$$I_{OB} = \frac{V_O}{2Lf_s}D(1-D)^2 \tag{5-26}$$

则最小电感：

$$L=\frac{V_O D_{\min}(1-D_{\min})^2}{2I_{O(\min)}f_s}=\frac{V_O{}^2 D_{\min}(1-D_{\min})^2}{2P_{O(\min)}f_s}\quad (\mathrm{H}) \tag{5-27}$$

4. C 的设计

根据电压的波动确定 C。由

$$\Delta V_O=V_{O\max}-V_{O\min}=\frac{\Delta Q}{C}=\frac{1}{C}\cdot I_O\cdot T_{on}=\frac{1}{C}\cdot I_O\cdot DT_s=\frac{D}{Cf_s}I_O \tag{5-28}$$

$$\frac{\Delta V_O}{V_O}=\frac{DI_O}{Cf_s\cdot V_O}=D\cdot\frac{1}{f_s}\cdot\frac{1}{RC}=D\frac{f_C}{f_s} \tag{5-29}$$

式中，$f_C=\dfrac{1}{RC}$ 为截止频率。

由式(5-28)得出

$$C=\frac{D}{\Delta V_O f_s}I_O \tag{5-30}$$

5. T 和 D 的设计

开关管 T 和 D 的电流最大值与电感电流的最大值相等：

$$I_{T\max}=I_{D\max}=I_{L\max}=I_s+\frac{1}{2}\Delta i_L=\frac{I_O}{1-D}+\frac{V_O D_{\min}(1-D_{\min})^2}{2Lf_s}\quad (\mathrm{A}) \tag{5-31}$$

T 和 D 所承受的最大电压，理想情况下等于 V_O。

5.7.3　Cuk 变换器

图 5-17 是一个既能实现 DC-DC 升压变换又可实现降压的变换电路，称为直流升压-降压变换器。因其发明人为 Cuk，又称为 Cuk 变换器。

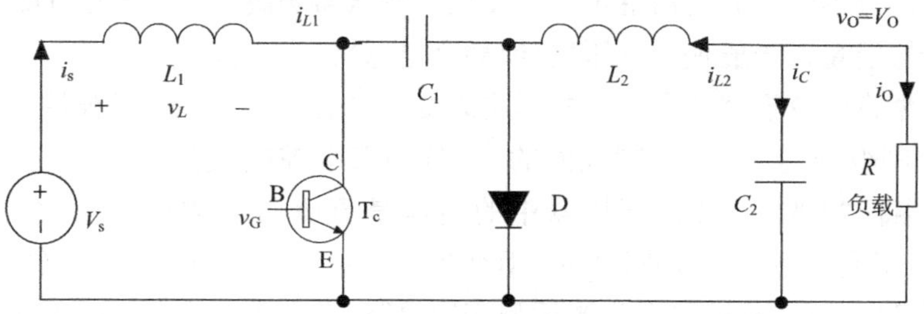

图 5-17　Cuk 变换电路结构图

输出电压 V_O 既可高于输入电压 V_s，又可低于 V_s。分析输出波形，可得出输出电压和输出电流：

$$V_O = \frac{D}{1-D}V_s \tag{5-32}$$

$$I_s = \frac{V_O I_O}{V_s} = \frac{D}{1-D}I_O \tag{5-33}$$

Cuk 变换电路主要特点如下。

优点是既能升压也能降压；电源侧、负载侧电流波动小。

缺点是电路稍复杂(多用一电感、一电容)，器件 T、D、C 成本较高。C 需要耐受极大的脉动电流；T 和 D 在导通时的最大电流是两电感最大电流之和，截止时承受的电压都是电源电压和负载电压之和。

表 5-1 为非隔离型 DC-DC 电路比较。

表 5-1　非隔离型 DC-DC 电路比较

电路	特点	电压比	应用领域
Buck	只降压不升压，输出电压和输入电压同极性，输出电流脉动大，输入电流脉动小，结构简单	$\frac{U_O}{U_s}=D$	各种降压型开关稳压器
Boost	只升压不降压，输出和输入电压同极性，输入电流脉动小，输出电流脉动大，不能空载工作，结构简单	$\frac{U_O}{U_s}=\frac{1}{1-D}$	各种升压型开关稳压器，升压型功率因数校正电路(PFC)
Cuk	能升压能降压，输出和输入电压极性相反，输出输入电流脉动小，不能空载工作，结构复杂	$\frac{U_O}{U_s}=\frac{D}{1-D}$	对输入输出纹波要求高的反相开关稳压器

5.7.4　隔离型 DC-DC 电路

隔离型变换电路是电路的输入端和输出端电气隔离。常用的隔离方法是在电路中添加隔离器件，如使用继电器、光耦、变压器隔离。在隔离型 DC-DC 电路中，要传输能量，一般使用变压器(或耦合电感)作为隔离器件。

隔离型直流变换器的分类，根据隔离变压器的初级线圈端子被控制的方式分为单端控制变换电路(只控制线圈的一端)和双端控制变换电路(控制线圈的两端)。单端控制变换电路(变压器中的电流是直流脉动的电流)又分为正激型(Forward)变换电路、反激型(Flyward)变换电路；双端控制变换电路(变压器中的电流是正负对称的交流)又分为半桥型变换电路、全桥型变换电路、推挽型变换电路。

另外，如果将 DC-AC 逆变电路和 AC-DC 整流电路合起来也可以构成 DC-DC 电路，称为多级型 DC-DC 变换器；如果 DC-DC 变换器可以实现能量的双向传输，功率不仅可以从输入端流向输出端，也能从输出端流向输入端，称为双向 DC-DC

变换器，双向 DC-DC 变换器就是 DC-DC 变换器的双象限运行，而单向 DC-DC 变换器只能将能量从一个方向传到另一个方向。

1. 正激型电路

典型单端正激型变换器如图 5-18 所示。

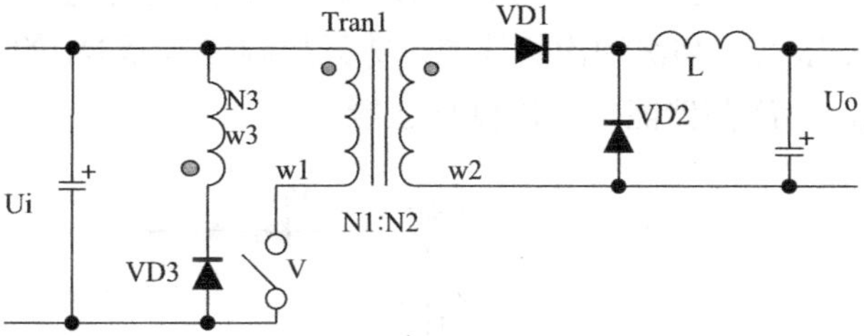

图 5-18　单端正激型变换主电路图

该电路 N1、N2、N3 绕在同一个磁芯上。单端控制 N1 的一端，V 是全控型电力电子开关器件，变压器中流过脉动的直流电流，变压器磁通仅在单方向变化；正激指 N1、N2 的同名端为图中同向，当开关 V 导通时，VD1 正向偏置随即导通，电源将能量传送给负载，当 V 断开时，电源 Ui 的能量无法传递给负载。

正激型变换器从能量传递角度可以看出是 Buck 变换器的拓扑，也就是在降压电路中间加入了隔离变压器。

N3 和 VD3 是磁复位电路。由于变压器的励磁电流和漏感储能，在 V 关断时，会产生反向感应电压，与电源电压合成，成为过电压加到开关管 V，容易损坏开关管，需增加一个去磁绕组 N3(或回能绕组)和一个回能二极管 VD3 释放感应电压，起到保护开关管的作用。

直流输出电压在电流连续模式下为

$$\frac{U_o}{U_i}=\frac{N_2}{N_1}\frac{T_{on}}{T}=\frac{N_2}{N_1}D \tag{5-34}$$

式中，U_o 为输出电压；U_i 为输入电压；N_1 为初级线圈匝数；N_2 为次级线圈匝数；D 为占空比。

从式(5-34)可以看出，输出的直流电压取决于占空比 D、变比 $n=\dfrac{N_2}{N_1}$、输入电压 U_i。

隔离变压器在正激型电路中的作用如下。

(1) 实现输入电源和负载的电气隔离，提高安全可靠性和电磁兼容性。

(2) 匹配输入电压和输出电压，由于变压器次级线圈匝数的改变可以改变输出 DC 电压，即改变隔离变压器的变比，很容易改变输出电压，选择不同的变比，既可以使输出电压升压，也可以使输出电压降压。

(3) 由于变压器次级可以绕多组绕组线圈，因此变换器很容易输出多个不同等级的直流电压。

2. 反激型电路

典型单端反激型变换器如图 5-19 所示。图中 V 为电力电子开关器件，N1、N2 分别是隔离变压器的初级和次级线圈。V 只控制变压器 N1 的一端，反激指 V 开通，VD 截止，一次侧储能，二次侧释放能量。

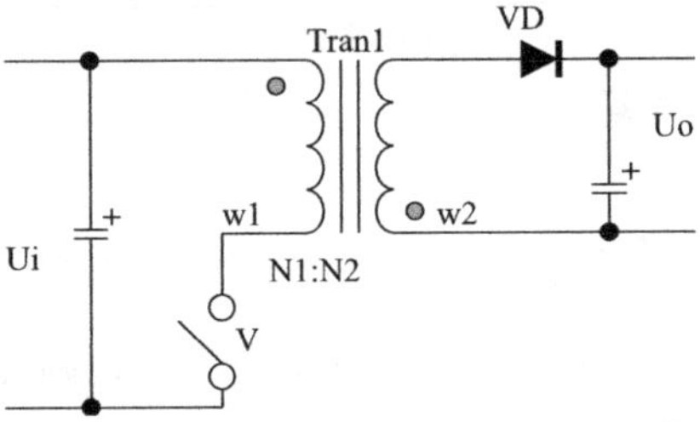

图 5-19　单端反激型变换电路拓扑结构图

单端反激型变换器工作过程如下：V 开通后，VD 处于断态，w1 绕组的电流线性增长，电感储能增加；V 关断后，w1 绕组的电流被切断，变压器中的磁场能量通过 w2 绕组和 VD 向输出端释放，所以反激型电路的能量传递过程与升压电路的能量传递过程类似，变压器可以看成耦合电感。

因为磁能量在磁芯中总是不停地“充”和“放”反复循环，与正激型电路相比，反激型电路不需要磁芯复位电路，不需要使用 N3 和 VD3 器件，简化了电路。与正激型电路使用隔离变压器的特性相同，反激型变换器也有输入输出电气隔离、多电压和升降压输出，但是由于能量是通过变压器作为中间转换器件传递的，传递能量受到变压器的制约，因此反激型电路一般实现的是传递功率小的应用。

直流输出电压在电流连续模式下为

$$U_o = \frac{N_2}{N_1}\frac{D}{(1-D)}U_i \tag{5-35}$$

式中，U_o 为输出电压；U_i 为输入电压；N_1 为初级线圈匝数；N_2 为次级线圈匝数；D 为占空比。

从式(5-35)可以看出，输出的直流电压取决于占空比 D、变比 $n=\frac{N_2}{N_1}$、输入电压 U_i。当 n 不变时，改变 D，可以使输出电压升压或降压。输出电压同负载轻重几乎无关。

3. 半桥型电路

半桥型电路原理图如图 5-20 所示。S1、S2 表示开关管，输入端直流电源用两个完全一样的电容 C1、C2 串联分压，如果输入电压为U_i，则 C1、C2 电容上分压为$U_i/2$。变压器次级线圈 N2 和 N3 的匝数相同，VD1、VD2 构成全波整流电路。L 和 C 构成滤波电路。

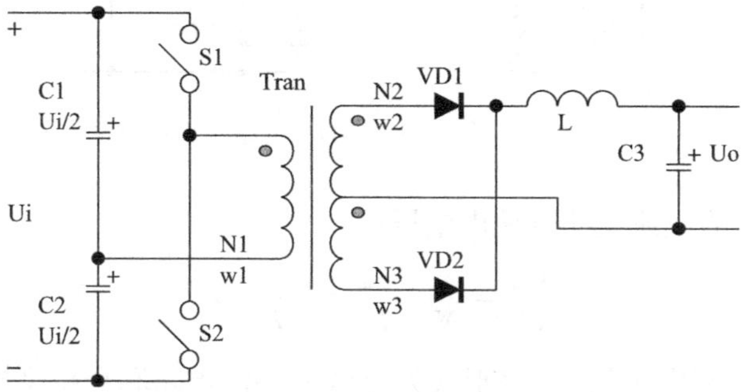

图 5-20　半桥型 DC-DC 电路原理图

变压器初级 N1 的双端分别受 S1 和 S2 控制。如果 S1 和 S2 导通的时间一致，则变压器流过的是正负相等的交流。

工作过程分析如下：S1 与 S2 交替导通，使变压器一次侧形成幅值为$U_i/2$的交流电压。改变开关的占空比，就可以改变二次侧整流电压 u_d 的平均值，也就改变了输出电压U_o。

半桥型电路也是 Buck 电路的拓扑结构。

这种电路使用 2 只开关器件，2 只二极管，成本低，但对电容 C1 和 C2 要求提高了。

滤波电感 L 的电流连续时输出电压：

$$\frac{U_o}{U_i}=\frac{N_2}{N_1}\frac{T_{on}}{T}=\frac{N_2}{N_1}D \tag{5-36}$$

4. 全桥型电路

全桥型电路也是 Buck 电路的拓扑，其电路原理图如图 5-21 所示。

全桥型电路中，由 4 个开关管 S1～S4 构成，互为对角的两个开关同时导通，同一侧半桥上下两开关不能同时导通，否则会出现短路，这样，变压器一次侧形成幅值为U_i的交流电压，改变占空比就可以改变输出电压。当 S1 与 S4 开通后，VD1 和 VD4 处于通态，电感 L 的电流逐渐上升；次级是由 VD1～VD4 标号的 4 个整流二极管构成的全桥整流电路，与 LC 构成的滤波电路结合将次级 N2 产生的交流电变成直流电。

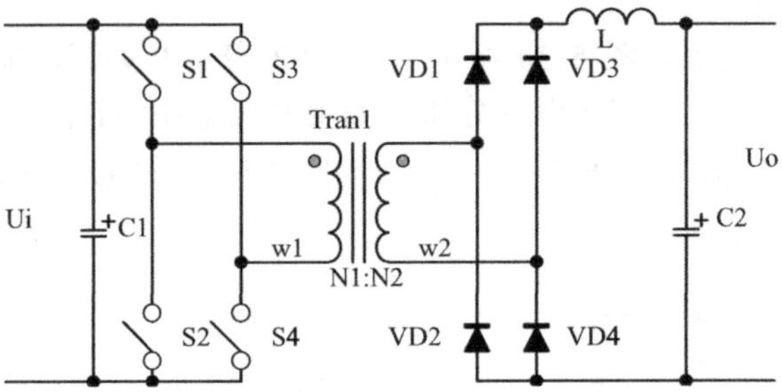

图 5-21　全桥型 DC-DC 电路原理图

滤波电感 L 的电流连续时输出电压：

$$\frac{U_o}{U_i}=\frac{N_2}{N_1}\frac{2T_{on}}{T}=2\frac{N_2}{N_1}D \tag{5-37}$$

双端电路中常用的整流电路形式为全波型整流电路和全桥型整流电路。全桥电路的优点是二极管在断态时，承受的电压仅为交流电压幅值，变压器的绕组简单。缺点是电感 L 的电流回路中存在两个二极管压降，损耗较大，而且电路中需要 4 个二极管，元件数较多。全桥电路在高压输出的情况下使用多。

这种全桥型 DC-DC 电路的输入电压为U_i，是半桥型电路的 2 倍，效率提高了，但使用的开关管数量增加，成本增加。

5. 推挽型电路

推挽型电路原理图如图 5-22 所示。推挽型电路中两个开关 S1 和 S2 交替导通，在绕组 N1 和 N1'两端分别形成相位相反的交流电压。

S1 导通时，二极管 VD1 处于通态，电感 L 电流逐渐上升。S2 导通时，二极管 VD2 处于通态，电感 L 电流也逐渐上升。

这种电路的输入电压为U_i，也是半桥型电路的 2 倍，效率高，但使用的开关管和二极管的数量与半桥型电路的相同，但是每个开关导通时，只是使用了变压器的一半初次级绕组，如果要达到与全桥型电路相同的输出电压，则初次级线圈匝数就比全桥型电路的线圈匝数多 1 倍。

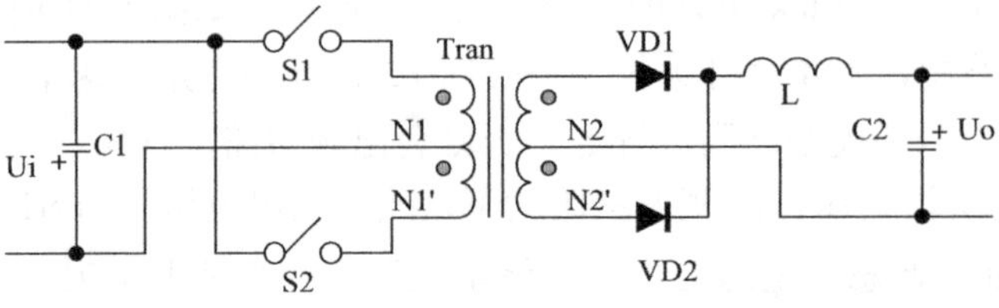

图 5-22　推挽型 DC-DC 电路原理图

滤波电感 L 的电流连续时输出电压：

$$\frac{U_o}{U_i}=\frac{N_2}{N_1}\frac{2T_{on}}{T}=2\frac{N_2}{N_1}D \tag{5-38}$$

5 种隔离型 DC-DC 变换电路的比较如表 5-2 所示。

表 5-2　隔离型 DC-DC 变换电路

电路	优点	缺点	应用领域
正激	电路简单，成本低，可靠性高，驱动电路简单	变压器单向励磁，利用率低，对导通比有限制	几百至几千瓦，各种中小功率电源
反激	电路最简单，可靠性高，成本低	变压器单向励磁，变压器作耦合电感用功率低，有漏磁	几至几十瓦，小功率电子设备
半桥	变压器双向励磁，开关较少，成本低，开关管最高耐压为电源电压	有直通问题，可靠性低，驱动电路复杂，对开关管的电流应力高	几百至几千瓦，各种工业用电源
全桥	变压器双向励磁，开关多，容易达到大功率	结构复杂，成本高，驱动复杂	几百至几百千瓦，大功率电源
推挽	变压器双向励磁，开关管电流电压应力小，驱动简单	有偏磁问题、直通问题，开关管电压大于 2 倍电源电压	几百至几千瓦，低输入电压的电源

两级 DC-DC 电路，如半桥型 DC-AC 逆变+AC-DC 直流电源、全桥型 DC-AC 逆变+AC-DC 直流电源、推挽型 DC-AC 逆变+AC-DC 直流电源，构成两级 DC-DC 电路。除了两级 DC-DC 电路，还有多级 DC-DC 变换电路。以上 3 种两级变换电路的结构由逆变电路同隔离型逆变电路构成。整流电路也有多种，最常见的是电路形式最简化的桥式不可控二极管全桥整流电路。

这些多级变换电路结构的共同点是采用高频变压器。采用高频变压器可以使变换电路具有重量、体积小，LC 滤波器小，铁心磁通交变，铁心利用率高的特点。经过了两级或多级功率变换具有高频逆变器将直流逆变为脉宽可控的高频方波交流、用不控整流将高频方波交流整流为 PWM 直流方波、LC 滤波器滤除高频分量而获得纹波很小的平稳直流电压等特点。

5.7.5　双向变换电路

1. 双向 DC-DC 变换器构成和分类

双向 DC-DC 变换电路应用一个变换器来控制能量的双向传输，而不是简单地使用两个单向变换电路反向并联。在太阳电池发电系统中，通常太阳电池阵列工作在最大功率点，当日光充足时，太阳电池阵列除保证负载的正常供电外，将多余能量通过双向 DC-DC 变换器储存到蓄电池中；当日光不足时，太阳电池阵列不足以提供负载所需的电能，双向 DC-DC 变换器反向工作向负载提供电能，双向 DC-DC 变换器充当蓄电池的充放电管理器，成为光伏控制器的主要功能。

双向 DC-DC 变换器的构成方法，就是在原单向直流变换器的功率开关管上反并联开关二极管，二极管上反并联开关管。按照双向 DC-DC 变换器的构成方法，双向 DC-DC 变换器可以由单向 DC-DC 变换器演变而来。

双向 DC-DC 变换器按输入和输出之间是否有电气隔离，或功率开关器件的个数进行分类。

非隔离型双向 DC-DC 变换器有 Bi Buck-Boost、Bi-Buck/Boost、Bi-Cuk 等，这类变换器只能实现电流的双向流动，并不能改变电压的极性，故称为电流双向变换器，即在电压和电流为坐标的平面内，仅电流可正可负，变换器工作在第Ⅰ和第Ⅱ象限。电压双向变换器则只能实现电压极性的变换，电流方向不变，变换器工作在第Ⅰ和第Ⅳ象限。桥式直流变换器既能实现电流的正与负，也能改变输出电压的极性，为四象限直流变换器。因而这种四象限直流变换器对直流电机电枢供电时，可以使直流电机在四个象限区域工作。

隔离型双向 DC-DC 变换器有反激式双向(Bi-flyback) DC-DC 变换器、正激式双向(Bi-forward) DC-DC 变换器、双向半桥(Bi-half bridge) DC-DC 变换器、双向推挽(Bi-push-pull) DC-DC 变换器、双向全桥(Bi-fullbridge) DC-DC 变换器等。不仅同一种类型的隔离直流变换器可构成隔离型双向 DC-DC 变换器，而且不同形式的隔离直流变换器也可组合成隔离型双向 DC-DC 变换器。还有一种使用 Z 源网络的变换电路，使用 Z 源网络，电路可实现升降压、逆变等功能。

一般双向 DC-DC 变换器在现有的电路上使用同步整流工作方式，有利于降低通态损耗。总之，双向 DC-DC 变换器具有使用的开关器件总体数目少、体积小、重量轻、成本低、效率高、动态性能好等优势。

2. 带隔离的双向全桥 DC-DC 变换电路

带隔离变压器的双向全桥 DC-DC 变换器的拓扑结构如图 5-23 所示。

变压器两侧整流/逆变单元均是全桥型结构，高压侧(左)的为电压型全桥结构，低压侧(右侧)为电流型全桥结构。两侧可以实现能量的双向流动。图中，变压器两侧绕组匝数分别为 N1、N2，匝数比为 n=N1/N2；Lr1 为变压器高压侧等效漏感或与外串电感之和；Lr2 为变压器低压侧等效漏感或与外串电感之和；L 在充电模式时是滤波电感，放电模式时是储能电感。

双向 DC-DC 变换器有两种工作模式：充电模式和放电模式。

充电模式等效电路类似全桥直流变换器，由全桥逆变器和输出全桥整流滤波电路构成，因此，其工作原理的分析可以参考全桥直流变换器工作原理。当变换器处于充电模式时，供电电源 V1 向母线负载正常供电，同时向电池充电。正常供电时，负载所消耗的能量是恒定的，对双向变换器的传递功率没有影响。

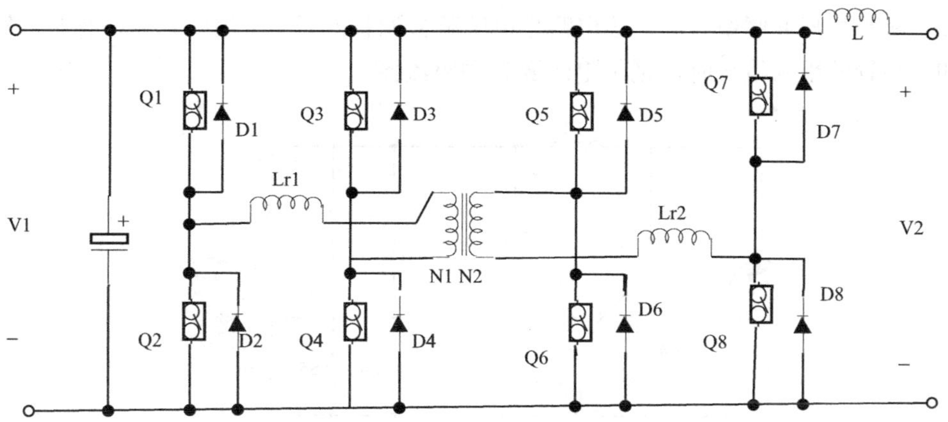

图 5-23　双向全桥 DC-DC 变换器的拓扑结构

放电模式时，对开关管施加驱动信号。在 Q5～Q8 同时有驱动信号时，四个开关管同时导通，电源电压加在输入电感 L 上，电感电流 L 增长，若只对管 Q5、Q8(或 Q6、Q7) 导通，则电感电流 L 流入变压器的初级线圈，电感和电源能量向负载传送，电感电流 L 下降。四个开关管同时导通的时候电感 L 上开始储能，不是同时导通的时候升压。

5.7.6　Z 源网络变换器

1. Z 源变流器基本结构

Z 源变流器由于采用独特的 X 形 Z 源网络电路而获得诸多优点：①升/降压变换的功能；②桥臂既可以直通也可以开路，安全性能高，效率高(单级电路)；③同一个桥臂的上下开关管之间不需要加入死区时间(电压型)或换流重叠时间(电流型)，输出波形没有畸变。Z 源变流器可以应用于包括 DC/AC、AC/AC、DC/DC、AC/DC 在内的各种拓扑中。

图 5-24 为 Z 源变流器的一般拓扑结构。其中的 Z 源网络由两个相同的电感 L1、L2 和相同的电容器 C1、C2 接成 X 形构成，它将变流器和直流电源或负载连接在一起。Z 源变流器可以开路和短路运行，为电源、主电路和负载提供了下列巨大的灵活性。

从左往右箭头方向为 Z 源逆变器结构，直流电源既可为电压源，构成电压型 Z 源逆变器，此时，逆变桥的开关组合为有源器件和二极管反向并联；也可以是电流源，构成电流型 Z 源逆变器。

从右往左箭头方向为 Z 源整流器结构，通过选择整流桥的开关组合和交流输入侧无源滤波元件的类型，可以决定 Z 源整流器的类型：采用的开关是有源器件和二极管的反并联组合时，该电路是电压源 Z 源整流器；采用的开关是有源器件和二极管的串联组合时，则是电流源 Z 源整流器。

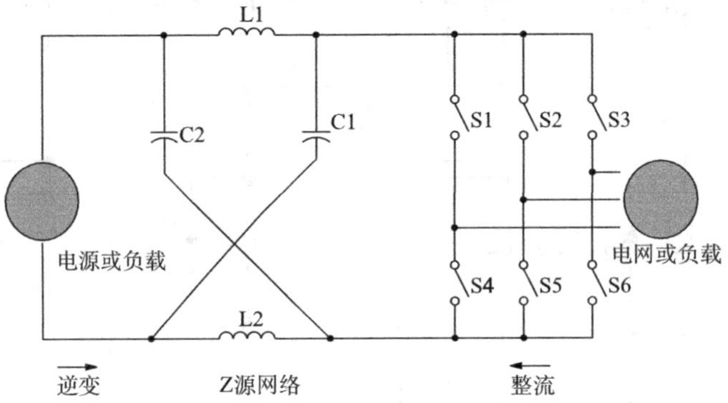

图 5-24　Z 源变流器基本拓扑

2. Z 源基本电路单元工作原理

提取出 Z 源基本电路单元，以此基本电路单元来分析 Z 源的基本工作原理。根据电源或负载性质的不同，Z 源基本电路单元可分为电压型与电流型两种，如图 5-25 所示。

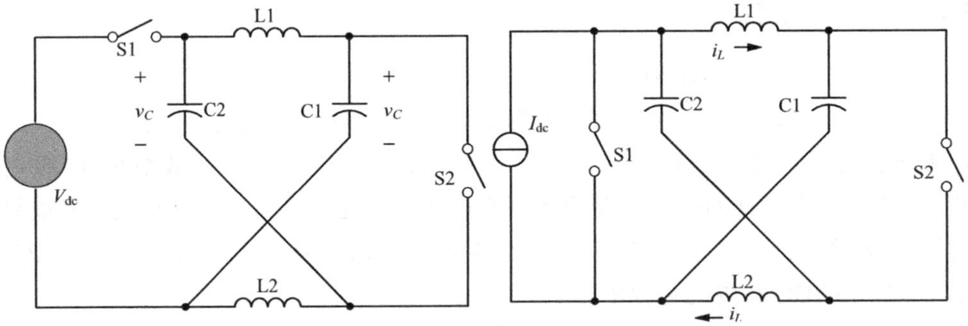

图 5-25　Z 源电路电压型和电流型两种电路拓扑结构

图 5-25 中开关 S1 与 S2 工作于互补状态，电压型 Z 源基本电路单元在一个开关周期中有两个电路状态。设 S1 占空比为 D，当 S1 开通、S2 关断时，由于 Z 源网络的对称性，有 $v_{C1}=v_{C2}=v_C$，$v_{L1}=v_{L2}=v_L$，此时电感电压可表示为

$$v_L = V_{\mathrm{dc}} - v_C \tag{5-39}$$

当 S1 关断、S2 开通时，此时电感电压可表示为

$$v_L = v_C \tag{5-40}$$

稳态时在一个开关周期中电感电压平均值为 0，可得

$$\frac{v_C}{V_{dc}} = \frac{D}{2D-1} \tag{5-41}$$

电流型 Z 源基本电路单元在一个开关周期中也有两个电路状态。设 S1 占空比为 D，当 S1 开通、S2 关断时，由于 Z 源网络的对称性，有

$i_{C1} = i_{C2} = i_C$，$i_{L1} = i_{L2} = i_L$，此时电容电流可表示为

$$i_C = i_L \tag{5-42}$$

当 S1 关断、S2 开通时，此时电容电流为

$$i_C = I_{dc} - i_L$$

稳态时在一个开关周期中电容电流平均值为 0，可得

$$\frac{i_L}{I_{dc}} = \frac{D-1}{2D-1} \tag{5-43}$$

$$\frac{v_C}{V_{dc}} = \frac{2D-1}{D-1} \tag{5-44}$$

3. 双向流动 Z 源变换器

用有源器件 SW 构成双向流动 Z 源逆变器，如图 5-26 所示。

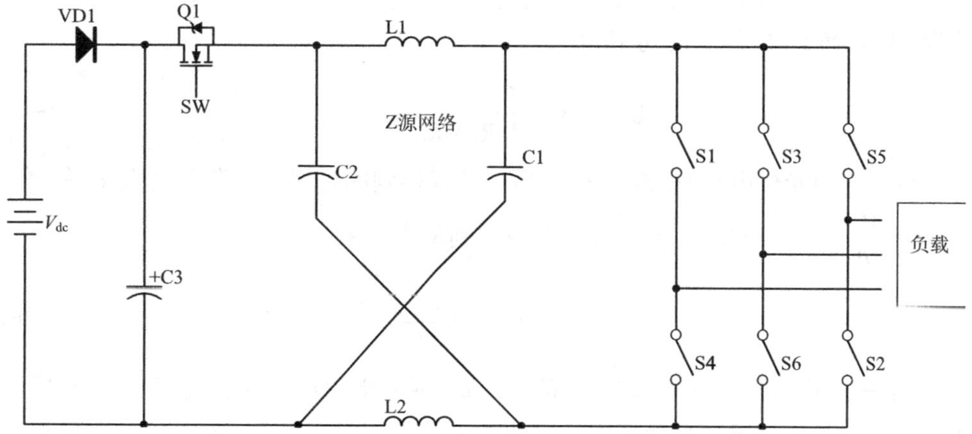

图 5-26　双向流动的 Z 源电路结构图

考虑到直流电源(光伏模块、燃料电池)的电流不能倒流，增加了电源侧的二极管 VD1，同时增加了输入侧电容 C3 提供反向电流的回路。输入侧电容 C3 只提供反向电流的通路，同时由于反向电流出现在负载较轻的情况下，电流值很小，所以输入侧电容可以选较小值。电路有 7 种工作模式，通过控制 SW 的状态，选

择电路工作状态，可以有效地避免 Z 源逆变器在轻载、小电感或小功率因数时出现的非正常工作状态，消除直流电压最大值的电压畸变。

5.8　MPPT 实现与方案

5.8.1　MPPT 的实现

在常规的线性系统电气设备中，为使负载获得最大功率，通常要进行恰当的负载匹配，使负载电阻等于供电系统的内阻，此时负载上就可以获得最大功率，如图 5-27 所示。

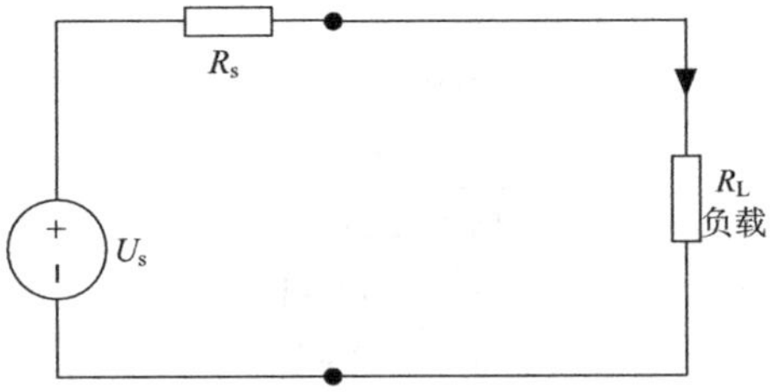

图 5-27　光伏向负载供电的电路

光伏向负载供电的电路图中 R_s 为光伏电池内阻，R_L 为负载电阻。当电路电流为 I 时，负载 R_L 得到的功率为

$$P_L = I^2 R_L = \left(\frac{U_s}{R_s + R_L}\right)^2 \times R_L \tag{5-45}$$

可见，当光伏电压 U_s 和 R_s 确定后，负载得到的功率只与负载电阻 R_L 有关。令 $\frac{dP_L}{dR_L} = 0$，解得 $R_L = R_s$ 时，负载得到最大功率：

$$P_L = P_{L\max} = \frac{U_s^2}{4R_s} \tag{5-46}$$

$R_L = R_s$ 称为阻抗匹配，即电源的内阻抗（或内电阻）与负载阻抗（或负载电阻）相等时，负载可以得到最大功率。也就是说，最大功率传输条件是光伏内阻必须与负载电阻匹配。

对于一些供电系统其内阻不变，可以用这种外阻与内阻相等的简单方法取得最大输出功率。但是在现实的太阳电池供电系统中，太阳电池的内阻要受日照强度、环境温度以及负载的影响，是不断变化的，其内阻变化大，不宜用上述方法。

目前实现 MPPT 所采用的方法是把一个 DC-DC 变流器加在太阳电池阵列和负载之间，通过 DC-DC 变流器来调整、控制太阳电池阵列工作在最大功率点，从而实现最大功率的跟踪控制。如果将变流器与光伏组件看作一体，则变流器改变了光伏组件的内阻；如果将变流器看作光伏组件的负载，则变流器改变了负载电阻，总是使光伏组件内阻和负载电阻匹配，使光伏电池获得最大输出功率。

MPPT 的实现通过 DC-DC 中间环节来调整输入电压，保持输出电压稳定，增加或减小输出电流。这个功能一般有 Buck、Boost、Buck-Boost、Cuk 电路和开关电路可以选择，但 Buck 电路是连续向负载供电、间接从电源取电；Boost 电路是间接向负载供电、连续从电源取电，为保证光伏电池板的发电效率得到较好利用，一般选择 Boost 电路来实现 MPPT。

5.8.2　MPPT 电路方案

1. Buck 电路方案

图 5-28 是一个降压电路构成的干扰法实现 MPPT 的跟踪电路，调节占空比 D，可以改变输出电压。

用 Buck 变换器实现对光伏发电系统的最大功率跟踪，采用 MPPT 控制策略，通过调节 Buck 变换器的 PWM 占空比输出，使得负载的等效阻抗跟随光伏电池的输出阻抗变化，使光伏阵列在任何条件下获得最大功率输出，跟踪最大功率。

调整占空比可以起到调整输出负载阻抗的作用，利用光伏电池的软负载特性达到对其光伏电池工作点电压进行调整的目的，实现跟踪控制光伏阵列的输出始终工作在最大功率点处，这样就可以提高光伏电池输出效率，使光伏电池得到最大的利用。

在系统启动时，设定最初的占空比 D，固定步长 T，$P(t)$、$D(t)$ 为 t 时刻光伏发电系统输出功率和占空比值，首先以一定的趋势调节 PWM 占空比输出，对 t–1、t 时刻所对应的光伏发电系统输出功率进行比较，然后确定下一步 PWM 占空比输出。当 $P(t)>P(t-1)$ 时，t 时刻所对应的系统输出功率比 t–1 时刻所对应的输出功率更加接近最大功率点 $P_{\max}$，则占空比输出按照原趋势继续进行，直到系统输出功率达到最大功率点；当 $P(t)<P(t-1)$ 时，则 t–1 时刻所对应的系统输出功率比 t 时刻所对应的值更加接近最大功率点 $P_{\max}$，占空比输出调节为与原趋势相反的方向输出，直到系统输出功率达到最大功率点。

这种电路输出功率大，输出纹波低，效率高，很容易就输出几十安，效率一般都可以集中在 95%左右，驱动也是很容易就可以找到的半桥驱动器，输入电压取决于半桥驱动器的耐压，一般的半桥驱动器频率不是很高。电路简单，开关管

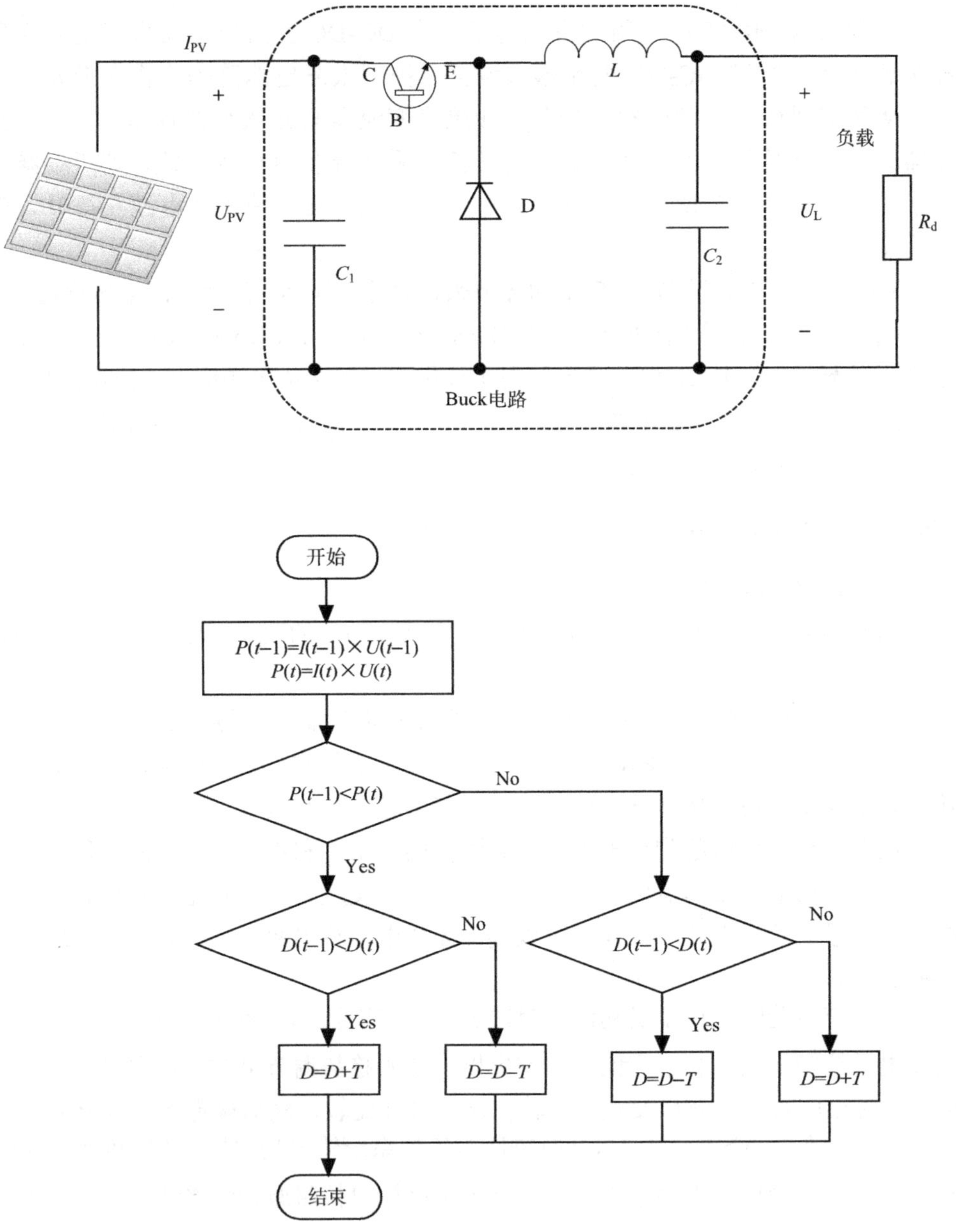

图 5-28　用 Buck 电路实现 MPPT 的框图与流程图

MOSFET 并联容易，可以任意并接，达到输出电流要求。

2. Boost 电路方案

Boost 电路的优势就是输入纹波电流小，输出纹波也很小，效率可以很高，达到 98%～99%。只要电感足够大，工作在 CCM 下，电容可以趋近于无穷小，电容量与电感量成反比。Boost 电路可以将频率提升到足够高，0.5～1MHz，成本是电路中最低的。

Boost 电路的缺点是最佳工作点是占空比为 50%左右，例如，36 片光伏电池片串联的光伏组件，输出电压低，一般在 17.5V，无法降到比输入低的电压，很难适配到 12V 系列电池的系统。

图 5-29 是基于 Boost 电路的 MPPT 控制电路原理图，图中 e_s 和 i_s 是光伏阵列的电压和电流，可以不测量，e_d 和 i_d 是经 Boost 电路调节后的电压和电流，控制器是带有 MPPT 算法的控制器，能够输出 PWM 控制信号，驱动开关器件 T_c 的通断。

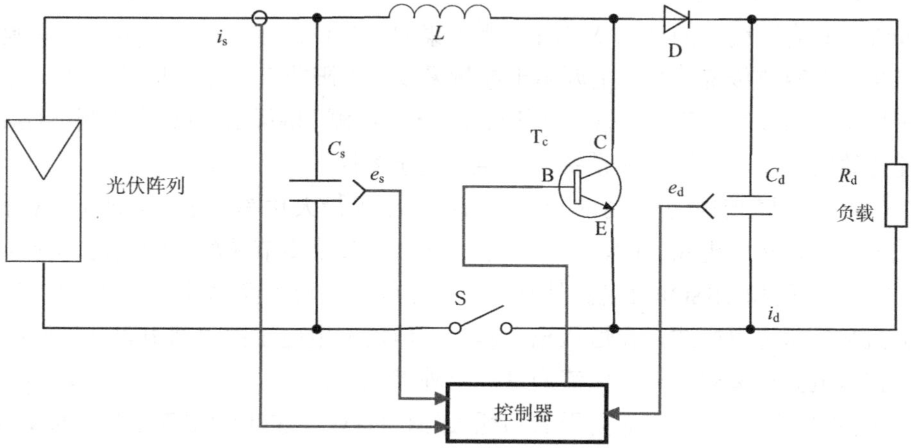

图 5-29　基于 Boost 电路的 MPPT 控制电路原理图

驱动电路同 Buck 电路相同，驱动电路简单，设计容易，这个电路是效率、成本都较优的电路。

类似地，可以通过各种 DC-DC 电路实现输出电压的改变。其他 DC-DC 电路，如 Boost-Buck 电路、Cuk 电路、自激隔离电路、反激隔离电路等与 Buck、Boost 电路应用原理类似，都可以用于 MPPT。

Buck 或者 Boost 电路存在一定的缺陷。当需要对蓄电池进行充电时，对于 Buck 电路而言，光伏组件的输出电压必须大于蓄电池的端电压，当光照强度很弱时无法对蓄电池充电；对于 Boost 电路而言，光伏组件的输出电压必须小于蓄电池的端电压，当光照强度较强时可能会出现无法对蓄电池充电现象；在这种传统的拓扑结构中，光伏组件产生的所有电能都要经过 DC-DC 变换器进行处理，因此，整个光伏发电系统的效率就要依赖于DC-DC变换器的效率，由于Buck或者Boost电路只能在特定太阳光照强度下工作，不能充分利用太阳能，使得系统的效率明显降低。

3. 集成MPPT芯片

一些半导体公司定制具有MPPT功能的IC电路，如ST、NXP等公司产品。

SPV1020是ST公司的MPPT专用芯片，跟踪效率可达98%，能量转换效率为95%。实际测试中，由于周围环境影响与各种能量损失，最终的效率可以提高20%～30%。

Bq25504是TI公司的高效率超低功耗能量采集升压充电IC，可以管理各种直流源，如太阳能或热电发生器(TEG)所产生的微瓦或毫瓦功率，超低静态电流小于330nA，可连续从V_{in}大于80mV的输入源采集能量，冷启动电压V_{in}大于330mV，具有可编程的动态MPPT，所采集的能量可储存在锂离子电池、薄膜电池、超级电容或传统电容，主要用于能量采集、太阳能充电器、TEG收集、无线传感器网络(WSN)、工业监视、能量储存、环境监测、桥梁/结构健康监测(SHM)、智能建筑物控制、手持保健设备以及娱乐系统遥控等。

CN3722是如韵电子公司的一款具有太阳电池最大功率点跟踪功能的5A降压模式充电管理集成电路。CN3722非常适合对单节或多节磷酸铁锂电池的充电管理，采用16引脚TSSOP封装，具有外围元器件少和使用简单等优点。CN3722具有恒流和恒压充电模式，在恒压充电模式，恒压充电电压由外部电阻分压网络设置；在恒流充电模式，充电电流通过一个外部电阻设置。

MPT612是NXP公司的基于低功耗ARM7TDMI-S 32位RISC处理器的MPPT集成电路，工作频率高达72MHz，具有多种串行接口(I2C、UART、SPI、SSP)，具有专用的功能(如光伏电压、电流测量和PV板参数配置)，系统效率高达98%，提供10位ADC（模数转换器）和8个模拟输入，转换时间低至2.44μs，主要用在光伏电池和燃料电池DC充电控制、公共照明和LED(发光二极管)街灯照明的电池充电、DC-DC转换器、微逆变器等。

Cypress公司的PowerPSoC功率控制器中智能LED驱动器系列集成电路，采用可编程的系统级芯片(SoC)技术，可替代传统的微控制器(MCU)、系统IC和其周围的大量分立元件，集成了1A 2MHz功率FET、滞后控制器、电流检测放大器以及PrISM/PWM调制器，可以用于MPPT太阳能充电控制器。

NS公司的SM72442是可编程MPPT控制器，可控制四个开关降压-升压转换器的四路PWM栅极驱动信号，和光伏电压全桥驱动器一起，可组成MPPT配置的DC-DC转换器，效率高达99.5%。器件集成了8路12位ADC，用来检测输入和输出电压与电流以及电路板配置，可编程的数值包括最大输出电压、电流和转换速率、软启动和电路板模式等。

思　考　题

1. 什么是光伏最大功率点跟踪?

2. 如何综合比较太阳能 MPPT 发电的效率、成本等?

3. 三种典型的 MPPT 控制方法是什么？举出几种智能控制的 MPPT 方法。

4. 如何弥补恒压跟踪法的缺陷?

5. 解释干扰观察法 MPPT 的工作原理，画出其流程图。

6. 请解释干扰观察法寻找最大功率点的特点，并指出如何改进其缺陷。

7. 分析电导增量法最大功率点跟踪的工作原理，该方法有何特点?

8. 画出电导增量法的 MPPT 流程图。

9. 如何改进跟踪步长为变步长跟踪?

10. 如图 5-30 所示电路拓扑结构，电源电压 V_s 为 270～300V，额定负载电流 11A，最小负载电流 1.1A，输出电压 V_o=220V；开关频率 30kHz。电压纹波小于 1%。要求最小负载时电感电流不断流。计算：输出滤波电感 L 和电容 C，选取开关管 T 和二极管 D。

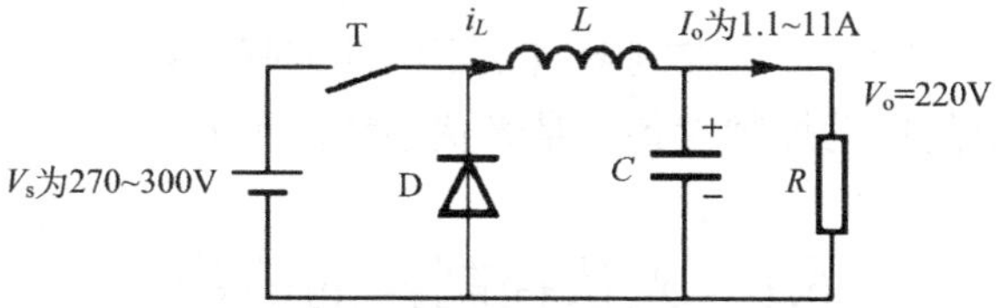

图 5-30　降压电路拓扑结构图

11. MPPT 实现时使用 Buck 电路和 Boost 电路对光伏输入有什么要求？为什么 MPPT 中使用升压电路多于使用降压电路?

12. 查找几种有 MPPT 功能的集成电路芯片，了解其主要特性。

第 6 章　光伏控制器

典型的离网型光伏发电系统构成在第 2 章中已作介绍，主要由太阳电池方阵、蓄电池组、太阳能控制器(简称控制器)组成。

太阳电池方阵的作用是将太阳辐射能直接转换成电能，供给负载使用。一般由若干太阳电池组件按一定方式连接，再配上适当的支架及接线盒组成。

蓄电池组是太阳电池方阵的储能装置，将光伏阵列日照时产生的多余电能储存起来，在晚间或阴雨天时供负载使用。在光伏发电系统中，蓄电池处于浮充放电状态，夏天日照量大，除了供给负载用电，方阵还对蓄电池充电；冬天日照量减少，这部分储存的电能逐渐放出，白天方阵给蓄电池充电，晚上的负载用电则全部由蓄电池供给。

光伏控制器是太阳能控制器的一种，在光伏发电系统中是用于光伏转换后完成对蓄电池充放电控制的设备，因此对光伏发电系统有时也将光伏控制器称为太阳能控制器。光伏控制器，是控制多路太阳电池方阵对蓄电池充电以及蓄电池给逆变器和负载供电的自动控制设备，是光伏系统的重要设备。

6.1　光伏控制器的能流

6.1.1　离网型光伏发电系统的能流模型

离网型光伏发电系统由三大块构成：光伏阵列，产生能量；负载，消耗能量；蓄电池，储存能量和释放能量。

三者具有多种能流关系，主要由光伏阵列的发电状态、蓄电池的储能状态、负载的用电状态等因素决定，能流关系如表 6-1 所示，虚线框中为光伏控制器，分成充电控制器和放电控制器两块。

6.1.2　蓄电池的充放电控制技术

对蓄电池进行充电时，必须随时判断蓄电池的充电程度，以便控制充电电流。在不同的阶段要使用最优的控制方法，在充电结束时要使用适当的停充方法，在充放电过程中，根据温度的变化，及时做温度补偿调整充放电的阈值电压。

1. 充电程度判断

判断充电程度的方法有 3 种。

表 6-1　离网型光伏发电系统能流关系

能流关系	能流关系图	说明
光伏对蓄电池单独充电模式	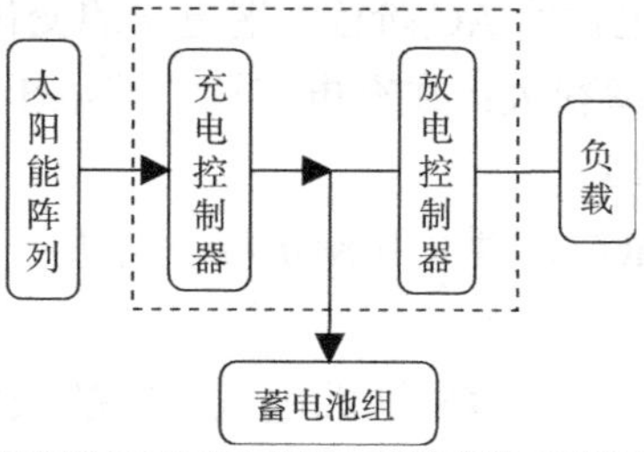	太阳能仅给蓄电池组充电，对负载不放电，如蓄电池电量低停止放电或负载间歇供电的停供电期间
光伏对负载单独供电模式	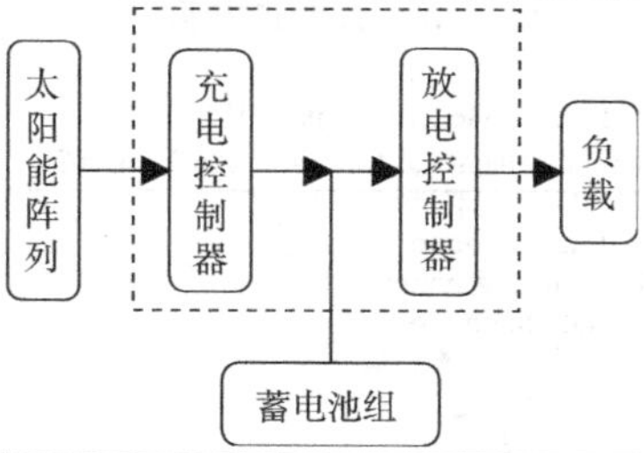	太阳能仅给负载放电，对蓄电池组不充电，如蓄电池充满
光伏对蓄电池充电对负载供电模式	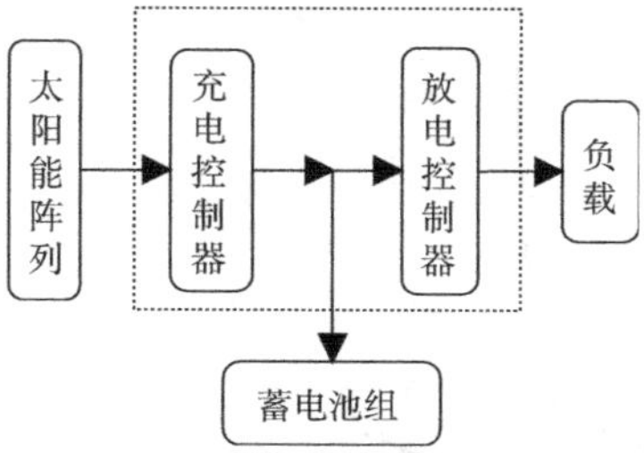	太阳能不仅给负载放电，还对蓄电池组充电，如蓄电池在正常工作期间
蓄电池对负载单独供电模式	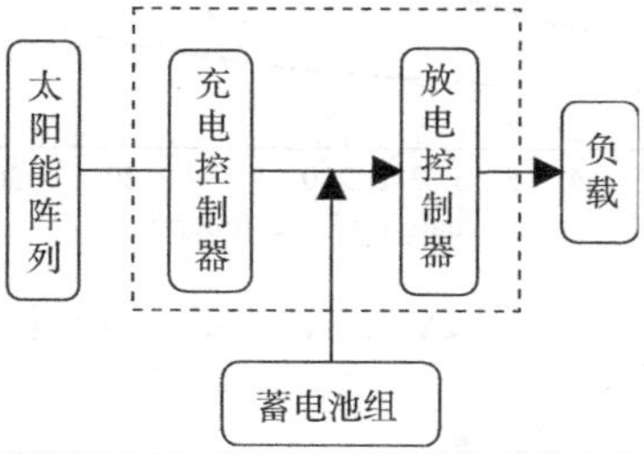	太阳能不给负载充电，蓄电池组对负载放电，如系统在无光时负载正常工作
蓄电池与光伏对负载供电模式	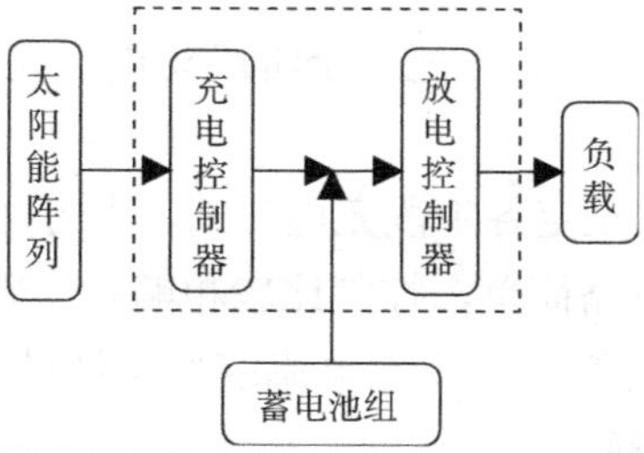	太阳能给负载放电，蓄电池组对太阳能供电作补充，如系统在光线不足时负载正常工作

(1) 观察蓄电池去极化后的端电压变化。图 6-1 为不同充电电流对某 2V 400A·h 铅酸蓄电池的充电曲线，可以用此铅酸蓄电池说明充电时蓄电池端电压的变化情况。一般来说，在充电初始 AC 阶段，端电压的变化率很小；在充电的 CD 中段，蓄电池端电压的变化率很大；在充电末期，端电压的变化率极小。由此可以判断蓄电池所处的充电阶段。

(2) 测蓄电池的实际容量值，并与其额定容量值进行比较，就可以判断它的充电程度。

(3) 检测蓄电池的端电压。当蓄电池端电压与它的额定值相差较大时，说明处于充电初期；当两者差值很小时，说明已接近充满。

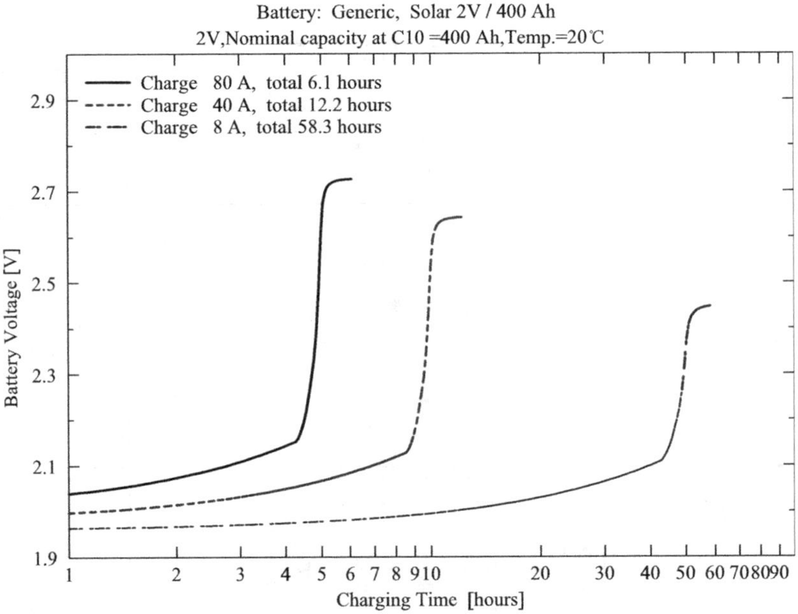

图 6-1　不同充电电流对 2V 400A·h 铅酸蓄电池的充电曲线

2. 充电的自动转换控制方法分类

蓄电池主要采用主充、均充、浮充三个阶段充电，充电各阶段的自动转换控制方法有 3 种。

(1) 时间控制法，即预先设定各阶段充电时间，由时间继电器或 CPU（中央处理器）控制转换时间。控制电路简单，控制比较粗略。

(2) 阈值控制法，设定转换点的充电电流或蓄电池端电压值，当实际电流或电压值达到设定值时自动转换。

(3) 容量控制法，采用积分电路在线监测蓄电池的容量，当容量达到一定值时，发出控制信号改变充电电流。控制电路比较复杂，但控制精度较高。

3. 温度补偿控制技术

与具有温度补偿功能的智能开关式充电电源配套使用，可以提高蓄电池的充电管理。

当采用蓄电池温度补偿功能后，浮充电压和均衡电压都按照以下方程式进行修正：

$$U_{tc} = U_n + T_c \times N(T-25) \tag{6-1}$$

式中，U_{tc} 为经温度补偿后的电压(V)；U_n 为未经补偿的电压(V)；T_c 为设置的温度补偿系数(V/℃)；N 为每组蓄电池单元的个数；T 为温度传感器指示的温度(℃)。

4. 停充控制方法

当蓄电池充足电后，必须适时切断充电电流停充。控制器必须随时监测蓄电池的充电状况，保证蓄电池充足电而又不过充电。主要的停充控制方法如下。

(1) 定时控制。定时控制采用恒流充电法，蓄电池所需充电时间可根据蓄电池容量和充电电流来确定，因此只要预先设定好充电时间，时间一到，定时器即可发出信号停充或转为浮充电。定时器可由时间继电器或 CPU 承担其功能。这种方法简单，但充电时间不能根据蓄电池充电前的状态而自动调整，因此实际充电时，可能会出现有时欠充、有时过充的现象。

(2) 蓄电池温度控制。蓄电池温度在正常充电时变化并不明显，但是，当蓄电池过充时，其内部气体压力将迅速增大，负极板上氧化反应使内部发热，温度迅速上升(每分钟可升高几摄氏度)。因此，观察蓄电池温度的变化，即可判断蓄电池是否已经充满。通常采用两只热敏电阻分别检测蓄电池温度和环境温度，当两者温差达到一定值时，即发出停充信号或转为浮充电。由于热敏电阻动态响应速度较慢，故不能及时、准确地检测到蓄电池的满充状态。

(3) 蓄电池端电压负增量控制。蓄电池充足电后，其端电压将呈现下降趋势，据此可将蓄电池电压出现负增长的时刻作为停充时刻。与温度控制法相比，这种方法响应速度快。此外，电压的负增量与电压的绝对值无关，因此这种停充控制方法可适应于具有不同单格蓄电池数的蓄电池组。此方法的缺点是一般的检测器灵敏度和可靠性不高，同时，当环境温度较高时，蓄电池充足电后电压的减小并不明显，因而难以控制。

(4) 极化电压控制。脉冲充电、脉冲放电去极化充电法是一种较好的快速充电方法，实现这一方法的最佳装置是高频开关充电电源。蓄电池充放电的时间、速度、程度等都会对蓄电池的充电效率和使用寿命产生严重影响，因此在对蓄电池进行充、放电时，必须遵循以下原则：避免蓄电池充电过量或充电不足；控制放电电流值；避免深度放电；注意环境温度的影响。

5. 放电控制技术

蓄电池的使用寿命受其荷电状态影响极大，实用的放电状态检测常用 2 种方法：端电压法和剩余容量控制法。端电压法是直接检测电池两端的电压，简单实用。剩余容量控制法，指的是蓄电池在使用过程中(处于放电状态时)，控制系统随时检测蓄电池的剩余容量(SOC = 1–DOD)，并根据蓄电池的荷电状态(SOC)自动调整负载的大小或调整负载的工作时间，使负载与蓄电池剩余容量相匹配，以确保蓄电池剩余容量不低于设定值(如 50%)，从而保护蓄电池不被过放电。

对于蓄电池剩余容量控制法，需要准确测量蓄电池的剩余容量。蓄电池剩余容量的检测又主要有以下几种方法。

(1) 电液密度法，电解液的密度与 SOC 有线性关系，或测量电解液的密度与标准曲线对照，适用于开口式铅酸蓄电池。

(2) 开路电压法，测量蓄电池正负极之间的开路电压，但开路电压与 SOC 关系复杂，蓄电池使用后期当其容量下降后，开路电压的变化已经无法真实显示电池的剩余容量，此法无法进行在线测试。

(3) 内阻法，测量蓄电池的内阻，内阻近似与 SOC 呈反比关系，适用于电池生产厂商快速测量。

蓄电池内阻很小，而且电池处于不同的电量状态时和电池处于不同的使用寿命状态下，它的内阻值也不同。实用的内阻测量法有两种：直流放电内阻测量法和交流压降内阻测量法。

直流放电内阻测量法就是用负载对电池进行大电流放电，放电电流为 30～70A，放电时间为几秒。这一方法主要基于美国 Albér 公司大电流放电专利。测出放电前后电池两端电压的变化量和电流的变化量，两者相除，就得到电池的内阻 $r=\dfrac{\Delta U}{\Delta I}$，式中，$r$ 代表电池的内阻，ΔU 为放电前后的电压变化量，ΔI 为放电前后电流的变化量。此方法快速，但是大电流放电对电池有一定的伤害、误差比较大、不能进行在线测量。

交流压降内阻测量法是给电池施加一个固定频率和固定电流(一般使用 1kHz 频率、小于 1A 的小电流)的电源，然后对其电压进行采样，经过整流、滤波等一系列处理后通过运放电路计算出该电池的内阻值。电池内阻 $r=\dfrac{U}{I}$，U 代表电池两端的交流电压信号值，I 代表流过电池内部的激励电流信号值。交流压降内阻测量法的电池测量时间极短，一般在 100 ms 左右。这种方法可以测量几乎所有的电池、可在线测量、对电池无太大损坏，但是测量精度很可能会受到纹波电流的影响，测量精度不如直流放电内阻测量法。

(4) 数学模型法，建立蓄电池剩余容量的数学模型控制，这种方法通用性好，可在线测量蓄电池的剩余容量，不但可以有效控制放电的过程，也可以实现对蓄电池充电过程停充的控制，也是一种停充的控制方法。

固定式铅酸蓄电池剩余容量的数学模型如下。

蓄电池放电模型：

$$U_{\text{discharge}} = U_{\text{r}} - \frac{I}{A_{\text{h}}}\left(\frac{0.189}{\text{SOC}} + IR\right) \tag{6-2}$$

蓄电池充电模型：

$$U_{\text{charge}} = U_{\text{r}} + \frac{I[0.189/(1.142-\text{SOC})+IR]}{A_{\text{h}}} + (\text{SOC}-0.9)\ln\left[300\left(\frac{I}{A_{\text{h}}}\right)+1.0\right] \tag{6-3}$$

式中，SOC 为蓄电池剩余容量；U 为实测电压；A_{h} 为标称容量；I 为充电电流或放电电流；静止电压 $U_{\text{r}} = 2.094[1-0.001(T-25)]$；蓄电池内阻 $IR = 0.15[1-0.02(T-25)]$。

说明，充电模型中最后一项只有当 U>2.28 V 时才有。

更进一步建立通用性强的数学模型，考虑充放电率、初始电动势等，蓄电池剩余容量放电过程的数学模型修正为

$$\begin{aligned} U_{\text{discarge}} = {} & \left[U_{\text{r}} - a\cdot\lg\left(1+\frac{\text{DOD}}{\text{SOC}}\right)\right] - b\cdot\lg\left\{1+\frac{I}{A_{\text{h}}[1+K(T-25)]\times\text{DOD}\times 100}\right\} \\ & - \frac{I}{A_{\text{h}}[1+K(T-25)]}\cdot c\cdot\left[0.01\times(25-T)\times\text{DOD}\right] \end{aligned} \tag{6-4}$$

式中，a 为由于反应物和生成物比例变动引起的电压变化常数，a 取 0.1～0.2；b 为电化学极化项常数，b 取 0.1～0.15；c 为内阻极化项常数，c 取 0.08～0.15；T 为环境温度。

蓄电池剩余容量充电过程的数学模型修正为

$$\begin{aligned} U_{\text{charge}} = {} & \left[U_{\text{r}} + d\cdot\lg\left(1+\frac{\text{SOC}}{\text{DOD}}\right)\right] + e\cdot\lg\left\{\frac{I}{A_{\text{h}}[1+K(T-25)]}\times\text{SOC}\times 100\right\} \\ & + \frac{I}{A_{\text{h}}[1+K(T-25)]\cdot f\cdot[0.01\times(25-T)]\times\text{DOD}} \end{aligned} \tag{6-5}$$

式中，d 为由于反应物和生成物比例改变引起的电压变化的常数，d 取 0.1～0.2；e 为电化学极化项常数，e 取 0.2～0.25；f 为内阻极化项常数，f 取 0.15～0.25；T 为环境温度。

通过以上模型，可以更准确地通过在线电压测量蓄电池的端电压，从而推算出蓄电池的剩余容量。

6.1.3　光伏控制器基本原理

光伏控制器能控制能量流动，实现充放电保护，这是其基本功能。例如，使用端电压法进行保护，这是一种简单有效、使用广泛的保护方法。

1. 蓄电池充电保护

铅酸蓄电池充电特性曲线如图 6-2 所示。蓄电池充电过程有 3 个阶段：初期(*OA*)，电压快速上升；中期(*AC*)，电压缓慢上升，延续较长时间；*C* 点为充电末期，电压开始快速上升，接近 *D* 点时，标志着蓄电池已充满电，应停止充电。

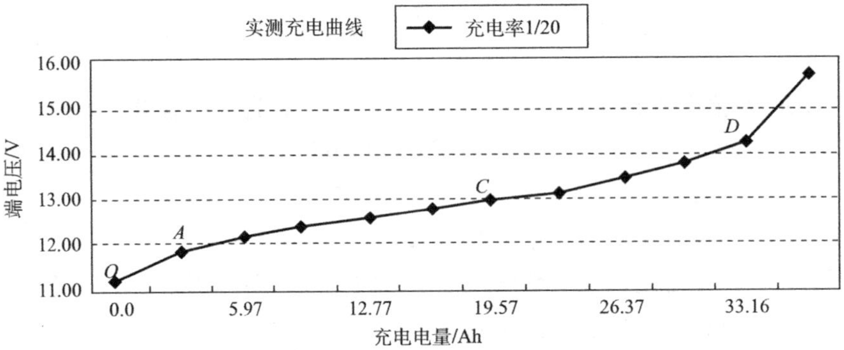

图 6-2　铅酸蓄电池充电特性曲线

依据 *D* 点的电压为蓄电池已充满标志这一原理，在控制器中设置电压测量和电压比较电路，通过对 *D* 点电压值的监测，即可判断蓄电池是否应结束充电。

对于开口式固定型铅酸蓄电池，标准状态(25℃，0.1*C* 充电率)下的充电终止电压(*D* 点电压)约为 2.5V/单体；对于阀控密封式铅酸蓄电池，标准状态(25℃，0.1*C* 充电率)下的充电终止电压约为 2.35V/单体。

在控制器中比较器设置的 *D* 点电压，称为“门限电压(电压阈值)”。蓄电池的充满点一般设定在 2.45～2.5V/单体(开口式固定型铅酸蓄电池)和 2.3～2.35V/单体(阀控密封式铅酸蓄电池)。

2. 蓄电池过放电保护

铅酸蓄电池放电特性曲线如图 6-3 所示。蓄电池放电过程有 3 个阶段：开始(*OE*)阶段，电压下降较快；中期(*EG*)，电压缓慢下降，延续较长时间；放电电压降到 *G* 点后，电压急剧下降。这标志蓄电池已接近放电终了，应立即停止放电。

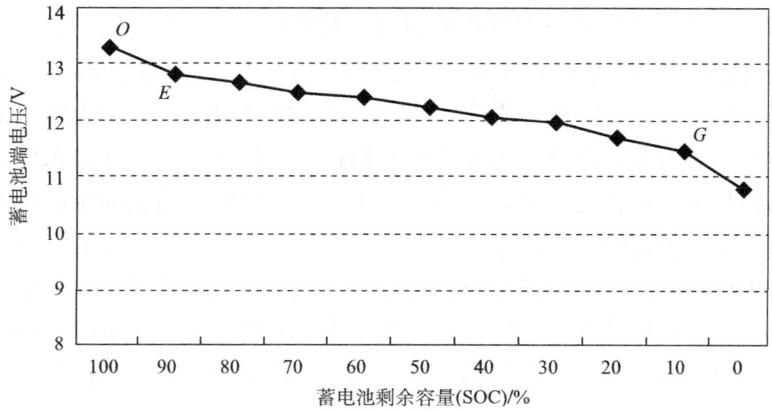

图 6-3　铅酸蓄电池放电特性曲线

依据 *G* 点的电压标志放电终了这一原理，在控制器中设置电压测量和电压比较电路，通过监测出 *G* 点电压值，即可判断蓄电池是否应结束放电。

对于开口式固定型铅酸蓄电池，放电终止电压（*G* 点电压）为 1.75～1.8V/单体；对于阀控密封式铅酸蓄电池，放电终止电压为 1.78～1.82V/单体。

光伏控制器通过检测蓄电池在充放电过程中的电压或荷电状态，判断蓄电池是否已经达到过充电点或过放电点，并根据检测结果发出继续充、放电或终止充、放电的指令，实现控制作用。

6.2　光伏控制器的功能

6.2.1　光伏控制器分类

光伏控制器有多种分类方式。

根据控制器的结构分为串联型控制器、并联型控制器。

根据其工作原理分为脉宽调制型控制器、智能型控制器。

根据控制器功能分为最大功率跟踪型控制器、互补控制器、测控一体机、逆控一体机、专用控制器（如草坪灯控制器、太阳能自动跟踪控制器、太阳能热水控制器）等。

根据控制器功率分为小功率型、中功率型、大功率型控制器，主要用控制电流表示，常见的有 10A、20A、50A 等；按额定电压等级分为 12V、24V、48V、110V、220V、600V 等。

根据蓄电池放电过程的控制方式分为常规过放电控制型和剩余电量（SOC）放电全过程控制型。

根据输入输出端口数分为单路控制器、双路控制器、多路控制器。

在专用控制器中，草坪灯控制器用于草坪的照明；太阳能自动跟踪控制器(或称逐日控制器、追日控制器)能控制光伏组件等实现对太阳光线进行跟踪，从而提高太阳能的利用效率。此外，太阳能热水器控制器能实现对储水箱水位、水温等进行检测和显示；水位过低时进行自动上水、水满自停，防止溢水；在无光照阴雨天或寒冷季节进行辅助电加热，且温度可由用户预置；在寒冷的冬季能对上水管道的水进行排空，防止管道冻裂；具有防漏电、防干烧等多种安全保护和声光报警功能。本节仅讨论光伏控制器的设计，太阳能热水控制器不作讨论。

并联型控制器、串联型控制器、脉宽调制型控制器、智能型控制器、最大功率跟踪型控制器的含义如下。

(1) 并联型控制器，当蓄电池充满时，利用电力电子器件或继电器作为电子开关，将光伏阵列的输出短路，限制输出电能。一般用于小型、低功率系统，如电压在 12V、20A 以内的系统。

(2) 串联型控制器，利用电力电子器件或机械继电器控制充电过程，将光伏阵列的输出开路，限制输出电能。它一般用于较高功率系统，继电器的容量决定了充电控制器的功率等级，比较容易制造连续通电电流在 45A 以上的串联型控制器。

(3) 脉宽调制型控制器，它以 PWM 方式开关太阳能阵列的输入，其平均充电电流的瞬时变化更符合蓄电池当前的充电状况，当蓄电池趋向充满时，缩短脉冲的频率和时间，能够增加光伏发电系统的充电效率并延长蓄电池的总循环寿命。可以实现光伏系统的最大功率跟踪功能，可作为大功率控制器用于大型光伏发电系统中。

(4) 智能型控制器，采用微控制器(MCU)对光伏电源系统的运行参数进行高速实时采集，由程序对单路或多路光伏阵列进行通断控制；具有输入电压自动识别、多时段判断、人机交互等功能。对中、大型光伏发电系统，还可通过通信接口进行远距离测控。

(5) 最大功率跟踪型控制器，将太阳电池的电压 U 和电流 I 检测后相乘得到功率 P，然后判断太阳电池此时的输出功率是否达到最大，若不在最大功率点运行，则调整脉宽，调节输出占空比 D，改变充电电流，再次进行实时采样，并作出是否改变占空比的判断，通过这种寻优过程可保证太阳电池始终运行在最大功率点，以充分利用太阳电池方阵的输出能量。同时采用 PWM 方式，使充电电流成为脉冲电流，以减少蓄电池的极化，提高充电效率。

6.2.2　光伏控制器主要功能要求

根据光伏发电和蓄电池的特点，对于光伏控制器，除了具有一般电子设备的特性(如便捷性、实用性、维护性等)，还需要具备独特的功能，如功率调节功能、保护功能，有的控制器还需要具备通信功能、最大功率点跟踪功能、温度补偿功能等。

1. 功率调节功能

功率调节功能是指控制器能控制电能传输与变换，包括高压断开和恢复功能、欠压告警和恢复功能、低压断开和恢复功能。

(1) 高压(HVD)断开和恢复功能。控制器应具有输入高压时，超过高压保护点，则断开光伏与电池和负载的连接；当输入电压回落到一定值时能自动恢复连接。这种功能可以防止输入电压过高引起过充和损坏负载。

对于保护点电压的设置是控制器的重要内容之一，因使用的电池组不同和充放电方式不同，需要设置的保护点电压不同，其取值也会有不同。

直充保护点电压：直充也称急充，属于快速充电，一般都是在蓄电池电压较低的时候用大电流和相对高电压对蓄电池充电。电压保护点也称控制点，当充电时蓄电池端电压高于这些保护值时，应停止直充。直充保护点电压一般也是“过充保护点”电压，充电时蓄电池端电压不能高于这个保护点，否则会造成过充电损害蓄电池。

均充控制点电压：直充结束后，蓄电池一般会被充放电控制器静置一段时间，让其电压自然下落，当下落到“恢复电压”值时，会进入均充(均衡充电)状态。当直充完毕之后，可能会有个别电池“落后”(端电压相对偏低)，为了使这些个别蓄电池与其他电池特性接近，使所有的电池端电压具有均匀一致性，以高电压配以适中的电流再充一小段时间，时间不宜过长，一般为几分钟到十几分钟，时间设定太长反而有害。对配备一两块蓄电池的小型系统而言，均充的意义不大。

浮充控制点电压：一般是均充完毕后，蓄电池也被静置一段时间，使其端电压自然下落，当下落至“维护电压”点时，就进入浮充状态，类似于“涓流充电”(即小电流充电)，电池电压降低就补充一点，以免电池温度持续升高，有利于蓄电池的充电。采用 PWM 方式通过调节脉冲宽度来减小蓄电池充电电流，可以实现上述小电流浮充，在充电后期、蓄电池的剩余电容量(SOC)大于 80%时，减小充电电流，以防止因过充电而过多释气。

(2) 欠压(LVG)告警和恢复功能。当蓄电池电压降到欠压告警点时，控制器应能自动发出声光告警信号。

为了安全起见，一般将 12V 电池过放保护点电压人为加上 0.3V 作为温度补偿或控制电路的零点漂移校正(无温度补偿和零点漂移校正电路)，这样 12V 电池的过放保护点电压即 11.10V，那么 24V 系统的过放保护点电压就为 22.20V 。

(3)低压(LVD)断开和恢复功能。通过继电器或电子开关连接负载，可在某给定低压点自动切断负载(或仅产生报警)。当电压升到安全运行范围时，负载将自动重新接入或要求手动重新接入。这种功能可防止蓄电池过放电。

2. 保护功能

保护电源、器件和系统不被损坏，具体如下。

(1)防止任何负载短路的电路保护。

(2)防止充电控制器内部短路的电路保护。

(3)防止夜间蓄电池通过太阳电池组件反向放电保护。

(4)防止负载、太阳电池组件或蓄电池极性反接的电路保护。

(5)在多雷区防止由于雷击引起的击穿保护。

3. 通信功能

简单指示功能或人机交互功能，如按键、指示灯、数码管、液晶屏显示，或者采用协议通信功能，如 RS485、以太网、无线通信等形式，有助于实现远程监控。

4. MPPT 功能

保持光伏电池输出最大功率，为具有 MPPT 功能的控制器。

5. 温度补偿功能

根据蓄电池温度调节蓄电池的充放电电压保护点。当蓄电池温度低于 25℃时，蓄电池应要求较高的充电电压，以便完成充电过程。相反，高于该温度蓄电池要求充电电压较低。

6.3 光伏控制器的电路工作原理

根据光伏控制器的结构和电路工作原理不同，以下逐一分析并联型控制器、串联型控制器、脉宽调制型控制器、多路控制器、智能型控制器、最大功率跟踪型控制器和草坪灯控制器的主要工作原理。

6.3.1 光伏控制器主电路

1. 并联型控制器

单路并联型充放电控制器电路原理图如图 6-4 所示，电子开关 S1 与光伏组件并联。VD1 是防反充二极管，VD2 是防反接二极管，S1 和 S2 都是开关：S1 是控制器充电回路的开关；S2 为蓄电池放电开关。

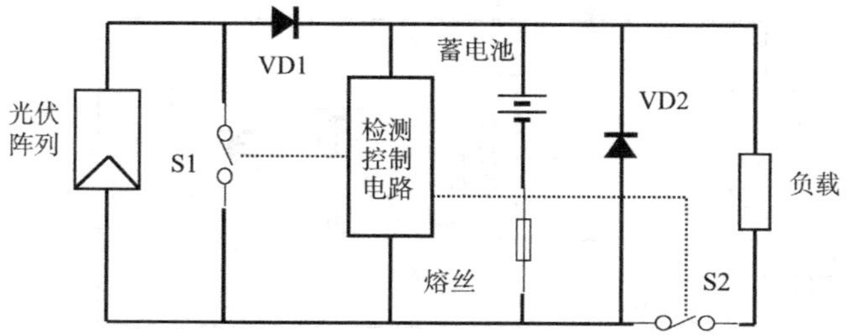

图 6-4　单路并联型充放电控制器电路原理图

并联型充放电控制器充电回路中的开关器件 S1 是并联在太阳电池方阵的输出端，当蓄电池电压大于“充满断开电压”时，开关器件 S1 导通，同时二极管 VD1 截止，则太阳电池方阵的输出电流直接通过 S1 短路泄放，不再对蓄电池进行充电，从而保证蓄电池不会出现过充电，起到“过充电保护”作用。

VD1 为防反充二极管，只有当太阳电池方阵输出电压大于蓄电池电压时，VD1 才能导通，反之 VD1 截止，从而保证夜晚或阴雨天气时不会出现蓄电池向太阳电池方阵反向充电，起到“防反向充电保护”作用。

开关器件 S2 为蓄电池放电开关，当负载电流大于额定电流出现过载或负载短路时，S2 关断，起到“输出过载保护”和“输出短路保护”作用。同时，当蓄电池电压小于“过放电压”时，S2 也关断，进行“过放电保护”。

VD2 为防反接二极管，当蓄电池极性接反时，VD2 导通使蓄电池通过 VD2 短路放电，产生很大电流快速将熔丝烧断，起到“防蓄电池反接保护”作用。

检测控制电路随时对蓄电池电压进行检测，当电压大于“充满断开电压”时使 S1 导通进行“过充电保护”；当电压小于“过放电压”时使 S2 关断进行“过放电保护”。

2. 串联型控制器

单路串联型充放电控制器电路原理图如图 6-5 所示，电子开关 S1 串联在充电回路中。当蓄电池电压大于充满断开电压时，S1 断开，太阳电池不会对蓄电池充电，起到过充电保护作用。

串联型充放电控制器和并联型充放电控制器电路结构相似，唯一区别在于开关器件 S1 的接法不同，并联型 S1 并联在太阳电池方阵输出端，而串联型 S1 串联在充电回路中。当蓄电池电压大于“充满断开电压”时，S1 关断，起到“过充电保护”作用。

串联型控制器和并联型控制器比较，都是在蓄电池停充时阻止能量的流入，但两种控制器处理方式不同。串联型控制器是断开充电通道，并联型控制器是直接控制输入的能量短路为零。

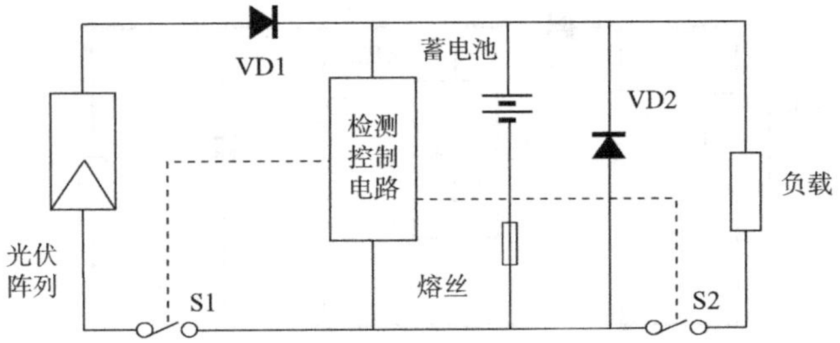

图 6-5　单路串联型充放电控制器电路原理图

其他元件的作用和串联型充放电控制器相同，不再赘述。

3. PWM 控制器

脉宽调制型(PWM)控制器电路原理图如图 6-6 所示。IC 为 PWM 信号发生器，R1 和 R2 为蓄电池电压采样，与基准电压 VD3 比较，通过 IC 电路产生 PWM 脉冲。当蓄电池逐渐趋向充满时，随着其端电压的逐渐升高，PWM 电路输出脉冲的频率和时间都发生变化，使开关器件的导通时间延长、间隔缩短，充电电流逐渐趋近于零。

以脉冲方式控制开关 T 的通断，决定光伏组件的接入，原理同并联型控制器的开关 S1 的控制。PWM 芯片输出脉宽可变的波形，驱动开关器件通断。电力电子开关 T 接通时，短路太阳电池；T 断开时，太阳电池给蓄电池充电。

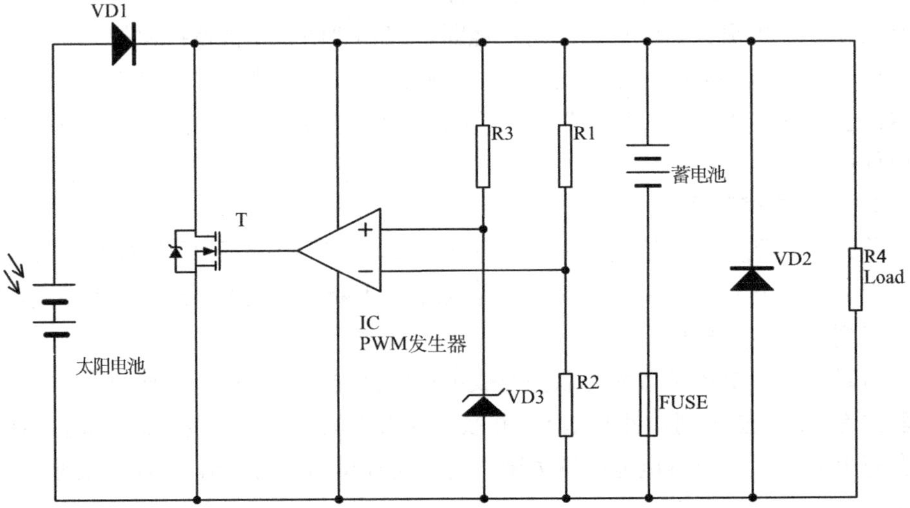

图 6-6　脉宽调制型(PWM)控制器电路原理图

4. 多路控制器

多路控制器一般用于 kW 级以上的大功率光伏发电系统，将太阳电池方阵分成多个支路接入控制器按顺序控制，如图 6-7 所示。

图 6-7 中 Z1,Z2,…,Z*n* 为光伏电池组件或阵列，现多采用光伏组串方式连接，T1,T2,…,T*n* 为每组串的接入开关。在每串光伏组串上设接入开关，可以便于维修和能量管理。VD1,VD2,…,VD*n* 为防反二极管。

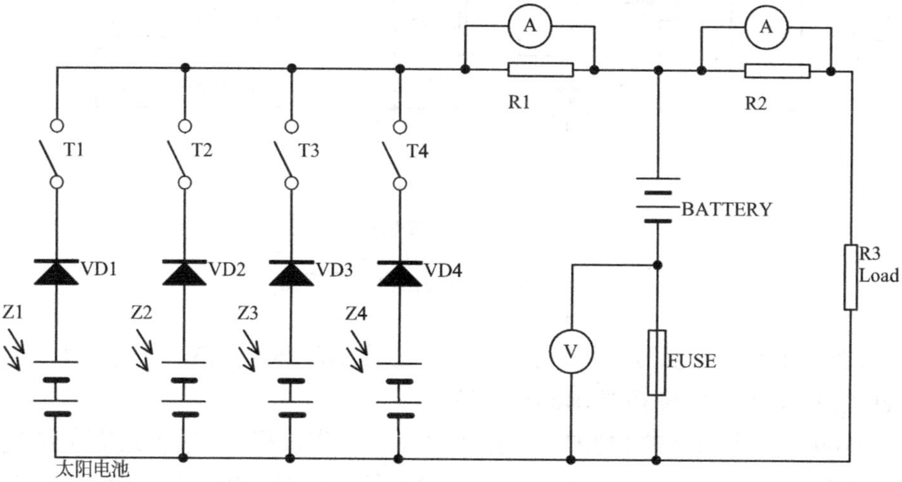

图 6-7　多路控制器的电路原理图

5. 智能型控制器

智能型控制器电路原理图如图 6-8 所示，采用 CPU 或 MCU 等微处理器对光伏发电系统的运行参数进行高速实时采集，并按照一定的控制规律由单片机内设计的程序对单路或多路光伏组件进行切断与接通。TVS 为瞬态电压抑制器，实现输入电压限压。VT1、VT2 为开关管，受 MCU 控制，接通或断开光伏输入。VT3 为负载控制开关，实现负载的接入和断开。

智能型控制器除了具有过充电、过放电、短路、过载、防反接等保护功能，还可以检测蓄电池放电量。

如果配合温度传感器检测蓄电池温度，通过 MCU 的计算特性，可以实现蓄电池充放电的高精度温度补偿功能。

6. 最大功率点跟踪型控制器

最大功率点跟踪型控制器的原理是将太阳电池方阵的电压和电流检测后相乘得到功率，判断太阳电池方阵此时的输出功率是否达到最大，若不在最大功率点运行，则调整脉冲宽度、调制输出占空比、改变充电电流，再次进行实时采样，并作出是否改变占空比的判断。

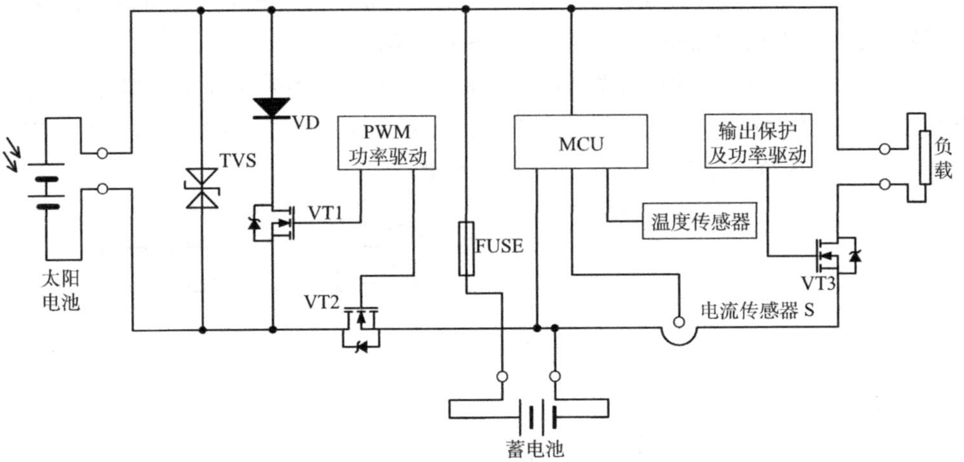

图 6-8　智能型控制器电路原理图

实现 MPPT 的电路通常采用斩波器来完成 DC-DC 变换，如降压型变换器(Buck 电路)、升压型变换器(Boost 电路)等。

图 6-9 为一个简单的 MPPT 控制器模型。其工作过程为：采集光伏阵列电压、电流，计算功率、电压增量或电导、电导增量等，根据 MPPT 控制策略判断输出调节方向，改变 PWM 波脉冲宽度，不断寻优实现 MPPT。DC-DC 电路通常使用升压电路、降压电路、升降压电路等。若使用升压电路，DC-DC 变换电路为升压电路，设占空比为 D_1 时，输出 $U_{e1}=\dfrac{U_c}{1-D_1}$。

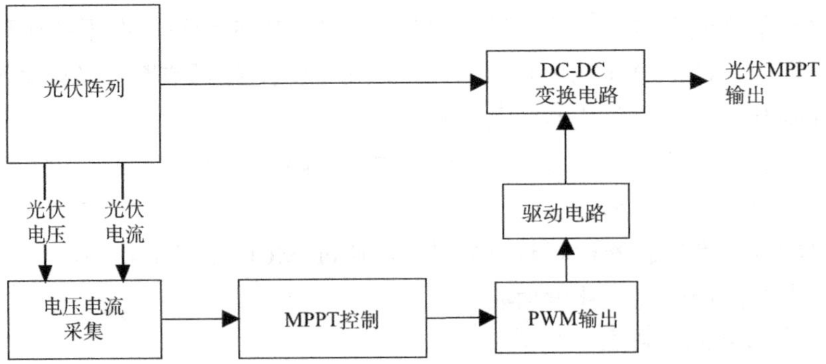

图 6-9　一个 MPPT 控制器模型

修改脉宽（step > 0），若占空比 $D_2 = D_1 + \text{step} > D_1$，则 $U_{e2} = \dfrac{U_c}{1-D_2} > U_{e1}$；若 $D_3 = D_1 - \text{step} < D_1$，$U_{e3} = \dfrac{U_c}{1-D_3} < U_{e1}$。

通常 MPPT 控制器的控制策略使用 CPU、DSP(数字信号处理)等实现，因此，MPPT 控制器可与智能型控制器结合。

图 6-10 是一个具有 MPPT 功能的智能型控制器原理框图，它由自带 A/D 转换功能的 MCU、电压采集电路、电流采集电路、DC-DC 变换电路等组成。电路主要由 MCU 及其软件、测量电路、DC-DC 变换电路三部分组成。

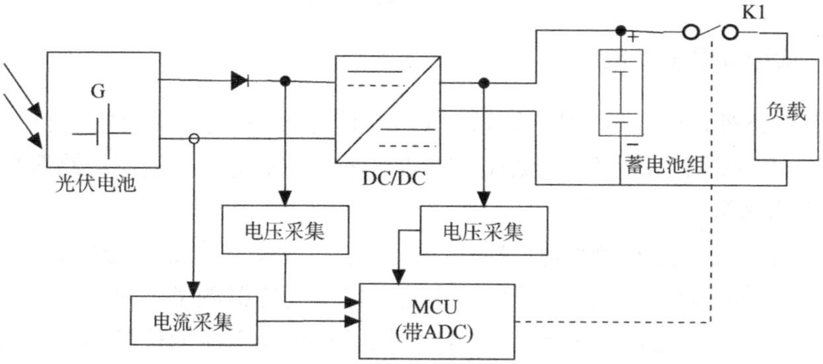

图 6-10　采用单片机组成的 MPPT 智能型控制器原理框图

(1) DC-DC 变换电路，具有直流升(降)压功能，实现负载匹配、电压电流调节。

(2) 测量电路，主要是 DC-DC 变换电路的输入侧电压和电流值、输出侧的电压值，以及温度等测量电路。

(3) MCU 及其软件，常用控制算法可以用恒定电压跟踪法、干扰观察法、增量电导法等 MPPT 算法。

7. 草坪灯控制器

当白天太阳光照射在太阳电池上时，太阳电池将光能转变为电能并通过控制电路将电能储存在蓄电池中。天黑后，蓄电池中的电能通过控制电路为草坪灯的 LED 供电。第二天早晨天亮时，蓄电池停止为光源供电，草坪灯熄灭，太阳电池继续为蓄电池充电，周而复始、循环工作。

图 6-11 是草坪灯控制器电路原理图，蓄电池和太阳电池通过二极管 VD 构成简单的充电控制电路，太阳能无电时就接通蓄电池，蓄电池池电压低于两个 PN 结压降时停止工作，无法保护蓄电池过放电。如果需要具有防止蓄电池过度放电的控制电路，要添加判断蓄电池电压电路，对原理图作适当改进。

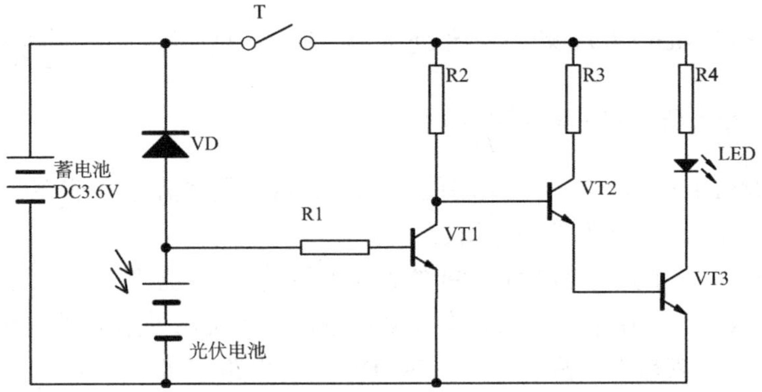

图 6-11　草坪灯控制器电路原理图

6.3.2　光伏控制器辅助电路

除主电路外，光伏控制器的辅助电路有检测电路、控制电路(带回差的控制电路)、温度补偿电路、其他电路(如驱动电路、显示电路、通信电路等)。

1. 检测电路

检测电路包括电压检测和电流检测，主要检测光伏、蓄电池、负载的电压和电流。

电压检测可以通过采样电阻测量或通过电压互感器测量。对于低电压和低成本的电路，常直接使用电阻分压来检测电压。对于高电压的检测通常采用电压互感器测量。图 6-12 是一个 R1 和 R2 分压检测电压的电路，LM358 是一个双门限比较器，调节 RP1 和 RP2，可以实现检测电压在一定范围内时，输出端为高电平；否则，为低电平输出。

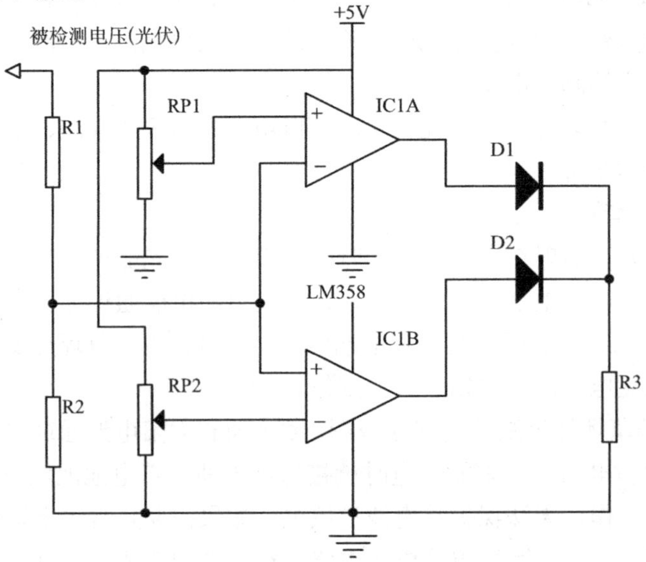

图 6-12　电压检测和比较电路

电流检测有多种方法，可以通过采样电阻将电流转换为电压测量，也可以通过专用电流集成电路测量或通过电流互感器测量(图 6-13)。电流互感器常用于大电流测量的场合；小电流和低成本测量电流，通常将电流转换为电压测量，然后对应出相应的电流值。

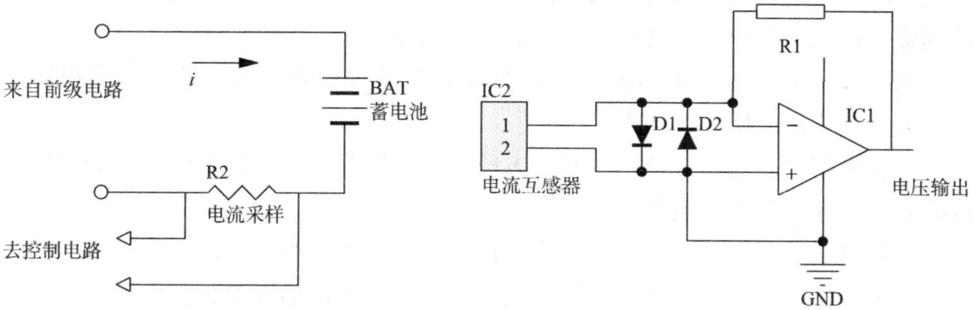

图 6-13　电流测量电路

2. 带回差的控制电路

测量电路与比较判断电路相连，可以实现相应的控制。图 6-14 是一个蓄电池的检测控制信号产生的电路原理图。检测控制电路包括过压检测控制和欠压检测控制两部分。电路检测蓄电池的电压，并根据检测结果利用带回差控制的运算放大器与充电、过放基准电压比较，向过充电、过放电开关器件发出接通或关断的控制信号。

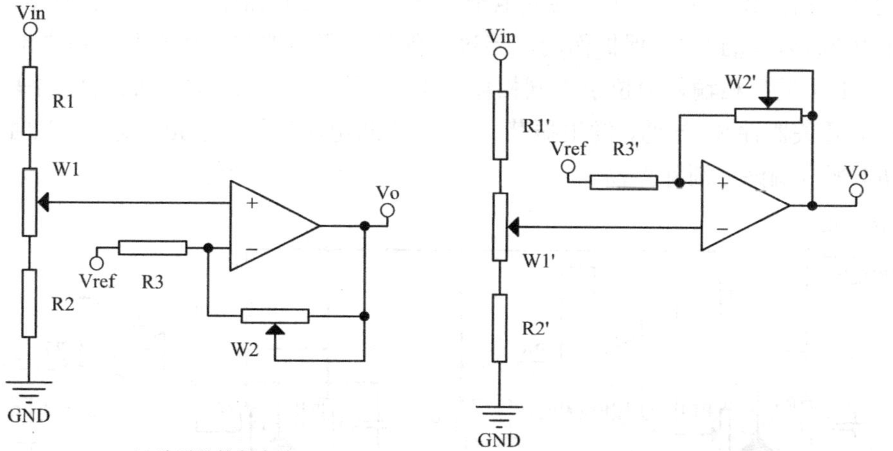

(a) 防过放控制电路　　(b) 防过充控制电路

图 6-14　回差法控制电路原理图

单独使用开环运放，作为比较高压断开点电压或低压断开点电压的检测电路，工作时会产生振荡。当光伏组件连接到蓄电池充电过程中，检测蓄电池两端的电压，达到高压断开点时，控制器通过比较器发出断开光伏组件的信号，切断充电回路，因光伏组件脱离使蓄电池两端电压略有回落，导致比较器发出连接光伏组件的信号，重新接通充电回路，重复以上过程，控制器出现振荡。同理，在控制器连接到负载放电的过程中，也会出现振荡。

振荡现象的发生，不但使控制器开关器件频繁通断从而降低寿命或损坏器件，而且使输出电压纹波加大。

解决振荡的办法之一是使用回差电压法控制电路，将比较器电路增加滞后比较的功能，即回差电压电路。

在防过充电路中，W1 可适当调节设置蓄电池采样电压值，运放正端为高压断开点电压参考值，在接通光伏后，运放输出高电平，通过 W2 正反馈一个小电平叠加到运放正端，提升正端电压值，提升量由反馈电阻和 R3 决定，此时，光伏组件连接蓄电池，蓄电池电压经 W1 采样后的高压断开点电压提升，不会发生振荡。同理，在防过放电路中，回差电路避免在低压断开点发生振荡。

回差电路使用简单，适用于小功率控制器，中大功率控制器可用智能型控制电路。

如图 6-15 所示的检测判断电路由带回差控制的运算放大器构成。IC1 为过压检测电路运放，IC1 的同相输入端由电位器 RP1 提供对应“过压关断电压”的基准电压，而反相输入端接被测蓄电池采样电压。当蓄电池采样电压大于“过压关断电压”时，IC1 输出端 G1 为低电平，在串联型控制器中关断开关器件 S1，切断充电回路，起到过压保护作用。当过压保护后蓄电池与光伏断开，蓄电池电压下降，IC1 的反相输入电位小于同相输入电位，则其输出端 G1 由低电平跳变至高电平，开关器件 S1 导通，发生振荡。“过压关断电压”和“过压恢复门限”由 RP1 和 R1 配合调整，消除振荡。

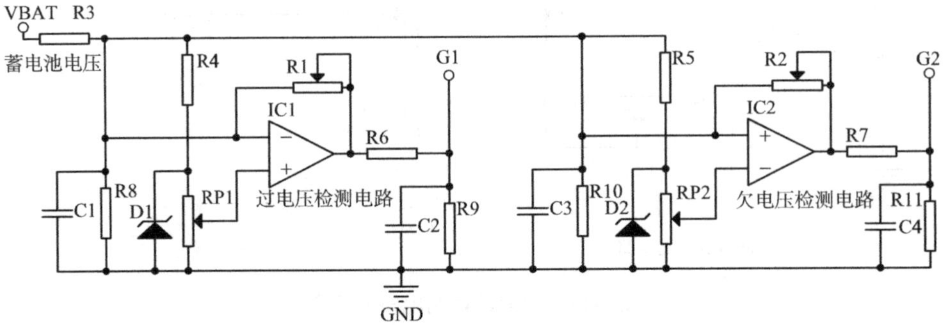

图 6-15　单路串联型控制器检测判断电路原理图

IC2 为欠压检测控制电路运放，其反相端接入由电位器 RP2 提供的过放(欠压)关断电压，同相端接蓄电池采样电压，当蓄电池电压小于“过放关断电压”时，IC2 输出端 G2 为低电平，在串联型控制器中开关器件 S2 关断，切断输出回路，实现“欠压保护”。欠压保护后，随着电池电压的升高，当电压又高于“欠压恢复门限”时，开关器件 S2 重新导通，恢复对负载供电。由 RP2 和 R2 配合调整，消除振荡，原理同过压保护。

在智能型控制器中，通常采用带 ADC 电路的微控制器，代替电压检测电路，检测内容可扩展到测量光伏电压、电流、功率、负载电流、温度等参数，检测的数值可通过微控制器程序处理。

3. 温度补偿

由于蓄电池独有的负温度特性，常见的铅酸蓄电池和凝胶蓄电池充电，从常温下(25℃左右) 环境温度最低到–20℃，或者到高温环境最高达到 60 ℃，对蓄电池给予相应的电压补偿(温度补偿)。如果不对蓄电池进行温度补偿，则蓄电池在冬天的充电容量有可能只达到常温时的 80%左右，甚至更低，必然使蓄电池的放电安时数达不到设计时的使用标准。

温度补偿首先要检测蓄电池的温度，测量点最好在蓄电池的内部，但常常很难做到，退一步可以检测蓄电池电极上的温度。有时受各种因素影响，近似为检测环境温度的变化。

使用各种温度传感器作为检测温度元件，如热敏电阻就可以方便地感知温度变化，检测电路如图 6-16(a)所示。如果输入信号作为温度补偿，可用如图 6-16(b)所示电路。设计时注意热敏电阻的选择和安装位置。

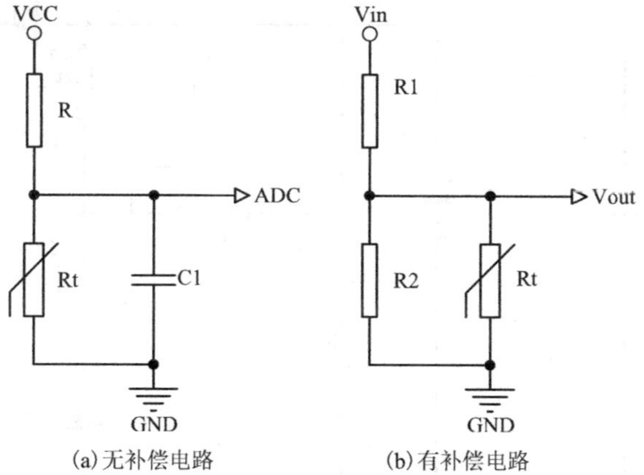

(a) 无补偿电路　　　　(b) 有补偿电路

图 6-16　热敏电阻构成的温度检测电路

有的智能型控制器的内部自带一个温度传感探头，用于感知环境的温度后实时给蓄电池进行电压补偿。

4. 其他电路

控制器中开关管的驱动电路，在大功率电路中可使用三极管放大电路、达灵顿电路、专用的功放驱动集成电路、带光耦隔离的驱动电路等。

保护电路可根据保护特性，添加防反二极管、熔丝、压敏电阻、瞬态抑制二极管、防雷器等保护器件和电路。

指示显示电路，可以通过 LCD(液晶显示器)、LED 显示器以及外接显示设备，显示控制器工作状态。配合按键电路可以实现人机交互。

通信电路，可以使用单片机通信或专用协议通信收发芯片实现。

6.4 光伏控制器的设计

6.4.1 简单控制器的电路设计示例

除使用分立元件构成控制器外，为改善充电效果和保护蓄电池，也可以采用一些通用和专用的集成电路产品制作控制器或充电器。

1. 小功率电池充电控制器

图 6-17(a)是最基本的光伏电池与蓄电池组合供电的电路图。有光时，光伏电池输出电压高于蓄电池电压，则光伏电池给蓄电池充电并给负载供电；无光时，光伏电池无输出电压，防逆流二极管反偏，光伏电池无电流，蓄电池给负载供电。此电路无蓄电池检测功能，通常使用电池组容量大于光伏供电能力，并配备其他充电形式给蓄电池充电。

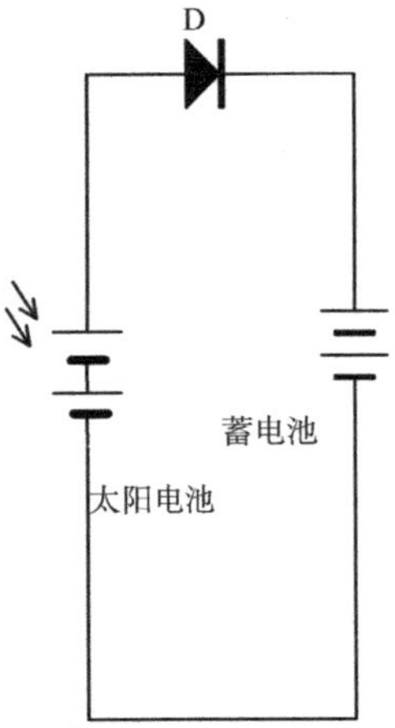

(a) 光伏电池直接与蓄电池连接

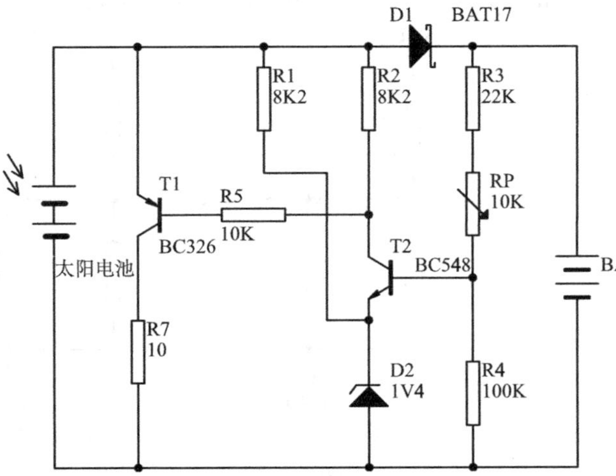

(b) 简单控制连接

图 6-17　小功率电池充电控制原理图

图 6-17(b)是一款较为容易制作的充电器电路图，具有限定光伏电压输出的功能。该电路中，R3、R4、RP 取样，与 D2 基准电压比较，控制 T1 通断，属于并联型控制器。

2. 通用电源芯片构成充电器

通用电源电路包括集成电源电路 LM78XX、LM25xx、LM29xx、MAX1771 等芯片。以凌力尔特公司的 LT1073 芯片为例，构成太阳电池充电镍镉(NiCd)蓄电池的电路，采用升压电路结构，如图 6-18 所示。

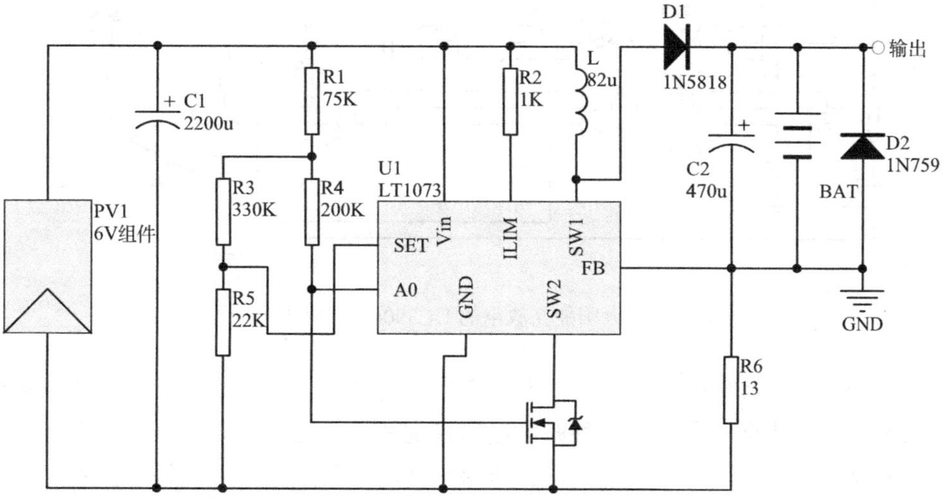

图 6-18　LT1073 构成的电池充电电路

LT1073 是一种多用途微功耗 DC-DC 变换 IC，仅需少量的外围元器件就可以组成应用电路，有固定 5V、12V 和可调节电压输出三种型号，可以组成升压或降压 DC-DC 变换电路。LT1073 由 212mV 的基准电压源、比较器、误差放大器、振荡器 19kHz、驱动器等组成。比较器比较 212mV 与接在 SET 端的电压。

电感 L 是储能元件，电容 C2 是滤波元件，D1 是隔离二极管，二极管要选用肖特基或快速二极管，太阳能板提供 6V 电压，LT1073 的电源端可以直接接光伏输入，输出端+12V，LT1073 经由 13Ω 电阻检测充电电流，在镍镉蓄电池中维持 16mA 的固定充电电流，改变 13Ω 电阻可以改变流过蓄电池的电流。LT1073 内的低电压比较器在太阳能板的输出电压降到 4V 时，将关断充电电路，关断电压可以改变 R1、R3、R5 电阻来调节；而当输出升到 5V 以上，LT1073 正常工作，对电池进行充电。

3. 专用芯片构成的控制器

专用于太阳能电源控制的芯片逐渐增多，如凌力尔特 LT3652、如韵电子

CN3083、劲锐科技 XL6009 等可采用太阳能供电的电池充电管理芯片；如韵电子的 CN3722 具有 MPPT 功能的太阳电池充电管理芯片；美国国家半导体(NSC)还推出 SM72441 和 SM72442 的可编程 MPPT 控制器芯片。

图 6-19 是一个采用专用蓄电池充电管理芯片 UC3906 的太阳能充放电控制器原理图。

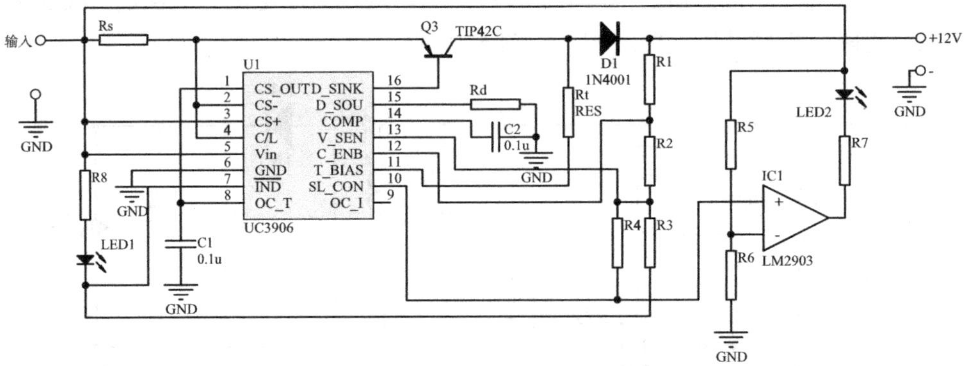

图 6-19　太阳能充放电的 UC3906 控制器原理图

UC3906 作为阀控密封铅酸蓄电池充电专用芯片，其内集成了实现阀控密封铅酸蓄电池最佳充电所需的 3 种充电逻辑控制和检测功能，并具有环境温度自适应、充放电程度自适应以及限流、欠压保护功能。其采用的温度补偿技术可使各种充电转换电压随阀控密封铅酸蓄电池电压温度系数的变化而变化，使阀控密封铅酸蓄电池在很宽的温度范围内都能达到最佳充电状态。

由 UC3906 和一些附属元件共同组成“双电平浮充充电器”。太阳电池在输入端加入，利用电阻 Rs 检测出电流。再利用 R2～R6 检测蓄电池的工作参数，经过内部电路分析，进而通过 16 脚(接 Q3)对输出电压、电流进行控制。

Rs 取值为 0.025Ω，充电电流最大为 10A，根据蓄电池的容量，可改变 Rs 以改变充电电流。

在恒流快速充电状态下。充电器输出恒定的充电电流 I_{max}，同时充电器监视电池两端电压。当电池电压达到转换电压 V12 时，电池的电量已恢复到容量的 70%～90%。充电器转入过充电状态，在此状态下，充电器输出电压升高到 V_{oc}。由于充电器输出电压恒定不变。所以充电电流连续下降。当充电电流下降到过充电终止电流 I_{OCT} 时，电池容量已达到额定容量的 100%，充电器输出电压下降到较低的浮充电压 V_f，蓄电池进入浮充状态。此时 UC3906 的 10 脚输出高电平，LM2903 的 1 脚输出低电平。发光二极管发光，指示蓄电池已充足电。图中的电路还具有涓流充电的功能，涓流充电的电流值为 I_T，R2 为涓流充电的限流电阻。

该充电电路如果配合太阳能输入和蓄电池放电的比较判断及控制电路，可以有效地防止蓄电池过充、过放、过流，可满足太阳能充电控制器的需要。

6.4.2　串联型与并联型控制器

通过模拟电路、数字电路和电力电子开关器件等，可以设计光伏控制器。

1. 并联型控制器

一个小功率并联型充放电控制原理图如图 6-20 所示，设备具有防反充保护、防负载短路保护、防反接保护和防雷击保护等功能。

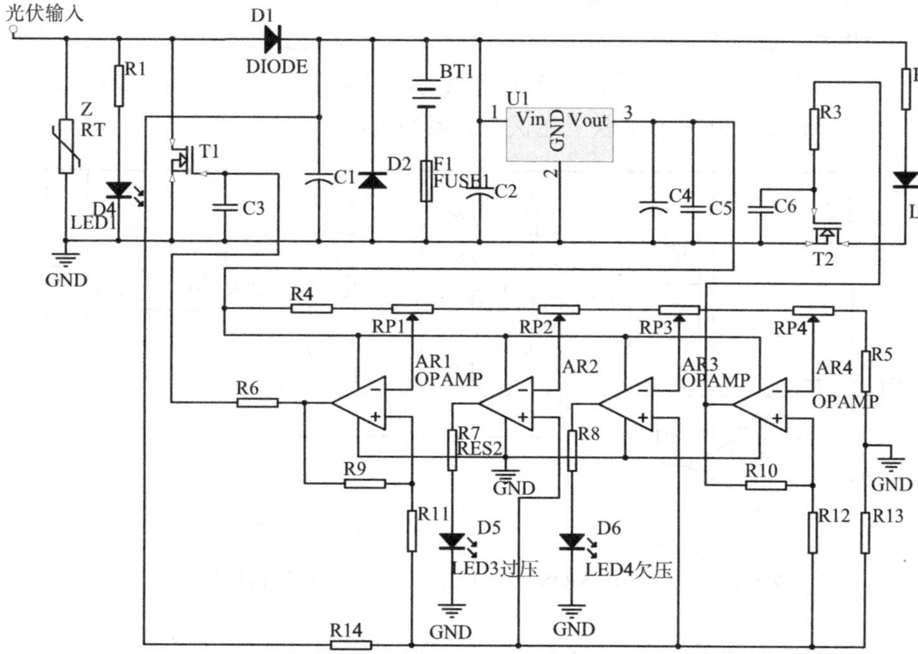

图 6-20　小功率并联型充放电控制原理图

控制器的主要技术指标如下：系统电压 DC 12V，额定充电电流 5 A，额定输出电流 5A，蓄电池标称电压 12V，蓄电池过充断开与恢复电压、过放断开与恢复电压可调，系统的输出电压由蓄电池电压决定。

控制器电路由主电路、检测电路、基准电源电路、告警电路构成。

(1) 基准电源电路以图 6-20 中集成电路 U1 为主，可简单地由常用的三端稳压器实现。

(2) 在主电路中各器件的功能如下。Z 是压敏电阻，防止过电压。T1、T2 是电子开关，蓄电池停充时，T1 导通短路光伏输出，蓄电池停放时，T2 断开短路蓄电池输出。D1 为防反二极管，防止夜间蓄电池能量倒流。

(3) 检测电路由带回差的蓄电池充满检测及蓄电池欠压检测构成，实现方案可以参考前述控制器辅助电路设计中的内容。比较电路的参考电压使用基准电源电路的输出，采用电阻分压获得所需阈值电压。

(4) 告警电路，R1、LED1 和 R2、LED2 构成的 LED 指示电路，指示光伏供电状态和负载通电状态。为方便维护，还可以使用比较器同时判断并通过 LED 指示系统处于蓄电池正常工作状态还是欠压状态。

2. 串联型控制器

在光伏控制器中，由于无负载(断路)时，光伏组件无电流输出，控制电路不需要卸荷电路，使用串联型和并联型控制均可。在并联型开关器件工作时，会有一定的电流流过，而串联型器件无电流，因此，串联型电路的设计更多。图 6-21 是一个使用 MOS 管开关的串联型光伏控制器原理图。

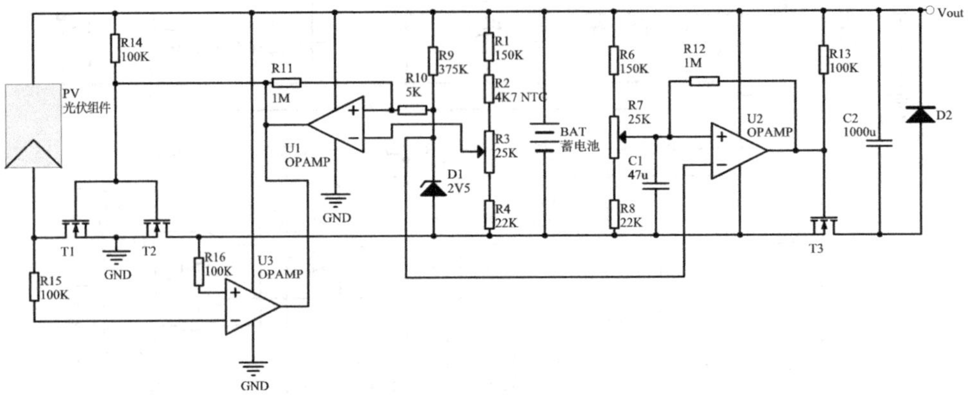

图 6-21　一个使用 MOS 管开关的串联型光伏控制器原理图

控制器的主要技术指标如下：太阳电池为小于 36 片串联的组件，光伏组件峰值功率小于 100W，额定充电电流 6A，额定输出电流 6A，蓄电池标称电压 12 V，蓄电池过充断开与恢复电压、过放断开与恢复电压可调，系统的输出电压由蓄电池电压决定。

T1、T2 是光伏组件的串联型电子开关，T3 为负载电子开关。D1 提供比较器的基准电压，R1、R2、R3、R4、R6、R7、R8 构成蓄电池电压的采样电路，U1、U2 为过充和过放电压比较电路，比较器 U3 为控制器提供启动电压，在由暗变亮时 U3 输出使 T1、T2 开通。

6.4.3 智能型控制器

PIC、AVR、STC、STM、NXP、N87C196MC 等 MCU 以及 DSP 芯片均可用

于控制器，控制器选择时，优先选用自带 PWM 发生器(或多个定时器/计数器)、运算速度快、带 ADC 的芯片，然后看是否带适用的外围设备。

图 6-22 是一个使用 PIC16F690 单片机构成的智能型光伏控制器的原理图。

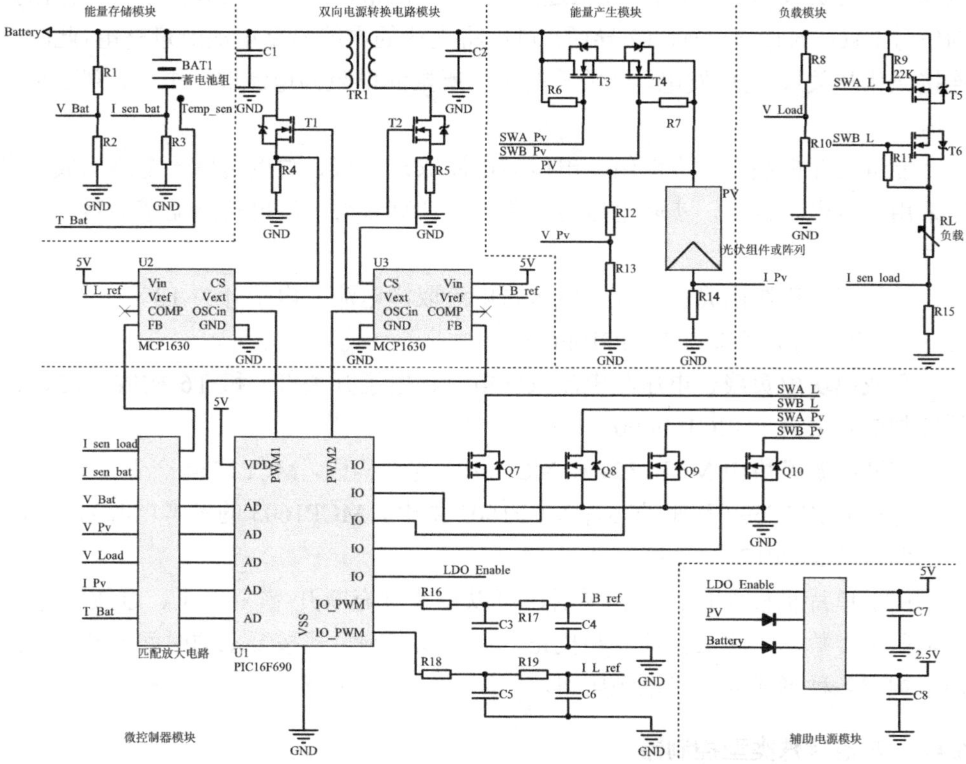

图 6-22　使用 PIC 单片机构成的智能型光伏控制器的原理图

控制器的主要技术指标如下：系统电压 DC5V，蓄电池标称电压与光伏电压匹配，蓄电池过充断开与恢复电压、过放断开与恢复电压由单片机设定。

PIC16F690 是一个 20 引脚的 8 位单片机，具有 17 个 I/O 口，自带精确的内部振荡器(振荡频率为 32kHz～8MHz)、12 路 10 位 ADC、2 个模拟比较器、3 个定时器，该控制器性能稳定可靠，耗电低。

控制器由微控制器模块、双向电源转换电路模块、能量储存模块、能量产生模块、负载模块、辅助电源模块构成。

由 PIC 16F690 单片机控制器为核心构成的微控制器模块完成光伏组件、蓄电池、负载的通断控制功能，完成光伏组件、蓄电池、负载的电压电流检测功能，实现温度检测与校正功能等。检测信号在接入单片机前用射随器电路实现阻抗匹配，输出的电子开关信号加功放驱动器件或电路。

双向电源转换电路模块由隔离变压器 TR1、电子开关 T1、T2 及其驱动电路 MCP1603 组成。单片机输出控制信号 I_sen_load，开关管 T1 导通，可以将蓄电池能量传给负载(此时需断开光伏连接)，单独由蓄电池供电负载；单片机输出控制信号 I_sen_bat，开关管 T2 导通，可以将光伏的电能给蓄电池能量充电(此时需连接光伏开关)，光伏发电。开关管的源极所接的电阻为电流取样电阻，判断是否过流。

能量储存模块由蓄电池组、电压与电流取样电流、温度传感器电路构成。电压采用直接电阻分压，实际电压通过单片机计算获得。温度传感器感知蓄电池的温度。

能量产生模块由光伏组件、电压与电流取样电流、电子开关 T3 和 T4 构成。T3、T4 的控制信号来自于 PIC16F690。

负载模块由负载、电压与电流取样电流、电子开关 T5 和 T6 构成。T5、T6 的控制信号来自于 PIC16F690。

辅助电源模块由 MCP1754 和 MCP1703 为主构成，MCP1754 产生+5V 电源，给单片机 PIC16F690 和驱动芯片 MCP1603 供电。MCP1603 的参考电源为 2.5V，由辅助电源 MCP1703 提供。

由于单片机程序设计十分灵活，可以设置过充断开/恢复电压、过放断开/恢复电压等参数，实现数据计算和校正，还可以控制负载按要求的时间通断，因此便于构成多种形式的光伏电源应用。

6.4.4　其他特殊类型控制器

1. 跟踪控制器

太阳能跟踪控制器是保持太阳电池板随时正对太阳，让太阳光的光线随时垂直照射太阳电池板的动力装置。自动跟踪控制器主要由传感器及信号处理电路、控制器电路、驱动电路等组成。

传感器是感知太阳位置的器件，有隔板式、金字塔式、光筒式等，如隔板式太阳位置传感器利用隔板两边光敏元件感受到的光强不同来判断太阳的位置。光线采集的输出也可以直接输出模拟电压值，此时，后级要用单片机等带有 ADC 的电路处理。

传感器信号处理电路，可以使用桥式电路或电压比较电路。集成电路使用运放电路，如 LM358、TL072 等开环使用；也可以使用电压比较芯片，如 LM339 等。注意，LM339 使用时，芯片为 OC 输出，在输出端要加上拉电阻。

电池板绕轴转动是由电动机驱动的，驱动电机可以是步进电机或普通电机，电机需要通过齿轮减速器来带动电池板转动，多种驱动电机包含齿轮减速器。驱动电机最好带输出角度检测，以便计算机知道电池板的转动位置。输出角度检测对于开环控制是必不可少的，而且要有足够精度。

运动机构中装有接近开关和微动开关，用于提供光伏电池方阵做水平偏转和俯仰偏转的极限位置信号。

在此仅以采用光线位置传感器的电路为例介绍产生电机方向控制信号的电路原理。

采用光线位置传感器产生电机方向控制信号的电原理图如图 6-23 所示。IC1-a 和 IC1-b 是电压比较器，电阻 R3 和 R4 给 IC1-a 和 IC1-b 电压比较器提供反相端固定电平，RG1、RP1 和 R1 为 IC1-a 电压比较器提供同相端电平，RG2、RP2 和 R2 为 IC1-b 电压比较器提供同相端电平。

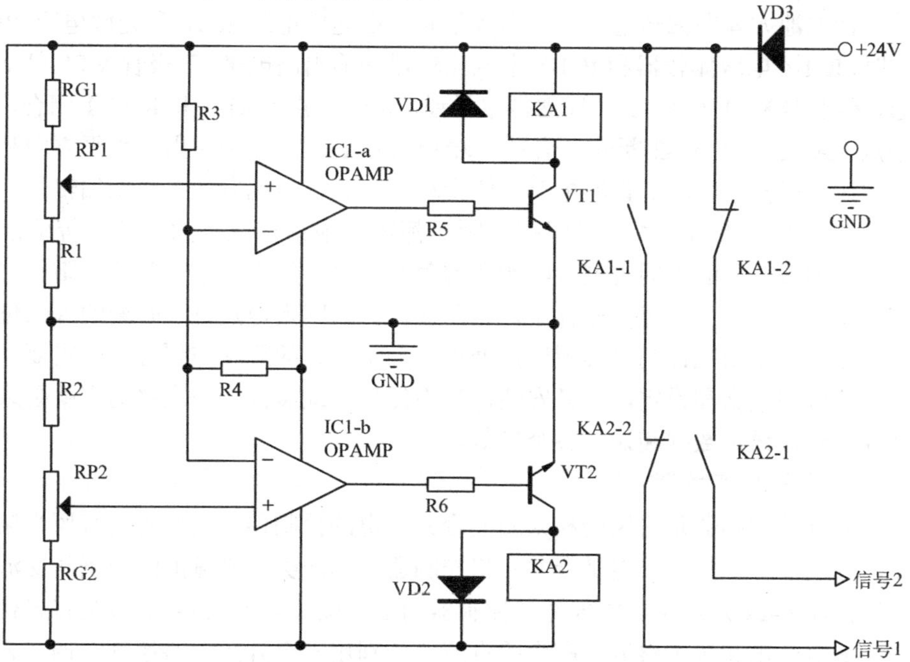

图 6-23　采用光线位置传感器产生电机方向控制信号的电原理图

在无光照或暗光的情况下，光敏电阻 RG1 的阻值较大，RG1、RP1 和 R1 组成的分压电路提供给 IC1-a 电压比较器同相端的电平低于 IC1-a 电压比较器反相端的固定电平，IC1-a 电压比较器输出低电平，三极管 VT1 截止，继电器 KA1 不导通，常开触点 KA1-1 和常闭触点 KA1-2 保持常态，信号 1 端无电平输出。同样在无光照或暗光的情况下，RG2、RP2 和 R2 组成的分压电路提供给 IC1-b 电压比较器同相端的电平低于 IC1-b 电压比较器反相端的固定电平，三极管 VT2 截止，继电器 KA2

不导通，常开触点 KA2-1 和常闭触点 KA2-2 保持常态，信号 2 端无电平输出。

当太阳光斜照射在光敏电阻 RG1 一侧时，光敏电阻 RG1 受光照射，其阻值变小；光敏电阻 RG2 没有受到光的照射，其阻值不变。RG1、RP1 和 R1 组成的分压电路提供给 IC1-a 电压比较器同相端的电平高于 IC1-a 电压比较器反相端的固定电平，IC1-a 电压比较器输出高电平，三极管 VT1 导通，继电器 KA1 线圈得电导通，常开触点 KA1-1 闭合、常闭触点 KA1-2 断开，信号 1 端输出高电平。MCU 或 PLC(可编程逻辑控制器)接收该高电平后，控制水平方向和俯仰方向运动机构中的相应的直流电动机旋转，使光伏电池方阵向光敏电阻 RG1 一侧偏转。同样的道理，当太阳光斜照射在光敏电阻 RG2 一侧时，信号 2 端输出高电平，PLC 控制水平方向和俯仰方向运动机构中相应的直流电动机旋转，使光伏电池方阵向光敏电阻 RG2 一侧偏转。

光伏电池方阵在偏转过程中，当太阳光处在光敏电阻 RG1 和光敏电阻 RG2 上方时，IC1-a 电压比较器和 IC1-b 电压比较器均输出高电平，三极管 VT1 和 VT2 导通，继电器 KA1 和 KA2 的线圈得电导通，常开触点 KA1-1 和 KA2-1 闭合、常闭触点 KA1-2 和 KA2-2 断开，信号 1 端和信号 2 端无电平输出，水平方向和俯仰方向运动机构中相应的直流电动机停止动作，光伏电池方阵也停止偏转。

目前世界上通用的太阳能跟踪控制器都需要根据安放点的经纬度等信息计算一年中的每一天的不同时刻太阳所在的角度，将一年中每个时刻的太阳位置储存到 PLC、单片机或计算机软件中，都要靠计算该固定地点每一时刻的太阳位置以实现跟踪，采用微控制器实现数据处理，为主动式的跟踪控制方式，需要地球经纬度地区的数据和设定，一旦安装，就不便移动或装拆，每次移动完就必须重新计算参数、设定数据和调整各个参数。

2. 风光互补控制器

风光互补控制器是将风能和太阳能合并发电的控制器，类似的还有风光柴发电系统控制器等。为完成能量合并，将控制器分为两类，直流汇流控制和交流汇流控制，图 6-24 是这两类方式并网控制器的原理图。其中图 6-24(a)是将光伏阵列产生的直流电和风机整流后产生的直流电分别用一个升压电路控制，调节各自的占空比，使输出直流电压一致形成直流母线，从而实现汇流。图 6-24(b)是将光伏阵列通过逆变器产生交流电，风机通过变频器产生交流电，调节各自的逆变电路，使输出交流电压一致形成交流母线，实现汇流。

如果控制器产生的交流与电网电源信号一致，也就是采集电网电源信号，使控制器输出的交流与电网保持一致，则风光互补控制器可实现并网功能。

风光互补离网型发电系统一般要接蓄电池，根据负载特性决定是否使用离网控制器，控制器要求与风光互补并网型发电系统控制器一致，只是输出的交流电

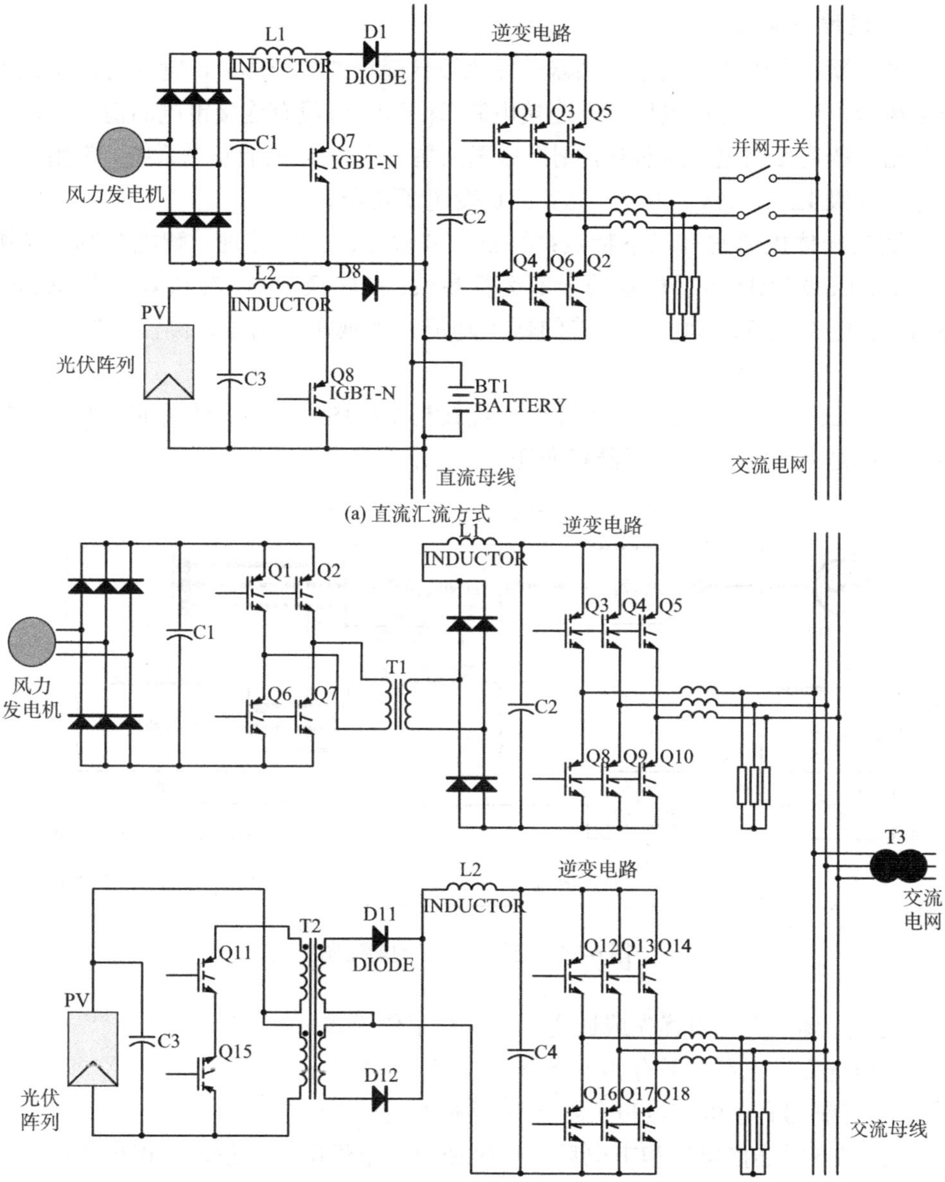

(a) 直流汇流方式

(b) 交流汇流方式

图 6-24　风光互补控制器原理图

的幅值频率等可以与电网不一致。如果这时产生的交流电也能与电网电源一致，则这种控制器为双模式(离网和并网)控制器，此风光互补发电系统形成微电网，成为大电网的补充。这种双模式控制器还需要判断联网和脱网等判断电路，大多由 MCU、DSP、PLC 等实现。

3. 逆控一体机

逆变器和太阳能充放电控制器一体化设计简称逆控一体机，输入可以是太阳能或风能，还可以将市电接入。连接电瓶(即蓄电池)没有连接市电的情况下，直接使用电瓶逆变供电供给负载，则组成离网型的太阳能/风能发电系统。常用于直流电压等级 12V、24V、36V、48V 的逆变电源场合。

逆控一体机通常有以下特点：纯正弦波输出；CPU 管理，智能控制，模块式组成；LED/LCD 显示机器的全部运行参数；高转换效率，转换效率在 89%～98%；智能充电管理功能；完善的保护功能，如低压、高压、高温、短路、过载保护等。

图 6-25 是逆控一体机的能流图，虚线框中的图为逆控一体机的主要结构模块，核心是太阳能/风能控制器和逆变器。

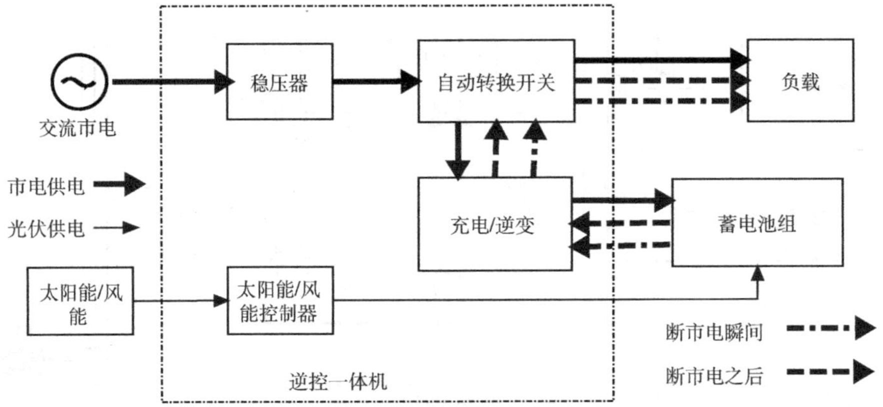

图 6-25　逆控一体机的能流图

逆控一体机有市电优先或逆变优先两种工作模式。

市电优先发电系统具有如下特点。

(1) 控制器有市电充电和太阳能/风机充电两种充电方式。

(2) 当同时连接电瓶和市电后，优先使用市电供电给负载，当市电停电后，自动转为电瓶逆变供电；组成以市电优先的太阳能/风能市电互补发电系统。

(3) 适合于缺电区域的发电系统、无市电区域的离网发电系统或者经常需要在有市电和无市电区域使用的发电系统。

逆变(直流)优先发电系统具有如下特点。

(1) 控制器只有一种太阳能/风能充电方式。

(2) 当同时连接电瓶和市电后，优先使用电瓶的直流电转换为交流电供给负载，当电瓶容量不足时，自动转为市电供电；组成以逆变优先的太阳能/风能市电互补发电系统。

(3)适合于电费昂贵区域和环保区域，可以充分利用太阳能/风能发电，可以真正地节省市电，如家庭太阳能/风能发电系统、太阳能/风能路灯发电系统等。

4. 光伏扬水控制器

光伏扬水系统主要由光伏阵列、光伏扬水控制器(或逆变器)、水泵负载和储水装置四部分组成，无蓄电池储能装置。光伏扬水系统具有无须电网和燃油、无储能电池、无人值守、夏天使用多的特点，因此通常调整光伏组件安装倾角使光伏扬水系统在夏季的发电量最大，控制器(或逆变器)根据光照变化实时调节输出电能或停止电机运行。

按水泵电机类型不同，光伏扬水系统可分为以下两类。

(1)直流光伏扬水系统。连接顺序是光伏阵列、光伏扬水控制器、直流水泵、管道和储水装置。光伏扬水控制器将太阳能阵列的直流电转换为直流水泵额定工作电压，主要由 DC-DC 电路构成。

(2)交流光伏扬水系统。连接顺序是光伏阵列、光伏水泵逆变器、交流水泵、管道和储水装置。光伏扬水逆变器对光伏扬水系统的运行实施控制和调节，将太阳能阵列发出的直流电 DC-AC 转换为交流电，然后驱动水泵。

根据电机类型，控制器可以使用 DC-DC 类型或逆变器实现。图 6-26 是一个交流光伏扬水系统的框图。扬水电机为交流异步电动机，可以用图示的 DC-DC 升压电路将光伏电压升到高于交流电的幅值，通过后级的 DC-AC 逆变电路将直流电变为交流电驱动电机。

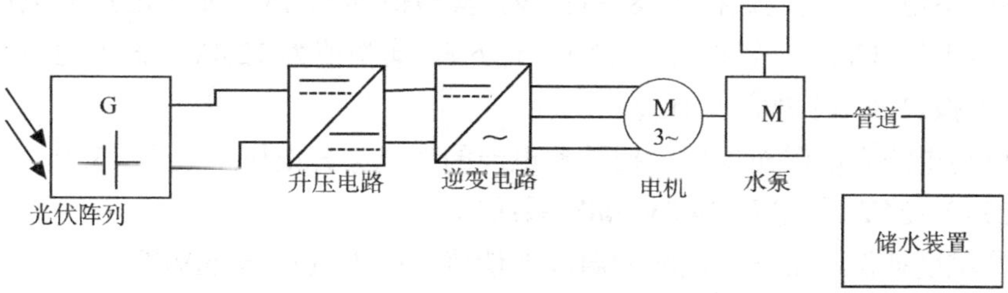

图 6-26　交流光伏扬水系统框图

6.5　光伏控制器的使用

控制器常常用于离网型发电系统，在工程中，除了选型设计时了解控制器的技术要求，在安装、测试和维护中也要注意规范。

6.5.1　控制器的选型

1. 主要技术要求

在选型设计时，一些通用的技术要求主要有以下几种(数值对于不同的控制器会有变化)。

(1) 系统电压。系统电压也称额定工作电压，是指光伏发电系统的直流工作电压，电压一般为12V和24V，中、大功率控制器也有48V、110V、220V等。

(2) 最大充电电流。最大充电电流是指太阳电池组件或方阵输出的最大电流，根据功率分为5～300A多种规格。有些厂家用太阳电池组件最大功率来表示，间接地体现了最大充电电流这一技术参数。

(3) 太阳电池方阵输入路数。小功率光伏控制器一般都是单路输入，大功率光伏控制器可输入6路、12路、18路。

(4) 电路自身损耗。控制器的电路自身损耗要尽可能低。控制器的最大自身损耗不得超过其额定充电电流的1%，根据电路不同自身损耗一般为5～20mA，控制器的电压降一般不得超过系统额定电压的5%。

(5) 蓄电池过充电保护电压(HVD)和过放电保护电压(LVD)。蓄电池过充电保护电压，一般可根据需要及蓄电池类型的不同而异，对于12V密封铅酸蓄电池系统设定在14.1～14.5V，典型值14.4V。蓄电池过充电保护的关断恢复电压(HVR)一般设定为13.4～14.0V，典型值为13.6V。脉宽调制型控制器没有特定的恢复点，充满电压的参考值为14.0～14.2V。

蓄电池过放电保护电压，一般可根据需要及蓄电池类型的不同而异，对于12V密封铅酸蓄电池系统设定在10.8～11.4V，典型值为11.1V。蓄电池过放电保护的关断恢复电压(LVR)一般设定为12.1～12.6V，典型值为12.4V。蓄电池电压降到过放点可按(1.8%±2.7%)/只计算。

(6) 蓄电池充电浮充电压。铅酸蓄电池的充电浮充电压一般为13.7V(12V系统)、27.4V(24V系统)和54.8V(48V系统)。

(7) 温度补偿。铅酸蓄电池的温度补偿值一般为–(3～5) mV/℃。

(8) 其他保护功能。控制器输入、输出短路，防反充，极性反接保护，防雷击保护，耐冲击电压和冲击电流保护功能等。

(9) 其他特殊要求。工作环境温度、海拔、耐冲击电压和耐冲击电流、箱体结构、输入输出开关器件等参数，带MPPT功能、时段设置、显示、通信等功能控制器的相关参数。

2. 光伏控制器的选型

光伏控制器的选型主要要求如下。

(1) 要选择系统工作电压、额定输入电流、额定负载电流适当。

系统工作电压：光伏发电系统中蓄电池组的工作电压根据直流负载的工作电压或交流逆变器的配置确定，一般有 12V、24V、48V、110V、220V 等。光伏阵列输出的充电电压高于系统工作电压，充电电压取系统工作电压的 1.43 倍。

额定输入电流：控制器能长期连续运行时允许的输入电流值，控制器的额定输入电流应不小于光伏阵列的输入电流。大功率控制器采用多路输入，每路输入的最大电流=额定输入电流/输入路数。

额定负载电流：控制器带载稳定运行时允许的输出电流值，要满足负载或逆变器的输入要求。

(2) 输入路数要多于或等于太阳电池方阵的设计输入路数。小功率控制器一般只有一路太阳电池方阵输入，大功率光伏控制器通常采用多路输入，每路输入的最大电流=额定输入电流/输入路数，因此，各路电池方阵的输出电流应小于或等于光伏控制器每路允许输入的最大电流值。

(3) 保护电压。高压 (HVD) 断开和恢复功能、低压 (LVD) 断开和恢复功能中电压设置与电池匹配。

(4) 保护功能齐全。

(5) 环境条件、安装条件匹配。自身损耗适当，使用环境温度、海拔、防护等级和外形尺寸等参数以及生产厂家和品牌也是控制器配置选型时要考虑的因素。

(6) 指示清楚、操作简便。除以上控制器主要选型要求外，根据输入功率的不同，光伏控制器从使用功能、外形、价格等方面有较大的差别，要注意其差别。

(7) 小功率光伏控制器具有以下性能特点。

小功率控制器都采用低功耗、长寿命的 MOS 管等电子开关元件作为控制器的主要开关器件。

运用脉冲宽度调制 (PWM) 控制技术对蓄电池进行快速充电和浮充充电，使光伏能量得以充分利用。

具有单路、双路负载输出和多种工作模式。

具有多种保护功能，包括蓄电池和太阳电池接反、蓄电池开路、蓄电池过充电和过放电、负载过压、夜间防反充电、控制器温度过高等多种保护。

用 LED 指示灯对工作状态等进行显示。

具有温度补偿功能。

(8) 中功率光伏控制器有以下特点。

采用 LCD 显示工作状态和充放电等各种重要信息。

具有自动/手动/夜间工作方式切换功能。

具有蓄电池过充、过放、过压、过热等多种保护功能。

具有浮充电压的温度补偿功能。

具有快速充电功能。

中功率光伏控制器同样具有普通充/放电工作模式、光控开/光控关工作模式、光控开/时控关工作模式等。

(9) 大功率光伏控制器有以下特点。

良好的人机界面。

充电电压检测具有“回差”控制功能，可防止开关器件进入振荡状态。

有多路输入，控制电路与主电路完全隔离，抗干扰能力强。

具有蓄电池过充过放、过载短路、浪涌、电池接反等保护功能。

配接有 RS232/485 接口，便于远程遥信、遥控。

多种充/放电工作模式。

6.5.2 控制器的测试

光伏控制器的输入端使用合适的直流稳压电源提供稳定的工作电压，并通过调节电压，验证其充满断开、恢复连接及低压断开时的电压是否符合要求。对于具有输出稳压功能控制器的输入电压可在适当范围内改变，测量其输出是否保持稳定。另外，还要测试控制器的最大自身耗电是否满足不超过其额定工作电流 1%的要求。

(1) 高压 (HVD) 断开和恢复功能测试。测试电路如图 6-27 (a) 所示，调节直流电源和可变电阻，使电流达到额定值，电压达到高压断开电压点，此时充电回路断开、接通振荡，调节 RC 回路，使振荡频率降低，振荡 20～50 次，开关器件不应损坏。

(2) 低压 (LVD) 断开和恢复功能测试。测试电路如图 6-27 (b) 所示，首先将直流电源的电压 (V_2) 和放电回路的电流调到额定值，然后将直流电源的电压调至过放点 (即低压断开点电压)，控制器应能自动断开负载，将电压回调至恢复点，控制器应能再次接通负载。

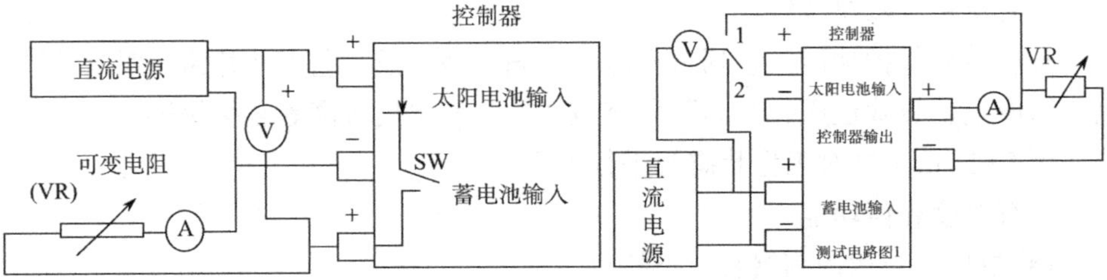

(a) 高压(HVD)断开/恢复功能测试电路　　(b) 低压(LVD)断开/恢复功能测试电路

图 6-27　控制器电压测试连接图

(3) 温度补偿测试。将温度传感器放入恒温箱，HVD 点随温度的变化而有所改变，可以画出一条曲线，其斜率是温度系数，应当符合每格电池−7～−3mV/℃。

(4) 空载损耗测试。空载损耗测试，即静态电流测试，断开 PV 输入和负载输出，直流电源接在控制器的蓄电池端，当 LED 不工作时，测量控制器的输入电流。

(5) 控制器的充电或放电回路的压降测试。调节控制器充电或放电回路电流至额定值时，测量控制器充电回路或放电回路的电压降。

6.5.3　控制器的安装与维护

太阳能系统设计涉及太阳电池板组件、蓄电池、充放电控制、负载(光源)、安装连接顺序等许多因素，其中任何一个环节出现问题都会造成产品缺陷。安装时要按照先接蓄电池，再接负载，最后接太阳能光电板的顺序把各部件接入控制器。

接线时请一定按面板上所标极性及上述顺序，否则容易造成控制器损坏。太阳板空载时电压较高，最好不要同时触摸其“+”“−”极，以免触电。

不要在太阳电池的端子上接稳压电源或任何充电器，否则会损坏控制器。

不要将蓄电池错接在太阳电池端子上。

思　考　题

1. 离网型光伏发电系统中的能流有哪几种形式？
2. 判断蓄电池的荷电量有哪些方法？
3. 光伏控制器的主要技术要求有哪些？
4. 控制器中的温度检测有什么用途？
5. 画出串联型和并联型光伏控制器的原理图，并比较两者的特点。
6. 分析采用回差法控制电路消除光伏充电振荡的工作原理。
7. 在智能型控制器中，微控制器可以起哪些作用？
8. 举例说明风光互补控制器中如何实现风能与太阳能能量合并？
9. 太阳能跟踪系统本身的供电如何解决？对功耗有什么考虑？
10. 太阳能发电系统中控制器的选型要注意哪些事项？
11. 光伏控制器产品需要做哪些主要测试？
12. 查找光伏草坪灯集成控制电路，分析或设计一个光伏供电的草坪灯电路原理图。

第 7 章　光伏逆变器

逆变器的功能是将直流电转换为交流电，这种对应于整流的逆向过程称为“逆变”。

完成逆变功能的电路称为逆变电路，实现逆变过程的装置称为逆变器或逆变设备，逆变电路是逆变器的主体。

7.1　离网逆变器

7.1.1　逆变电路原理

1. 逆变器的分类

从不同的角度观察逆变器，可以将逆变器进行多种不同方式的分类。

按输入电源性质分为电压源型逆变器、电流源型逆变器。

按主电路结构分为推挽型逆变器、半桥型逆变器和全桥型逆变器。

按输出电压的波形分为方波逆变器、阶梯波逆变器和正弦波逆变器。

按输出能量是否连接电网分为有源逆变器(并网逆变器)、无源逆变器(离网逆变器)。

按输出交流电的相数分为单相逆变器、三相逆变器和多相逆变器。

按输出交流电的频率分为工频逆变器、中频逆变器和高频逆变器。

按隔离方式不同分为带工频隔离变压器的逆变器、带高频隔离变压器的逆变器、不带隔离变压器的逆变器。

按输出功率不同分为小功率逆变器(<5kW)、中功率逆变器(5～50kW)、大功率逆变器(>50kW)。

对光伏发电系统来说，在并网型光伏发电系统中必须用并网逆变器，而在离网型光伏发电系统中使用离网逆变器，但现在有双模式的光伏逆变器出现，既可在离网模式下运行，也可在并网模式运行，由逆变器判断电网而决定。无论离网逆变器还是并网逆变器，它们都是系统的重要设备，而且成本高，占系统总成本的 20%～30%。

2. 逆变电路的构成

逆变电路可以划分成输入电路、输出电路、控制电路、辅助电路和主逆变电路五个部分，如图 7-1 所示。

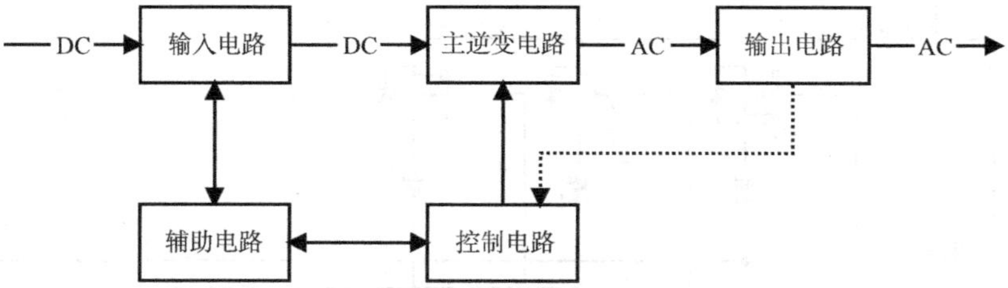

图 7-1　逆变电路的结构

主逆变电路是逆变电路的核心，主要作用是通过半导体开关器件的导通和关断完成逆变的功能。

控制电路主要产生主逆变电路需要的一系列的控制脉冲来实现开关器件的导通与关断，配合主逆变电路完成逆变功能。

输入电路和输出电路起隔离、滤波、补偿、匹配等作用。

辅助电路包括检测电路、保护电路、指示电路等。

由于受到功率开关器件的容量、零线(中性线)电流、电网负载平衡要求和用电负载性质等的限制，单相逆变器电路容量一般都在 100kVA 以下，大容量的逆变电路大多采用三相形式。

单相逆变器多用于小功率光伏系统，三相逆变器多用于容量较大的光伏发电系统。单相逆变器逆变原理和控制过程与三相逆变器基本类似。

在此，仅分析不同直流电源性质、不同电路结构、不同输出电压波形三类逆变电路。

3. 电流源型和电压源型逆变电路

逆变器按照直流电源的性质不同分为电压源型逆变器和电流源型逆变器，这也是常用的逆变电路分类方式，如图 7-2 所示。

电压源型逆变器的输入直流电源是一个稳定的电压源，电流源型逆变器的直流输入电源是一个恒定的电流源。

从电力电子技术可得电压源型逆变器的特点如下：直流输入具有电压源特性，故逆变输出也呈现电压源特性；桥臂不可直通，输出不可短路。电流源型逆变器特点如下：直流输入具有电流源特性，故逆变输出也呈现电流源特性；桥臂可直通，输出可短路。

电流源型逆变器的电路结构与电压源型逆变器不同，电压源型逆变器在每个功率开关元件上并联了一个续流二极管，而电流源型逆变器则是在每个功率开关元件上串联了一个反向阻断二极管。由于直流源电流波动小，当功率开关器件开关切换时，能保持电流的稳定和连续。因此上开关元件 V1、V3、V5 中的一个和

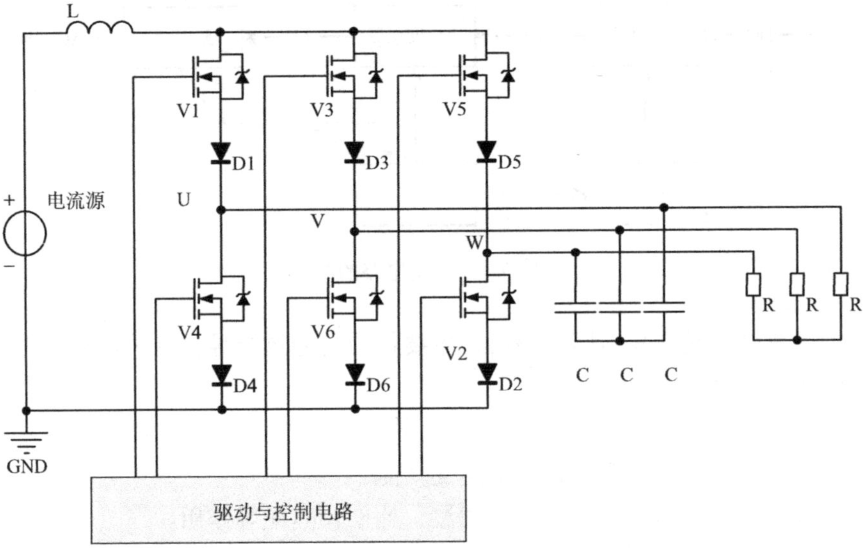

(a) 电流源型

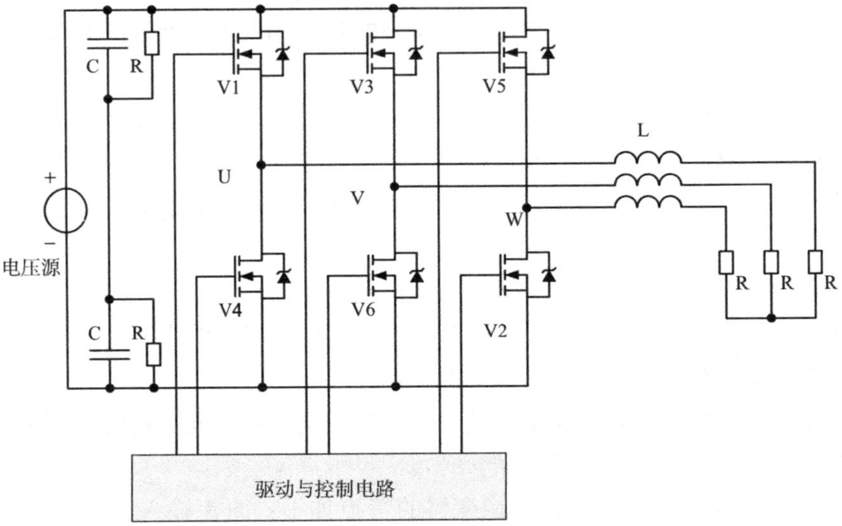

(b) 电压源型

图 7-2　电压源型和电流源型逆变电路的结构

下开关元件 V4、V6、V2 中的一个，均可按每隔 1/3 周期分别流过一定值的电流，120°导电模式，仅两个开关同时导电 1、2→2、3→3、4→4、5→ 5、6→6、1→1、2，输出的电流波形是相差 120°的方波，它的幅值为直流电流源的幅值。

在电流源型逆变器中，有两种不同的方法控制基波电流的幅值，一种方法是直流电流源的幅值变化法，这种方法使得交流电输出侧的电流控制比较简单；另一种方法是用脉宽调制来控制基波电流。

电流源型逆变器特点是脉宽调制逆变器的输出电流幅值等于电流源的幅值，而电压波形取决于实际的负载阻抗，交流输出电流波形与负载无关，非常适合在并网系统中应用。

电压源型逆变器的典型应用场合有交流电动机驱动、交流不间断电源、光伏电池组构成的分布式电源、无功补偿器等。电流源型逆变器的典型应用场合有大功率感应电机和同步电机的速度控制、直流电动机传动等。

4. 推挽型、半桥型、全桥型逆变电路

逆变器按逆变电路结构分为推挽型、半桥型、全桥型 3 种，电路结构分别如图 7-3 所示。

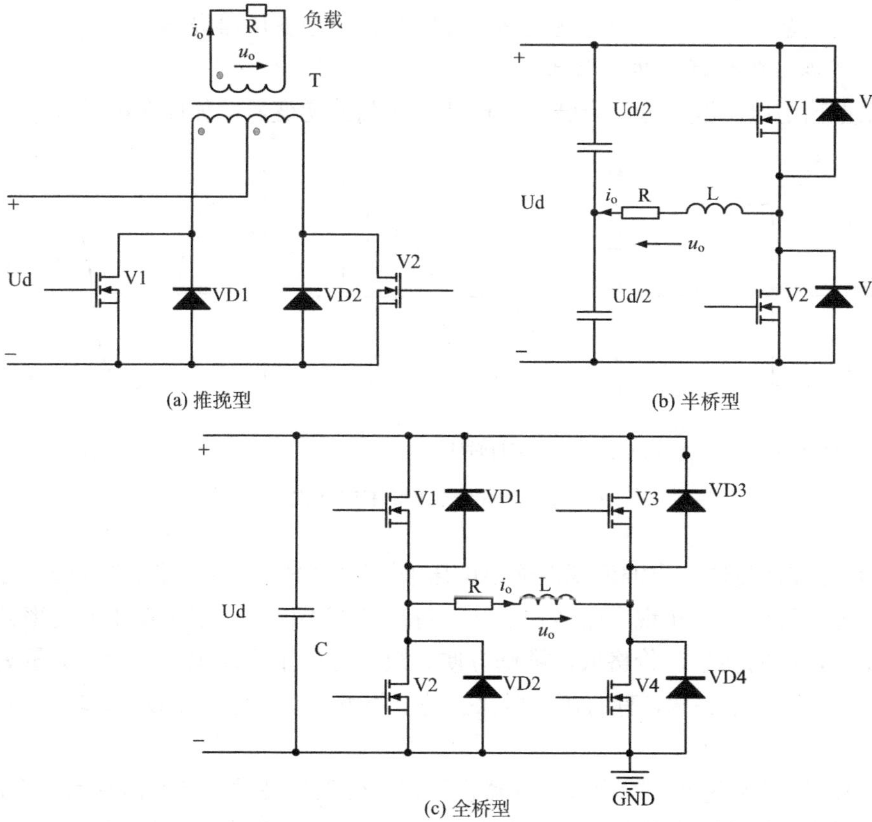

图 7-3　逆变器按逆变器电路结构分类

(1) 推挽型逆变电路。将升压变压器的中心抽头接于正电源，两只功率管交替工作，输出得到交流电。由于功率管共地连接，驱动及控制电路简单，提高了电路的可靠性。缺点是变压器利用率低、易磁化，带感性负载的能力较差。

(2) 半桥型逆变电路。R 端 u_0 为交流电。并网应用时，常加隔离变压器，初级线圈连接图中 R 位置，次级输出交流电改接 R 负载。功率开关管 V2 导通时，初级线圈施加 1/2 直流电压，功率开关管 V1 导通时，初级线圈施加 1/2 反向直流电压。两只功率管交替工作，输出得到交流电。优点是变压器利用率高，无直流电流流过，不易磁化。缺点是带感性负载的能力一般，需要容量较大的电容。

(3) 全桥型逆变电路。全桥型逆变电路克服了推挽型逆变电路的缺点，功率开关管 V1、V2 反相，V3、V4 反相，调节 V1 和 V2 的脉冲宽度，输出交流电压的有效值也随之改变。该电路的缺点是上、下桥臂的功率晶体管不共地，因此必须采用专门驱动电路或采用隔离电源。另外，为防止上、下桥臂发生同时导通，在 V1、V4 及 V2、V3 之间必须设计为先关断后导通电路，即设置死区时间，电路结构较复杂。类似半桥型逆变电路，并网时也常用变压器隔离。

5. *方波、阶梯波、正弦波逆变器*

根据输出电源波形分为方波、阶梯波、正弦波逆变器，如图 7-4 所示。

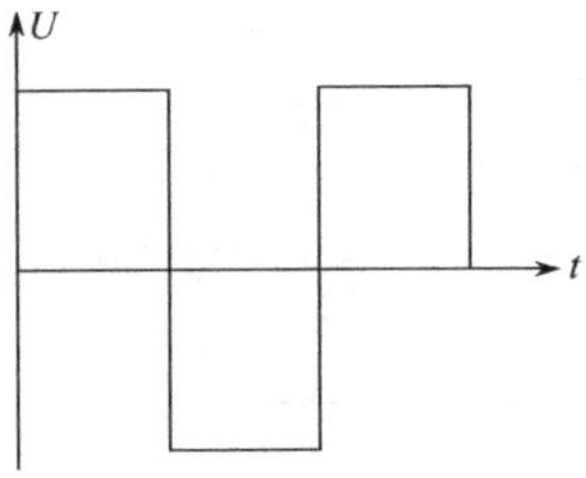

(a) 方波

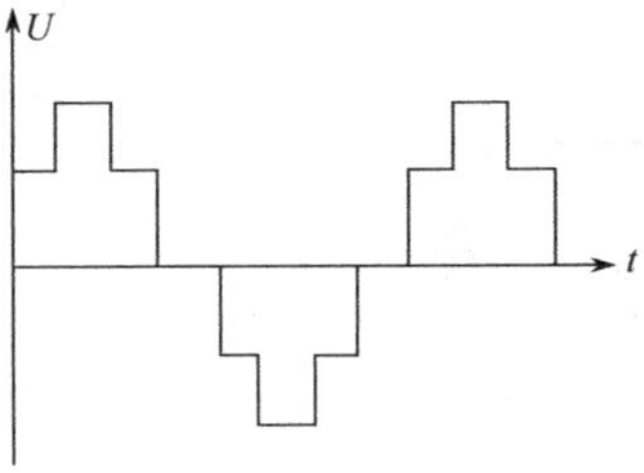

(b) 阶梯波

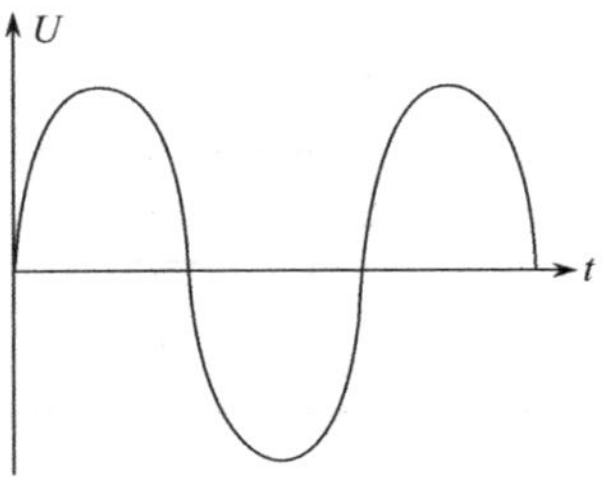

(c) 正弦波

图 7-4　逆变器输出的不同波形

(1) 方波逆变器。方波逆变器输出电压波形为 50Hz 方波，即基波为 50Hz 正弦波。方波逆变器的实现电路多种多样，特点各有不同。优点是使用的功率开关管数量少，线路简单，价格低，维修方便。缺点是由于方波电压中含有大量高次谐波，调压范围不够宽，有的逆变器保护功能不够完善，噪声比较大，功率小(一般为几十瓦至几百瓦)。

(2) 阶梯波逆变器。阶梯波逆变器也称修正弦波逆变器，通常阶梯有三台阶、五台阶等(电压源型逆变电路的台阶数是指输出电压波形在一个周期内所包含的阶梯数)。优点是比方波逆变器的输出波形有明显改善，波形中的高次谐波含量减少，整机效率提高，可以带包括感性负载在内的各种负载。缺点是把方波修正成阶梯波的电路复杂，特别是阶次越高，输出波形越趋近正弦波，但电路使用的功率开关管也随之大量增加，电路成本和复杂性增大，开关频率干扰较重。

(3) 正弦波逆变器。输出纯正弦波的逆变器是正弦波逆变器。优点是输出波形好，失真度低，噪声小，保护功能齐全，对电感性和电容性负载适应性强。缺点是线路相对复杂，对维修技术要求高，价格较高。目前大多采用专用 SPWM 波形产生芯片和微控制器芯片组成数字式 SPWM 波形逆变器的方案，使正弦波逆变器的结构简化，并且输出特性和工作可靠性得到很大提高。

6. 桥式电路输出的数量关系

(1) 单相桥式电压型逆变电路。

180°控制，纵向换流，将图 7-3 (c) 中输出端的矩形波 u_o 展开成傅里叶级数，得

$$u_o = \frac{4U_d}{\pi}\left(\sin\omega t + \frac{1}{3}\sin 3\omega t + \frac{1}{5}\sin 5\omega t + \cdots\right) \tag{7-1}$$

基波的电压幅值 U_{o1m} 为

$$U_{o1m} = \frac{4U_d}{\pi} = 1.27U_d \tag{7-2}$$

基波电压有效值 U_{o1} 为

$$U_{o1} = \frac{2\sqrt{2}U_d}{\pi} = 0.9U_d \tag{7-3}$$

(2) 单相桥式电流型逆变电路。

将图 7-3 (c) 中输出端的矩形波 i_o 展开成傅里叶级数，得

$$i_o = \frac{4I_d}{\pi}\left(\sin\omega t + \frac{1}{3}\sin 3\omega t + \frac{1}{5}\sin 5\omega t + \cdots\right) \tag{7-4}$$

基波电流有效值 I_{o1} 为

$$I_{o1} = \frac{2\sqrt{2}U_d}{\pi} = 0.9I_d \tag{7-5}$$

(3) 三相对称负载电压型逆变电路。

6 脉波控制，纵向换流，将图 7-2 (b) 中输出端的相电压 u_{UN} 展开成傅里叶级数，得

$$\begin{aligned} u_{UN} &= \frac{2U_d}{\pi}\left(\sin\omega t + \frac{1}{5}\sin 5\omega t + \frac{1}{7}\sin 7\omega t + \frac{1}{11}\sin 11\omega t + \frac{1}{13}\sin 13\omega t + \cdots\right) \\ &= \frac{2U_d}{\pi}\left(\sin\omega t + \sum_n \frac{1}{n}\sin n\omega t\right) \end{aligned} \tag{7-6}$$

负载相电压有效值 U_{UN} 为

$$U_{\rm UN}=\sqrt{\frac{1}{2\pi}\int_0^{2\pi}u_{\rm UN}^2{\rm d}\omega t}=0.471U_{\rm d} \tag{7-7}$$

基波电压幅值$U_{\rm UN1m}$为

$$U_{\rm UN1m}=\frac{2U_{\rm d}}{\pi}=0.637U_{\rm d} \tag{7-8}$$

基波电压有效值$U_{\rm UN1}$为

$$U_{\rm UN1}=\frac{U_{\rm UN1m}}{\sqrt{2}}=0.45U_{\rm d} \tag{7-9}$$

把输出线电压$u_{\rm UV}$展开成傅里叶级数，得

$$\begin{aligned}u_{\rm UV}&=\frac{2\sqrt{3}U_{\rm d}}{\pi}\left(\sin\omega t-\frac{1}{5}\sin 5\omega t-\frac{1}{7}\sin 7\omega t+\frac{1}{11}\sin 11\omega t+\frac{1}{13}\sin 13\omega t-\cdots\right)\\&=\frac{2\sqrt{3}U_{\rm d}}{\pi}\left[\sin\omega t+\sum_n\frac{1}{n}(-1)^k\sin n\omega t\right]\end{aligned} \tag{7-10}$$

式中，$n=6k\pm1$，k为自然数。

输出线电压有效值$U_{\rm UV}$为

$$U_{\rm UV}=\sqrt{\frac{1}{2\pi}\int_0^{2\pi}u_{\rm UV}^2{\rm d}\omega t}=0.816U_{\rm d} \tag{7-11}$$

基波电压幅值$U_{\rm UV1m}$为

$$U_{\rm UV1m}=\frac{2\sqrt{3}U_{\rm d}}{\pi}=1.1U_{\rm d} \tag{7-12}$$

基波电压有效值$U_{\rm UV1}$为

$$U_{\rm UV1}=\frac{U_{\rm UV1m}}{\sqrt{2}}=\frac{\sqrt{6}}{\pi}U_{\rm d}=0.78U_{\rm d} \tag{7-13}$$

7.1.2　逆变电路分析

逆变电路后级特点与第 5 章所讲的半桥型、全桥型、推挽型电路相同，不再赘述。在此主要结合逆变的前级驱动对逆变电路进行分析。目前逆变前级驱动电路主要有 3 类典型构成：多谐振荡器、专用集成电路芯片和微控制器为核心的电路。

1. 多谐振荡器构成的逆变电路

图 7-5 给出了一个由多谐振荡器构成的逆变电路实例。

工作原理如下：BG2、BG3 及其阻容元件构成多谐振荡器，BG1、BG4 为驱动管，驱动 BG6、BG7 开关管，然后控制初级线圈通电，每次半组线圈通电，构

成推挽型电路，在次级产生交流电。BG5、DW 稳压管、150Ω 电阻构成简易稳压电路，给振荡器供电；510Ω 电阻和 LED 作为指示电路。

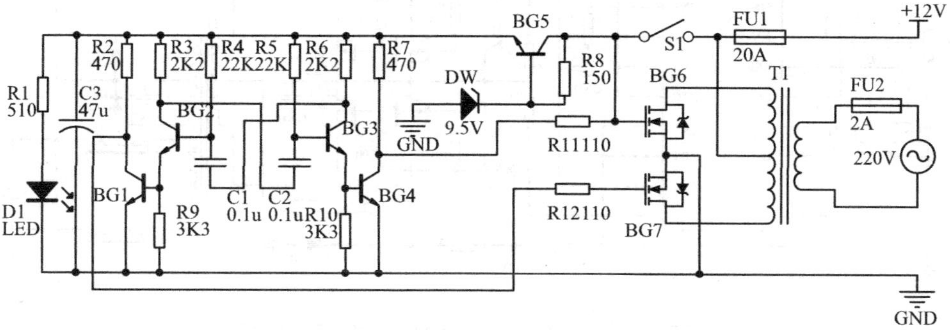

图 7-5　多谐振荡器构成的逆变电路原理图

类似的电路较多，电路原理基本相同，控制电路产生振荡信号，推动后级，一般用变压器隔离升压，变压器初级可以用双绕组和单绕组线圈，单绕组驱动电路用桥型电路，双绕组线圈有中心抽头，用推挽型电路。

这类变压器可以直接使用工频变压器，使用方便，但要注意变压器功率与输出电压的选择。

2. 专用集成电路芯片构成的逆变电路

TL494 是美国德州仪器公司生产的它激式电压驱动型脉宽调制器，在双端输出驱动芯片中，TL494 功能完善、驱动能力强。TL494 集成块在输出功率≥1kW 的开关电源、DC-DC 变换器、逆变器等电路中得到广泛运用，其内部集成有 PWM、三角波发生器、电池欠压检测、+5V 电压基准等电路，具有外接元件少、控制稳定的特点。

TL494 的 1、2 脚为误差放大器输入端，可调电阻 VR1 接收反馈电压实现闭环控制；3 脚为误差放大器输出，4 脚为死区时间控制，8、9、10、11 脚输出 PWM 信号。V1、V2 为驱动三极管；V3、V5 并联，V4、V6 并联，两组开关管作为推挽型电路的功率管器件；L1 为扼流圈。逆变器工作频率由 5、6 脚外接定时电阻和电容确定，锯齿波频率为 2.2kHz 左右。这个频率直接影响 MOS 管的功率损耗。频率高，MOS 管功率损耗大，反之，功耗较小。

图 7-6 是一个由 TL494 产生 PWM 信号的逆变电路，电路采用推挽结构。TL494 产生 PWM 信号驱动推挽开关管，改变 TL494 的外接定时电阻和定时电容，可以改变 PWM 波的周期。

除 TL494 之外，类似功能的集成电路芯片很多，如 SG3525、KA7500B 等，

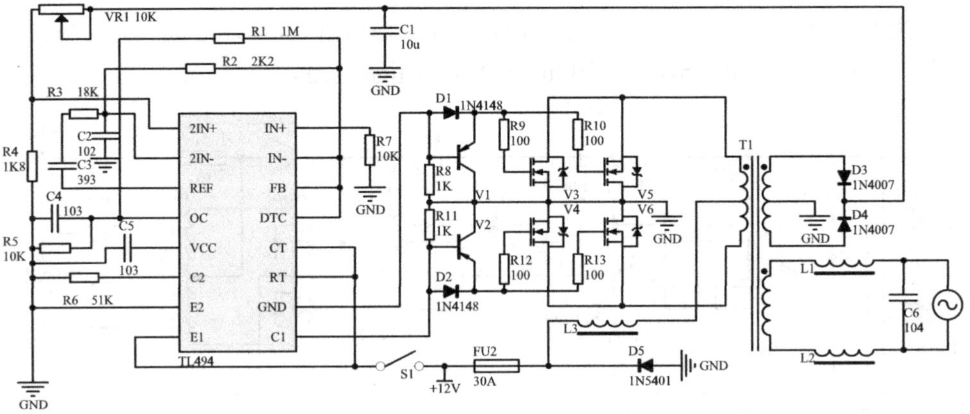

图 7-6　由 TL494 产生 PWM 信号的逆变电路

TL494 与 KA7500B 可以替换。也有发生纯正弦波的专用逆变器集成电路，如 EG8010。

SG3525 是一种单片集成 PWM 控制芯片，它使用方便灵活，输出驱动为推拉输出形式，增加了驱动能力；内部含有欠压锁定电路、软启动控制电路、PWM 锁存器，有过流保护功能，频率可调，同时能限制最大占空比。

EG8010 芯片是单相正弦波逆变器专用芯片，EG8010 是一款数字化的、自带死区控制的正弦波逆变发生器芯片，应用于 DC-DC-AC 功率变换架构或 DC-AC 单级工频变压器升压变换架构，外接 12MHz 晶体振荡器，能实现高精度、失真谐波很小的 50Hz 或 60Hz 纯正弦波。

3. 基于微控制器的逆变器

基于微控制器的逆变器种类很多，与光伏控制器的微控制器选择和要求相同。图 7-7 是一个带微控制器的逆变器结构图。

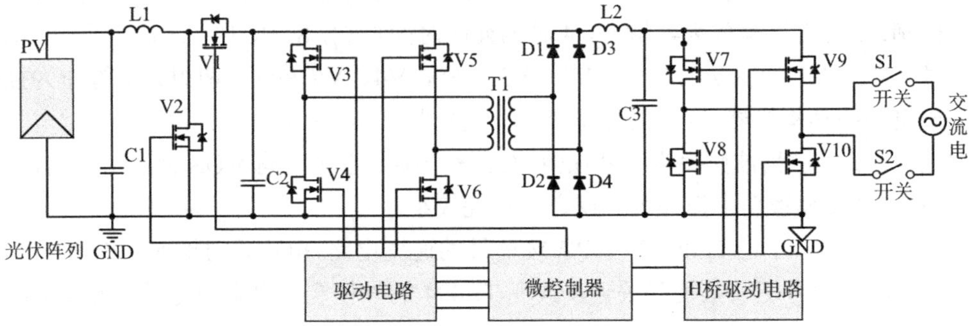

图 7-7　带微控制器的逆变器结构图

逆变器由光伏组件、升压电路、两个桥式逆变、高频变压器、整流滤波、电网、微控制器构成。

该逆变器采用高频逆变方案，即前级升压加后级逆变的结构，这样可以避免使用笨重的工频变压器，有效地降低了电源的体积、重量及成本，提升电源的效率。电路的工作原理是，光伏直流输入电压经过滤波电容滤波，然后通过升压电路升压，通过双半桥电路将直流电采用双端方式供到高频变压器的初级，高频变压器的次级电压通过桥式整流电路和电抗器得到直流母线电压，最后经过全桥(H桥)逆变电路转变为 50/60Hz 的工频交流电。

7.1.3　离网逆变器电路设计

在此以一个较为复杂的隔离式 DC-AC 变换电路为例，分析逆变电路设计中的一些主要器件参数设计要求，将逆变电路分为前级(输入电路和控制电路)、后级(主逆变电路)、辅助电路(保护电路等)、变压器、滤波器(输出电路)5 个部分，如图 7-8(a)所示，采用了高频逆变器的结构，逆变器前级电路和变压器原理图如图 7-8(b)所示。

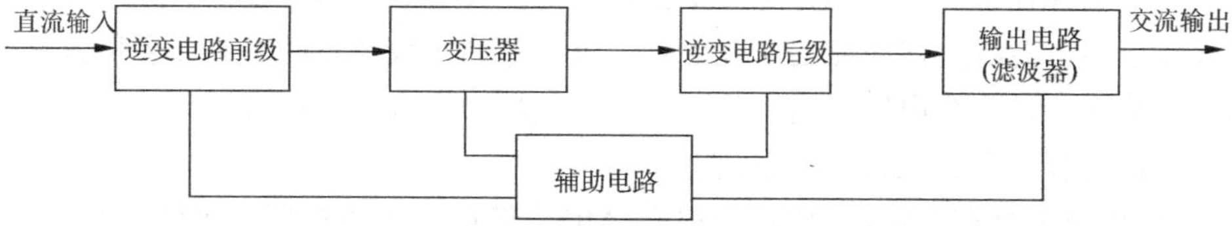

(a) 逆变电路主要模块

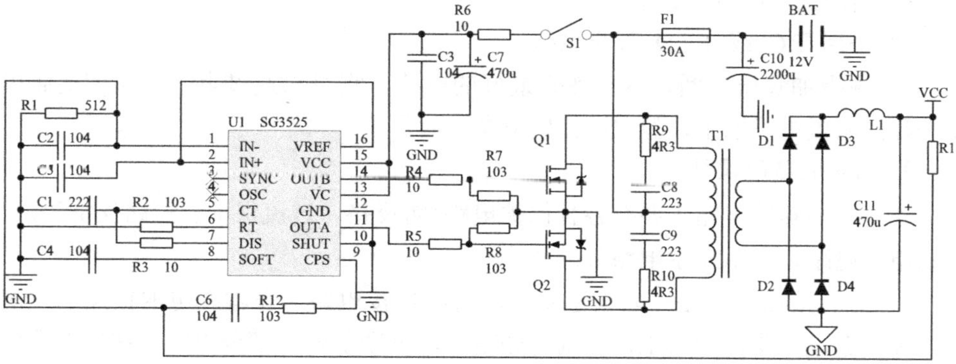

(b) 逆变前级电路和变压器

图 7-8　逆变电路示例

1. 高频前级电路的设计

以 SG3525 为 PWM 信号发生器和主逆变控制信号产生电路，控制器产生

PWM 信号的设计参考 SG3525 手册。

闭环前级变压器匝数比设计：逆变器前级无论是开环还是闭环只是变压器的匝数比和反馈环路的参数不同。例如，需要设计一个输入 12V、变化范围为 10.5～15V、输出电压为交流 220V50Hz 的高频修正方波逆变器。如果前级采用闭环结构，12V 升压后的直流电压稳定在 270V 比较好，这样为了使输入 10.5V 时还能输出 270V，变压器的变比是 27～28。

如果 L1 直接短路，R1 去掉，这样就是一个纯开环的电路，只是由于变压器漏感尖峰的存在，在逆变器空载时，前级输出的直流高压会虚高，对高压滤波电容和后级高压 MOS 管的安全不利。

对正弦波逆变器的前级电路也可以这样设计，把变压器的变比设计高一点，使变压器次级产生的直流电压高，可以通过改变后级 SPWM 的调制度使后级输出得到需要的电压。

2. 高频后级电路的设计

后级电路的基本功能就是把前级升压的高压直流电逆变成交流电。从结构来说全桥结构用得最多。

上下两管轻微同时导通并不一定会烧毁，但会造成功率管发热，在母线上用示波器观察也会看到很明显的干扰毛刺。只有共通比较严重的时候才会烧毁。还有一个特性就是母线电压越高，毛刺电压也越高，越会引起烧毁。

干扰毛刺主要有三种解决办法。

(1) 采用栅极有源钳位电路。可以在 MOS 管的栅极直接用一个低阻的 MOS 管下拉，让它在死区时导通。

(2) 采用 RC 或 RCD 吸收电路。

(3) 栅极加负压关断，这是效果最好的办法，它可以通过电平平移使毛刺电压平移到源极电平以下，但电路比较复杂。

3. 辅助电路的设计

逆变器的辅助电路主要有各种保护电路(防反接、过流保护、短路保护等)、辅助电源电路、指示显示电路等。

(1) 防反接保护电路。如果逆变器没有防反接电路，在输入电池接反的情况下往往会造成灾难性的后果，轻则烧毁熔丝，重则烧毁大部分电路。在逆变器中防反接保护电路主要有三种:①反并肖特基二极管组成的防反接保护电路；②采用继电器的防反接保护电路；③采用 MOS 管的防反接保护电路。

采用 MOS 管的防反接保护电路如图 7-9 所示。

(2) 过流短路保护电路。在过流短路保护电路中设计两个保护点：额定功率和峰值功率。一般峰值功率设定为额定功率的 2～3 倍。时间上额定功率是长时间工作不会保护的，峰值功率一般只维持到几秒就保护了。

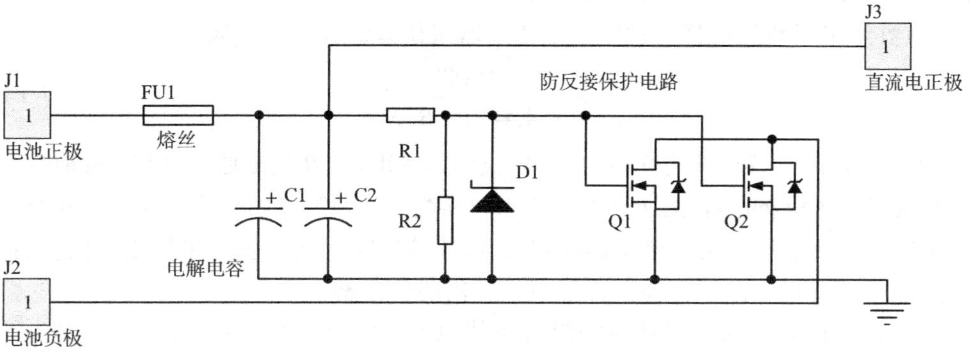

图 7-9　采用 MOS 管的防反接保护电路

(3) 绝缘栅双极型晶体管 IGBT 的驱动和短路保护。绝缘栅双极型晶体管 IGBT 是电力电子电路中常用的一种功率开关器件。IGBT 的短路保护一般是检测 IGBT 的集电-发射 CE 极之间的饱和压降实现的，当集电极电流很大或短路时，IGBT 退出饱和区，进入放大区。

(4) 辅助电源电路。逆变器除了功率变换回路，还包含小信号部分的供电，如单片机的 5V 或 3.3V 供电等。

常用的办法是输入电压直接通过电阻降压产生、使用稳压集成电路或开关电源电路产生、用隔离式开关电源的多路绕组线圈产生。

对于 12V 电池供电的逆变器，一般经过一级 RC 滤波给 PWM 芯片等供电即可，R 上的压降不能过大。用线性稳压集成电路稳压，有时会造成比较大的热损耗，自激开关式降压电路热损耗小。

4. 高频变压器的设计

(1) 磁芯的选择。确定了总输出功率，变压器设计先从选择磁芯开始。磁芯的有效输出功率根据工作频率、最大工作磁密、磁芯面积 S、窗口面积 A_b 及各绕组电流密度确定。这些参数的确定是互相关联的，选择原则是尽量减小变压器尺寸和减少温升。大多数开关电源的变压器都采用铁氧体磁芯，它有很高的电阻率，涡流损耗很低。

(2) 功率开关管最大导通时间的选择。在推挽型电路中可知，当直流输入电压 V_{dc} 下降时，变换器会通过增加导通时间 T_{on} 来维持输出电压 V_m 恒定。当直流输入电压下降到最小值 V_{dc} 时，导通时间 T_{on} 最大。不过最大导通时间一般不能超过开关周期的 1/2。否则，复位伏秒数将小于置位伏秒数，经过几个周期后，磁芯将可能饱和并损坏开关管。

为了保证一个周期内磁芯可以复位，且不会造成同时导通，必须采取钳位电路以限制导通时间不会超过半周期的80%，即 $T_{on}=0.4T$ 。

(3)绕组匝数的选择。常用小型变压器每伏匝数计算公式为

$$N=\frac{10000}{4.44\cdot F\cdot B\cdot S} \tag{7-14}$$

式中，N为每伏匝数；F为交流电频率(我国为50Hz)；B为磁通密度(T，特斯拉)；S为磁芯截面积(cm^2)，磁通密度一般因材料而异，如铁氧体磁芯磁通密度0.25～0.28T，根据此公式，根据变压器磁芯尺寸，计算出截面积，就可推算出每伏匝数。知道每伏匝数后，即可方便地计算出初、次级线匝数。

另外一种方法也可以计算绕组的每伏匝数 N=4.5×100000/($B_g\cdot S$)，S为磁芯中心柱截面积(cm^2)；B_g为导磁率，一般在6000～12000 G，现铁心一般都在10000 G附近或以上，按10000 G计：N=4.5×100000/(10000×S)=45/S 。

初级绕组的匝数为

$$N_P=V_P\cdot N \tag{7-15}$$

次级绕组的匝数为

$$N_S=\frac{N_P\cdot V_S}{V_P} \tag{7-16}$$

5. 滤波器的设计

滤波器需要设计输出电感量和电容量。

主输出和从输出电感都不允许进入不连续工作模式，可取

$$L_o=\frac{0.05V_oT}{I_{dc}} \tag{7-17}$$

式中，I_{dc}为逆变器的最小输出电流；V_o为输出电压；T为开关周期。

如果选最小电流I_{dc}为额定电流I_{on}的1/10，则 $L_o=\dfrac{0.5V_oT}{I_{on}}$ 。

输出电容C_o的选择应满足最大输出纹波电压V_r的要求。

$V_r=R_0\Delta I$ ，ΔI为电感电流纹波的峰-峰值；R_0为负载电阻。

7.2　并网逆变器

7.2.1　并网逆变器分类

1. 按输出交流电特性分类

按照输出的交流电特性分类，并网逆变器分为单相、三相并网正弦波逆变器。为了与电网并联，需要输出的电能符合电网要求，输出的电压波形为正弦波，

即正弦波逆变器。

正弦波逆变器的优点是输出波形好，失真度低，噪声小，保护功能齐全，对电感性和电容性负载适应性强。缺点是线路相对复杂，对维修技术要求高，价格较高。

目前大多采用专用 SPWM 波形产生芯片和微控制器芯片组成数字式 SPWM 波形逆变器的方案，使正弦波逆变器的结构简化，并且输出特性和工作可靠性得到很大提高。

2. 按电气隔离情况分类

按电气隔离情况可分为非隔离型和隔离型逆变器。

(1) 非隔离型逆变器。非隔离型逆变器的输入和输出端无电气隔离，发电系统也称直接耦合系统，其基本结构如图 7-10 所示。根据系统中使用变压的个数不同(换流模块的使用数量也不同)，又分为单级型、多级型耦合系统。

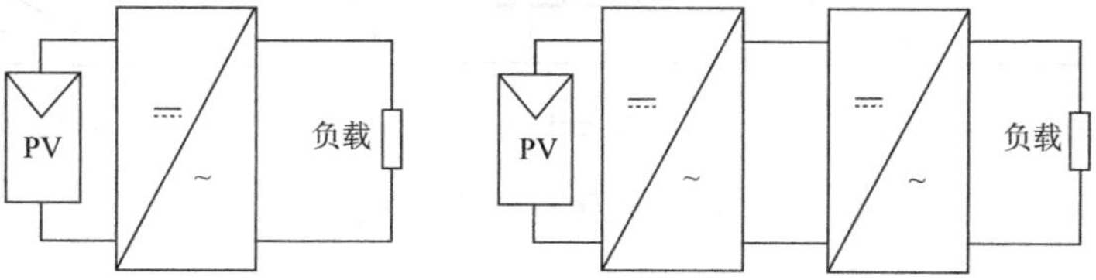

(a) 单级型　(b) 多级型

图 7-10　非隔离型逆变器的基本结构

(2) 隔离型逆变器。隔离型逆变器，通常使用变压器使输入和输出端电气隔离。根据变压器工作频率的不同分为工频隔离变压器的逆变器和高频隔离变压器的逆变器。工频隔离变压器的逆变器内部电能变换级数少，结构简单，但输出能量小、效率低、有噪声、体积大、重量重。而高频隔离变压器的逆变器与之相反，其内部电能变换级数多，结构复杂，但可以输出大功率电能、效率高、无噪声、体积小、重量轻。其基本结构如图 7-11 所示。

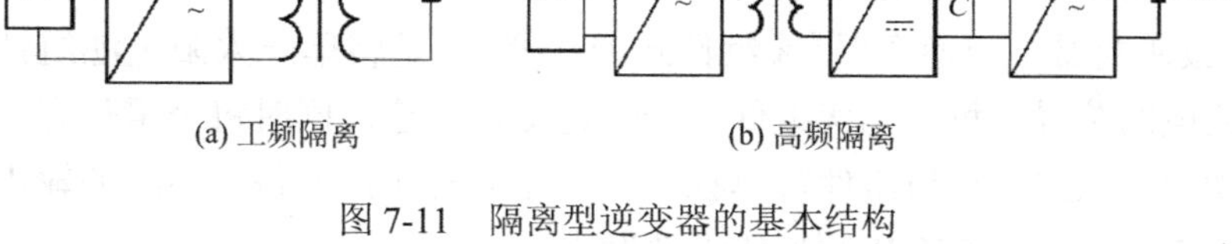

(a) 工频隔离　(b) 高频隔离

图 7-11　隔离型逆变器的基本结构

3. 按与组件连接形式分类

按照并网逆变器与光伏的连接形式可以划分为 3 类，逆变器的 3 种类型的光伏连接图如图 7-12 所示。

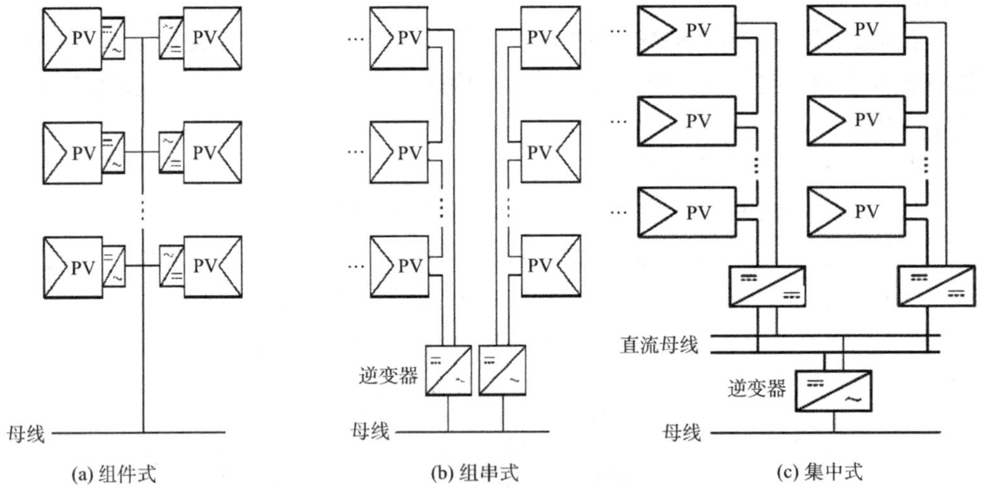

图 7-12　光伏与逆变器的连接

在图 7-12(a)中，每块光伏连接一个逆变器，因每块组件功率小，逆变器的功率和体积都小，称为组件式逆变器或微逆变器。在图 7-12(b)中，每一光伏组串连接一个逆变器，与之对应的逆变器称组串式逆变器。在图 7-12(c)中，每一光伏阵列连接一个逆变器，这种逆变器称集中式逆变器。每种逆变器有不同的特点和应用。

(1)集中式逆变器。集中式逆变器一般用于大型光伏发电站的系统中，很多并行的光伏组串被连到同一台集中逆变器的直流输入端，一般功率大的使用三相的 IGBT 功率模块，功率较小的使用场效应晶体管，同时使用 DSP、MCU 控制输出的电能和电能的质量，输出可以尽量跟踪电网电能。一般功率在几十千瓦以上。

(2)组串式逆变器。组串式逆变器是每个光伏组串(1～5kW)通过一个逆变器，在直流端具有最大功率点跟踪，在交流端并联。目前，无变压器组串式逆变器已成为市场应用最多的并网逆变器。

(3)微逆变器。微逆变器(或组件式逆变器)，是将单一太阳电池组件电能变换为交流电的装置，每个光伏组件与一个逆变器相连，同时每个组件有一个单独的最大功率点跟踪，每块组件可单独进行电流的转化，使得总系统的输出功率最大化。通常连接 90～500W 的光伏组件发电。

4. 按照安装环境和应用场合分类

(1) 按安装环境分类。按安装环境可分为三类：户内Ⅰ型(带气温调整装置)、户内Ⅱ型(不带气温调整装置)、户外型。例如，户内Ⅰ型逆变器周围空气温度范围为 0～40℃；户内Ⅱ型逆变器周围空气温度为–20～40℃；户外型逆变器周围空气温度范围为–5～60℃。同时对大气湿度会有相应的要求。

(2) 按应用场合分类。按应用场合分类可分为户用型(民用型)和工业用型(如电站、工厂等)。

7.2.2 并网逆变器的主要要求

与离网型光伏逆变器相比，并网逆变器不仅要将光伏发出的直流电转换为交流电，还要对交流电的电压、电流、频率、相位进行控制，除对并网逆变器提出以下主要要求以外，还需要解决电磁干扰、冷却系统、防火、防雷、安装等问题。

(1) 基本功能要求。

逆变器最大输入电流或功率要求不超过额定输入的 110%，逆变器输出电流或输出功率的偏差应在标称的额定输出的+10%以内。

逆变器应能根据电压输入情况，或故障及故障恢复后等情形，实现对应的自动开、关机操作。

逆变器启动运行时，输出功率应缓慢增加，不应对电网造成冲击。逆变器输出功率从启动至额定值的变化速率可根据电网的具体情况进行设定且最大不超过 50kW/s，或者逆变器输出电流从启动至额定值的过程中电流最大值不超过逆变器额定值的 110%。

由于电网故障导致逆变器向电网停止送电，在电网的电压和频率恢复到正常范围后，逆变器应能在 20s～5min 内自动重新向电网送电。

逆变器应设置本地通信接口。通信接口应具有固定措施，以确保其连接的有效性。通信端口易于组成网络，可以选用 RS485 等常规电气接口及 Modbus 等常规通信协议。

(2) 输出符合电网电能质量的要求。

输出电压变化不应超过额定值的±10%。

光伏逆变器应与电网同步运行，输出频率偏差不应超过±0.5Hz。

逆变器运行时，注入电网的电流谐波总畸变率限值为 5%。

输出电压三相不平衡度满足国家标准 GB/T 15543—2008《电能质量——三相电压不平衡》的要求；逆变器并网运行时(三相输出)，引起接入电网的公共连接点的三相电压不平衡度不应超过 GB/T 15543—2008 规定的限值。逆变器引起该点负序电压不平衡度一般不超过 1.3%，短时不超过 2.6%。根据连接点负荷情况及安全运行要求可作适当变动，但必须满足负序电压不平衡度应不超过 2%，短时不得超过 4%的要求。

光伏逆变器向电网馈送的直流电流不应大于逆变器输出电流额定值的 0.5%或 5mA，取两者中较大值。

(3) 在负载和日照变化幅度较大的情况下均能高效运行。

对于逆变器，决定其能量转换的效率包括最大功率点跟踪效率和转换效率。

最大功率点跟踪效率：在规定的测试周期 T_M 内，逆变器获得的直流电能与理论上光伏电池阵列在该段时间内工作在最大功率点提供的电能的比值，计算公式为

$$\eta_{MPPT}=\frac{\int_0^{T_M}P_{DC}(t)\mathrm{d}t}{\int_0^{T_M}P_{MPP}(t)\mathrm{d}t} \tag{7-18}$$

式中，$P_{DC}(t)$ 为逆变器在直流端口输入功率的瞬时值；$P_{MPP}(t)$ 为光伏电池阵列提供的瞬时最大功率点功率。

转换效率：在规定的测试周期 T_M 内，逆变器交流端口输出的电能与在直流端口输入的电能的比值，计算公式为

$$\eta_{conv}=\frac{\int_0^{T_M}P_{AC}(t)\mathrm{d}t}{\int_0^{T_M}P_{DC}(t)\mathrm{d}t} \tag{7-19}$$

式中，$P_{DC}(t)$ 为逆变器在直流端口输入功率的瞬时值；$P_{AC}(t)$ 为逆变器在交流端口输入功率的瞬时值。

总效率：在规定的测试周期 T_M 内，逆变器交流端口输出的电能与在理论上光伏电池阵列在该段时间内提供的电能的比值，计算公式为

$$\eta_T=\frac{\int_0^{T_M}P_{AC}(t)\mathrm{d}t}{\int_0^{T_M}P_{MPP}(t)\mathrm{d}t}=\eta_{conv}\eta_{MPPT} \tag{7-20}$$

带隔离变压器型逆变器的转换效率最大值应不低于 94%。最大功率点跟踪效率（包括静态的和动态的）直接影响对光伏系统所发出电能的有效利用。

一般中小功率逆变器满载时的总效率要求达到 85%～90%，大功率逆变器满载时的逆变总效率要求达到 90%～95%。

(4) MPPT 能力。使光伏阵列工作在最大功率点，通过逆变器的调节实现光伏阵列的最佳运行。

(5)电气保护功能要求。具有较高的可靠性，要具有合理的电路结构和设计以及各种保护功能，有输入光伏阵列宽范围直流电压的能力，主要有直流输入侧过电压保护、交流输出侧过电压 / 欠电压保护、交流输出过频 / 欠频保护、相序或极性错误、直流输入功率超过额定功率的 1.1 倍时过载保护、短路保护、反放电保护等。

(6)功率控制要求。集中型逆变器应具备电压/无功调节功能，应满足额定有功出力下功率因数在超前 0.95～滞后 0.95 的范围内动态可调。

(7)低电压穿越和防孤岛效应能力。在电力系统中，发生低电压突变时具有低电压穿越的能力；能监测电力系统发生停电，防止孤岛效应。

7.2.3　并网逆变器结构

并网逆变器构成的光伏发电系统原理图如图 7-13 所示。

逆变器内部按功能划分为主逆变电路和控制电路两大类。主逆变电路(对应一次回路)是逆变电路的核心，主要作用是通过半导体开关器件的导通和关断完成逆变的功能。控制电路(对应二次回路)主要是为主逆变电路提供一系列的控制脉冲来控制开关器件的导通与关断，配合主逆变电路完成逆变功能。

从物理形态上，大功率集中型逆变器常采用四柜体分立式箱柜：直流柜、逆变柜、控制柜、交流输出柜。中小功率逆变器常采用一体化箱柜。

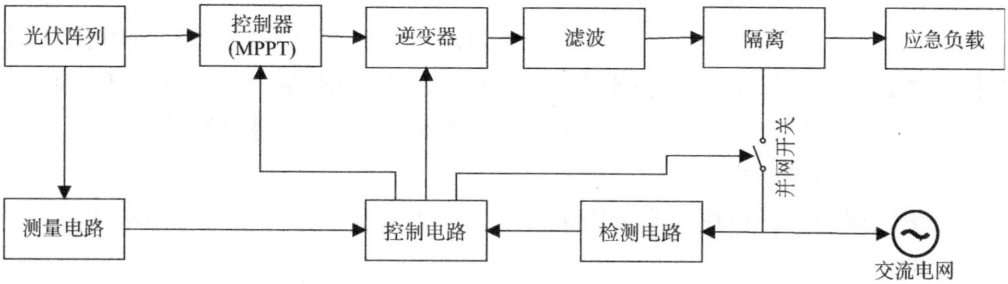

图 7-13　光伏并网逆变系统原理图

并网逆变器的主电路、控制电路与离网逆变器主电路、辅助电路相同，并网逆变器增加了采集电网的电压、电流的电路。在此，对集中式、组串式、组件式逆变器的常见结构和关键特点进行分析。仅以三个三相并网逆变器为例分析其结构。

1. 集中式逆变器

1)单级型拓扑结构

采用单级拓扑结构无变压器隔离的大功率三相并网逆变器如图 7-14 所示。逆变器主电路为单级拓扑结构，主要应用是中大型电站逆变器。

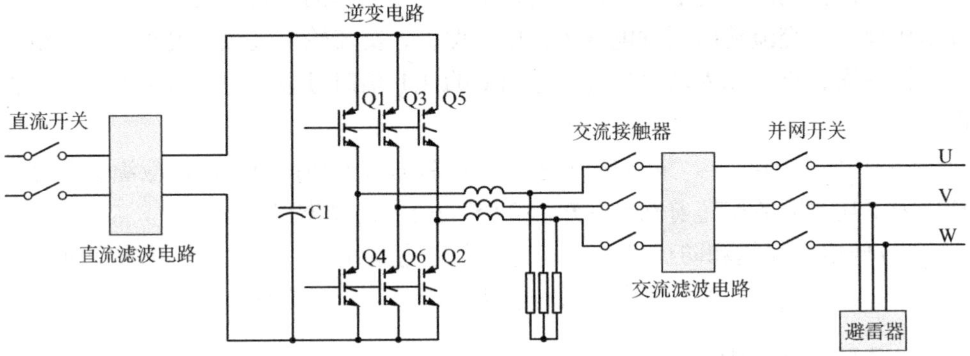

图 7-14　无变压器隔离的大功率三相并网逆变器

主电路要完成如下几个基本任务：最大功率点跟踪，能充分发挥电池组件或阵列的发电潜力；跟踪电网，保证输出电流，保持频率和电网同步；直流电到交流电的转换，转换的同时，调节输出功率(或根据电网需要发出无功功率)；输入、输出电路起隔离、滤波、补偿等作用。

控制回路包含系统电源(交流电源、直流电源、UPS)、模拟量的采集和输出(电压、电流、温度传感器)、开关量的采集和输出(熔断器、接触器、风机等状态和控制)、电力电子开关驱动电路、绝缘检测、漏电检测(交流侧、直流侧)、状态显示按钮(状态显示、钥匙开关、急停)等电路。控制回路的主控制器通常采用DSP(或微控制器、CPU)，外围功能电路有GPIO(通用输入/输出端口)、ADC、通信电路、控制和保护、电源管理电路、检测电路、保护电路、指示电路等。

2) 大功率逆变结构

增大输出功率、电压，常采用多模块、多电平叠加等大功率输出结构。

3) 应用与特点

集中式解决方案与兆瓦级箱式逆变站解决方案目前广泛应用在大型地面电站中，此类电站装机容量多在 5MW 以上，一般处于地广人稀的沙漠、戈壁地带，组件布局朝向一致，极少出现局部遮挡；中压 10kV 或以上并网，对电能质量和电网调度要求高。

主要优点是系统采用单级拓扑结构，控制简单可靠，使用元器件少，成本低，器件产生的损耗少，转换效率高，设备运行维护快捷方便，电网适应性强。缺点是光伏发电系统的可靠性受某一光伏阵列工作状态不良的影响，不利于检测和维护，而且光伏组串的匹配和部分遮挡会导致整个光伏发电系统的效率降低。

2. 组串式逆变器

1) 多级型拓扑结构

组串式并网逆变器一般含有升压电路和多路 MPPT 电路，通过 DC-DC 电路形成两级或多级结构。

两级式逆变器构成的发电系统框图如图 7-15 所示。

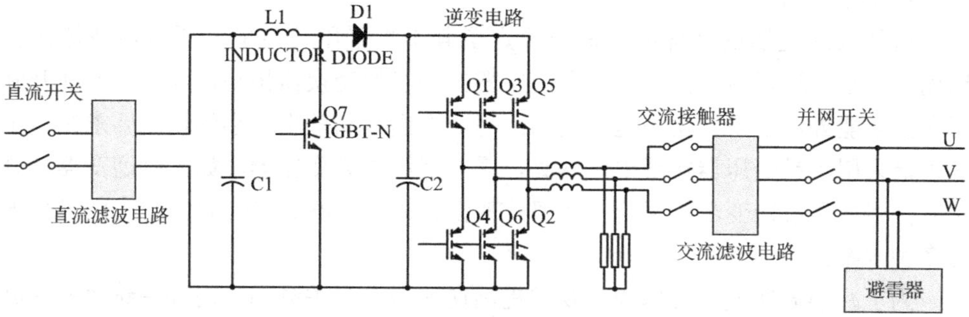

图 7-15　两级式逆变器构成的发电系统框图

MPPT 电路将多路组串输入按照每串的特点输出最大功率，MPPT 算法主要有三种：干扰观察法、电导增量法和恒压跟踪法等。

升压电路将光伏电池阵列的不同规格输出电压升高到所需的稳定直流电压，形成直流母线电压汇流，为后级逆变电路提供稳定的直流母线电压。

2) 应用与特点

组串式并网逆变器常以家用、商用屋顶为组件载体，单个屋顶或单个容量常小于 100kW，系统能够直接并入低压配电网或供用户直接使用。分布式发电系统因受到屋顶角度、建筑物阴影、树木阴影等的影响，采用具备多路 MPPT 功能逆变器，可灵活配置组件功率和种类，所以组串式逆变器更加适用于 5MW 以下的小型地面电站和分布式电站中。

组串式逆变器的优点是采用两级拓扑结构，主电路多用一级电路，便于管理和维护；将光伏阵列中每组串光伏接入一个逆变器，不受组串间模块差异和遮影的影响，同时减少了光伏组件最佳点与逆变器不匹配的情况，从而增加了发电量。但是，逆变器增加了相应电路的元件，增加了控制的复杂性，降低了系统的可靠性，由器件产生的损耗增大，转换效率会降低。对于发电系统的总成本问题，与使用集中式逆变器的系统相比，要根据系统规模和使用逆变器的型号具体分析。

多组串式逆变器取了集中式逆变器和组串式逆变器的优点，避免了其缺点，可应用于几千瓦的光伏发电站。在多组串式逆变器中，包含多个 MPPT DC-DC 变换电路，可以对应每一路的光伏组串输入。多路变换后的直流电汇流，再通过一个普通的 DC-AC 逆变器将交流电并入交流电网。对于使用多组串式逆变器的系统，不同材料类型、不同额定电压、不同安装方式等，都可以连在一个共同的逆变器上，并为每一组串实现 MPPT 功能，将组串间的遮挡阴影和差异引起的损失减到最小。

3. 组件式逆变器

1) 拓扑结构

组件式逆变器的特殊应用需求决定了其不能采用传统的降压型逆变器拓扑结构，而应该选择能够同时实现升降压变换功能的变换器拓扑，除能够实现升降压变换功能外，还应该实现电气隔离；另一方面，高效率、小体积的要求决定了其不能采用工频变压器实现电气隔离，需要采用高频变压器，如高频逆变器、升压变换器与传统逆变器相组合的两级式变换、基于反激式 DC-DC 电路的逆变器等多种方案。

为了减小微逆变器的体积，要求提高逆变器的开关频率，而开关频率的提高必然导致开关损耗升高、变换效率下降，使用高频软开关技术可以提高开关频率。

一个微逆变器的系统方案示例如图 7-16 所示，微处理器也可以采用微控制器、DSP(数字信号处理器)、FPGA(现场可编程门阵列)。微处理器完成相位实时检测、电流相位反馈控制、光伏方阵最大功率跟踪以及产生正弦波脉宽调制信号等。公用电网的电压和相位经过传感器送给微处理器的 ADC，微处理器将逆变回馈的信号与交流电网的信号做比较，将误差信号通过运算器，如 PID(比例-积分-微分)调节，产生 PWM 信号，使逆变器输出符合并网要求。

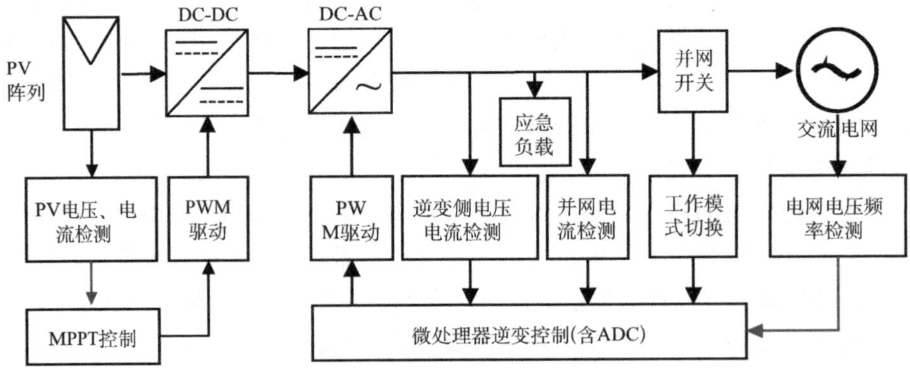

图 7-16　并网组件式逆变器的方案示例

2) 应用与特点

由于输出交流电并联，组件式逆变器系统增加了交流侧的连线的复杂性，维护工作量加大。但是，组件式逆变器中通常使用微处理器，使得组件式逆变器容易与通信功能组合，因此组件式逆变器可以远程监视各个模块的状态，检测光伏组件的工作状态，实现无人值守电站的远程监测，快速准确定位故障组件与逆变器，维修时可以直接关闭或拆去故障组件和组件式逆变器，不影响系统中其他部件的正常工作，对系统的总发电量影响小，有利于发电系统的有效运行。

组件式逆变器的单价低，大功率集中式逆变器的价格高。对于发电系统成本，一般微控制器的使用量大，因此使用微控制器的系统与使用集中式逆变器、组串式逆变器的系统相比，成本会增加。同样在具体的系统设计中，要仔细比较组件式逆变器、组串式逆变器、集中式逆变器的数量、单价等，才能确定使用哪种方案成本低、最优化。除成本外，集中式、组串式、组件式逆变器构成的发电系统比较表见表 7-1。

表 7-1　集中式、组串式、组件式逆变器构成的发电系统比较表

	集中式	组串式	组件式
输入断路器	无	无，有直流开关	无，有电子开关
输出断路器	有	无	无
DC-DC 电路	无	有	有
MPPT	单路跟踪	多路跟踪	单路跟踪
滤波技术	LCL 滤波	LC 滤波	LC 滤波

7.3　光伏逆变器的控制

7.3.1　PWM 技术

逆变器有两种基本控制策略：脉波控制和脉宽调制(PWM)控制。脉波控制具有实现简单、开关损耗小的优点，缺点是不能消除低频谐波并且不能调节输出电压(电压源型电路)，幅值见桥式电路输出的数量关系。PWM 控制的特点是逆变器输出电压可调，消除了低频谐波的影响。PWM 现已在电源控制的斩波、逆变、整流、变频等变流器中得到广泛的应用。

1. PWM 原理

采样控制理论中有一个重要结论：冲量相等而形状不同的窄脉冲加在具有惯性的环节上时，其效果基本相同。PWM 控制技术就是以该结论为理论基础，是用一种参考波为调制波，而以 N 倍于调制波频率的三角波(有时也用锯齿波)为载波进行波形比较，在调制波大于载波的部分产生一组幅值相等、宽度正比于调制波的矩形脉冲序列，用开关量取代模拟量，对半导体开关器件的导通和关断进行控制，使输出端得到一系列幅值相等而宽度不相等的脉冲，用这些脉冲来代替需要的波形。其中载波频率与调制波频率的比值 N 称为载波比。

PWM 技术用于逆变电路时，调制波通常是正弦波(有时也采用梯形波等)，通过对逆变器开关管的通断控制，把直流电变成交流电，既可改变逆变电路输出电压，也可改变输出频率。

2. PWM 技术分类

根据 PWM 控制技术的特点，目前主要有以下 8 类方法。

(1) 相电压控制 PWM。

等脉宽 PWM 法：等脉宽 PWM 法是把每一脉冲的宽度均相等的脉冲列作为 PWM 波，通过改变脉冲列的周期可以调频，改变脉冲的宽度或占空比可以调压，采用适当控制方法即可使电压与频率协调变化。该方法的优点是电路结构简化，提高了输入端的功率因数，但同时在输出电压中除基波外，还包含较大的谐波分量。

SPWM 法：SPWM 法用脉冲宽度按正弦规律变化而和正弦波等效的 PWM 波形即 SPWM 波形控制逆变电路中开关器件的通断，使其输出的脉冲电压的面积与所希望输出的正弦波在相应区间内的面积相等，改变调制波的频率和幅值则可调节逆变电路输出电压的频率和幅值。SPWM 法是一种目前使用广泛的 PWM 法。

梯形波与三角波比较法：采用梯形波作为调制信号，三角波为载波，且使两波幅值相等，以两波的交点时刻控制开关器件的通断实现 PWM 控制，可以有效地提高直流电压利用率。

(2) 线电压控制 PWM。线电压控制 PWM，主要是马鞍形波与三角波比较法。

马鞍形波与三角波比较法也就是谐波注入 PWM(HIPWM)方式，其原理是在正弦波中加入一定比例的三次谐波，调制信号便呈现出马鞍形，而且幅值明显降低，于是在调制信号的幅值不超过载波幅值的情况下，可以使基波幅值超过三角波幅值，提高了直流电压利用率。在三相无中线系统中，由于三次谐波电流无通路，所以三个线电压和线电流中均不含三次谐波。

(3) 电流控制 PWM。电流控制 PWM 的基本思想是把希望输出的电流波形作为指令信号，把实际的电流波形作为反馈信号，通过两者瞬时值的比较来决定各开关器件的通断，使实际输出随指令信号的改变而改变。其实现方案主要有滞环比较法、三角波比较法、预测电流控制法。

(4) 空间电压矢量控制 PWM。空间电压矢量控制 PWM(SVPWM)也称磁通正弦 PWM。它以三相波形整体生成效果为前提，以逼近电机气隙的理想圆形旋转磁场轨迹为目的，用逆变器不同的开关模式所产生的实际磁通去逼近基准圆磁通，由它们的比较结果决定逆变器的开关，形成 PWM 波形。

(5) 矢量控制 PWM。矢量控制也称磁场定向控制，其原理是将异步电动机在三相坐标系下的定子电流 i_a 、 i_b 、 i_c 通过三相/二相变换，等效成两相静止坐标系下的交流电流 i_{a1} 及 i_{b1} ，再通过按转子磁场定向旋转变换，等效成同步旋转坐标系下的直流电流 I_{m1} 及 I_{t1}（I_{m1} 相当于直流电动机的励磁电流；I_{t1} 相当于与转矩成正比的电枢电流），然后模仿对直流电动机的控制方法，实现对交流电动机的控制。

(6) 直接转矩控制 PWM。直接转矩控制(direct torque control，DTC) PWM，不需要解耦电机模型，把转矩直接作为被控量来控制，它是在静止的坐标系中计算电机磁通和转矩的实际值，然后产生 PWM 控制信号，能方便地实现无速度传感器化，有很快的转矩响应速度和很高的速度及转矩控制精度。

(7) 非线性控制 PWM。非线性控制又称积分复位控制，其基本思想是控制开关占空比，在每个周期使开关变量的平均值与控制参考电压相等或成一定比例。

非线性控制使控制电路能在一个周期内自动消除稳态、瞬态误差，使前一周期的误差不会带到下一周期。硬件电路较复杂，但具有反应快、开关频率恒定、鲁棒性强等优点。

(8) 谐振软开关 PWM。谐振软开关 PWM 的基本思想是在常规 PWM 变换器拓扑的基础上，附加一个谐振网络，谐振网络一般由谐振电感、谐振电容和功率开关组成。开关转换时，谐振网络工作使电力电子器件在开关点上谐振过程极短，实现了软开关技术。

3. 光伏逆变的控制目标

光伏逆变器中常用的几种 PWM 控制方法为脉波、SPWM、CHB(电流滞环跟踪) PWM、SVPWM 控制。通常可认为，脉波控制输出的电压/电流为脉波，SPWM 控制输出的电压为正弦波、CHBPWM 控制使电流输出为正弦波、SVPWM 使输出磁链为圆形。

典型的并网控制方法有电压控制法和电流控制法。新的控制方式如神经网络控制、状态反馈控制、重复控制、滑模变结构控制、模糊控制等也逐渐进入了光伏系统控制领域。

1) 电压型并网的输出控制

电压型控制逆变器是将逆变器输出作为电压源，它与电网的并联看作两个电压源并联运行，由于市电系统与光伏发电系统相比可视为容量无穷大的交流电压源，因此，要保证逆变器输出与电网同步，需采用锁相控制技术使逆变器输出电压与市电电压同步，同时调整逆变器输出电压幅值以避免产生环流。

锁相环(PLL)常用于并网型逆变器的控制。锁相环是一个能够自动追踪输入信号频率和相位的闭环控制结构，典型的锁相电路如图 7-17 所示，它由鉴相器

(PD)、低通滤波器(LF)和压控振荡器(VCO)组成。鉴相器用来鉴别输入信号 u_1 与输出信号 u_2 之间的相位差，并输出误差电压 u_d ，u_d 中的噪声和干扰成分被低通滤波器滤除，形成压控振荡器的控制电压 u_f ，u_f 作用于压控振荡器的结果是把它的输出振荡频率 f_2 拉向环路输入信号频率 f_1 ，当两者相等时，环路被锁定。

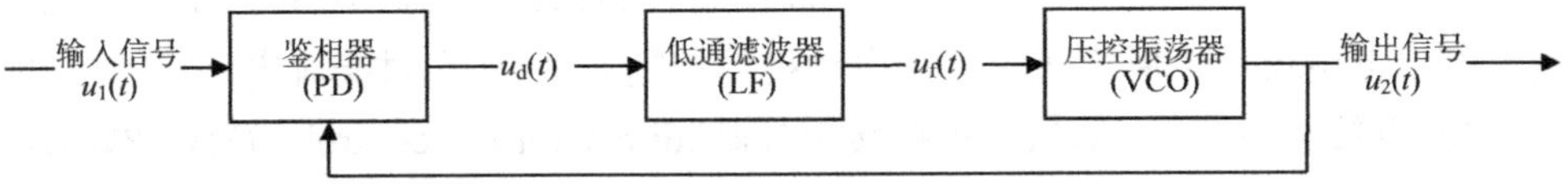

图 7-17　典型的锁相电路基本结构图

逆变器并网电压控制方式可以采用均值反馈控制或瞬时值反馈控制，即给定一个电压均值，反馈采用输出电压的均值或电压瞬时值，对误差进行比例-积分(PI)调节，输出控制信号。

2) 电流型并网的输出控制

并网逆变器采用电流控制是将逆变器输出作为电流源，它与电网的并联可看作电流源与电压源的并联工作。并网工作中只需控制逆变器的输出电流频率、相位跟踪电网电压变化即可达到并联运行的目的。

将电流控制和电压控制结合，构成的双环型控制结构是逆变器产品中使用较多的一种控制方式。

7.3.2　SPWM 控制

1. SPWM 波形

当调制波为正弦波时，输出矩形脉冲序列的脉冲宽度按正弦规律变化，这种调制技术通常又称为正弦脉宽调制(SPWM)技术。

SPWM 波分为单极性 SPWM 和双极性 SPWM。

单相单极性 SPWM 波形和双极性 SPWM 波形如图 7-18 所示。单级性 PWM 波的电压极性只有一种电平，双级性 PWM 波的电压极性有正负两种电平。

SPWM 方法的实现方法主要有计算法和调制法两种。

2. 计算法

计算法其实就是计算脉冲产生的时刻，用软件来实现调制的方法，脉冲产生时刻的采集又分为自然采样法、规则采样法、低次谐波消去法等。

1) 自然采样法

与硬件调制法的思想相同，按照 SPWM 控制的基本原理，在调制正弦波和三角载波的自然交点时刻控制功率开关管的通断。因此，要准确生成 SPWM 波形，就需要准确地计算出正弦波和三角波的交点。但脉冲宽度计算较为烦琐。若使用查表法来输出 PWM 波，其数据占用的内存过大，微处理器无法进行实时控制。

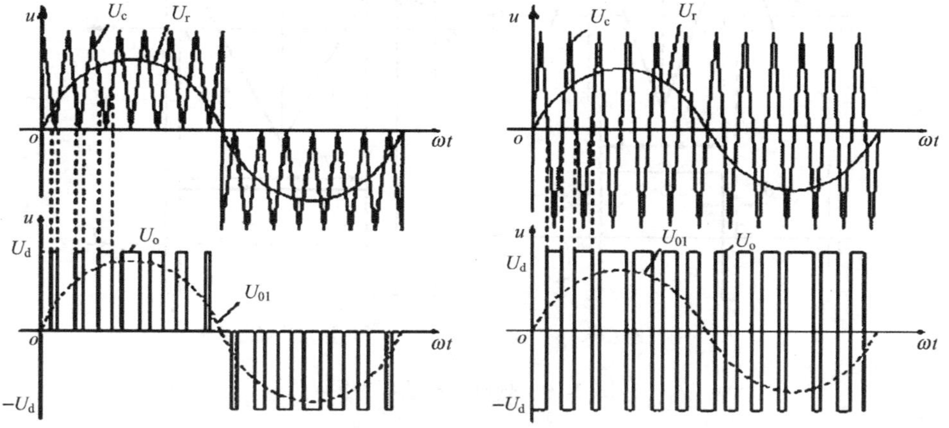

(a) 单极性　(b) 双极性

图 7-18　单相 SPWM 波形

自然采样法的主要缺点是 SPWM 波形脉冲的起始和终止时刻与三角波的中心线不对称，使得求解困难。

2) 规则采样法

规则采样法在三角波的固定点对正弦波进行采样，得到一个具体电压值的阶梯波，用此阶梯波和三角波的交点作为 SPWM 波形的脉冲生成时刻。规则采样法分为对称采样和不对称采样两种，是根据不同固定点的分类。

对称规则采样法[图 7-19(a)]的固定采样点是三角波的顶点(或底点)，所得脉宽在一个载波周期内是对称的。但由于采样的特定电压阶梯波与三角载波的交点处于正弦调制波的同一侧，所得脉冲宽度偏小，从而造成控制误差。

不对称规则采样法[图 7-19(b)]在三角载波的顶点和底点都进行采样，所得脉宽在一个载波周期内是不对称的。由于特定电压阶梯波与三角波的交点坐落于正弦调制波的两侧，减少了脉宽生成误差，所得的 SPWM 波形更为准确。

根据图 7-19 中波形的几何关系，可以推出脉冲宽度的延续时间，然后算出脉冲的起止时刻 t_a 和 t_b。

对称规则采样法：

$$T_a = T_b = \frac{T_s}{4}\left[1 + \frac{v_r(t_{1\ \text{or}\ 2})}{V_{cm}}\right] \tag{7-21}$$

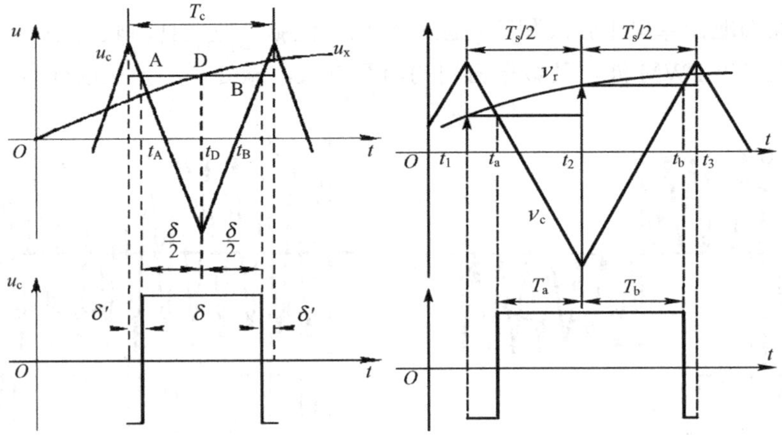

(a) 对称规则采样　　(b) 不对称规则采样

图 7-19　规则采样法原理图

不对称规则采样法：

$$\begin{cases} T_a = \dfrac{T_s}{4}\left[1+\dfrac{v_r(t_1)}{V_{cm}}\right] \\ T_b = \dfrac{T_s}{4}\left[1+\dfrac{v_r(t_2)}{V_{cm}}\right] \end{cases} \tag{7-22}$$

式中，T_a 为脉冲起始时刻到载波峰值点时刻的时间；T_b 为载波峰值点的时刻到脉冲结束时刻的时间；T_s 为周期；$v_r(t_1)$ 为 t_1 时刻正弦波的幅值；$v_r(t_2)$ 为 t_2 时刻正弦波的幅值，三角波的幅值为$\pm V_{cm}$。

对称规则采样法和不对称规则采样法的区别如下：对称规则采样法计算简单，适合微处理器计算，不对称规则采样法的脉宽计算量、采样频率是对称规则采样法的 2 倍。对称规则采样法的缺点是对直流电压的利用率低，谐波比不对称规则采样法的大，线性控制范围小。

3）低次谐波消去法

低次谐波消去法是以消去 PWM 波形中某些主要的低次谐波为目的的方法。其原理是对输出电压波形按傅里叶级数展开，表示为$u(\omega t)=a_n\sin n\omega t$，首先确定基波分量 a_1 的值，再令两个不同的 $a_n=0$，就可以建立三个方程，联立求解得 a_1、a_2 及 a_3，这样就可以消去两个频率的谐波。其原理可参考大功率逆变技术中电平多重叠加时的谐波消去法原理。

该方法虽然可以很好地消除所指定的低次谐波，但是存在计算复杂的缺点，只适用于同步调制方式中。

3. 调制法

硬件调制法可以解决计算法烦琐的缺点，其原理就是把所希望的波形作为调制信号，把接收调制的信号作为载波，通过对载波的调制得到所期望的 PWM 波形。

通常采用等腰三角波作为载波，当调制信号波为正弦波时，所得到的就是 SPWM 波形。其实现方法简单，可以用模拟电路构成三角载波和正弦调制波发生电路，用比较器来确定它们的交点，在交点时刻对开关器件的通断进行控制，就可以生成 SPWM 波。

IGBT 单相桥式电压型逆变电路的调制法如图 7-20 所示。调制电路可以用最简单的比较器实现，信号波和载波通过硬件调制电路，直接产生 PWM 驱动信号。

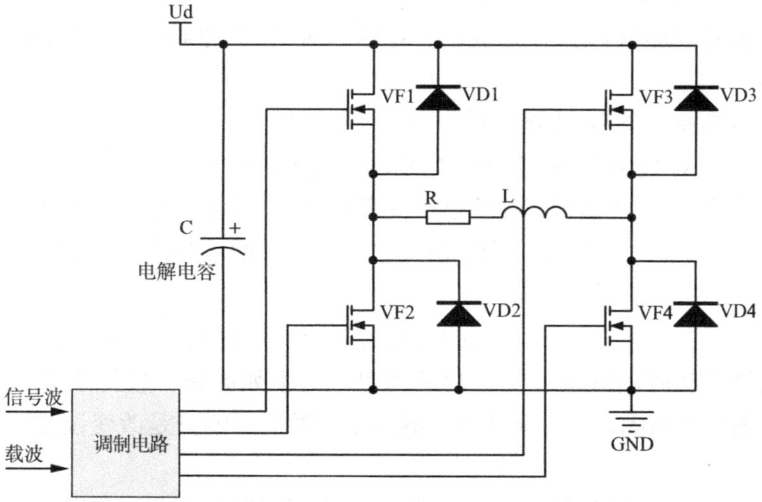

图 7-20　IGBT 单相桥式电压型逆变电路的调制法如图

4. SPWM 与调制波关系

对于载波比 N 的不同取值，有三种调制关系。

(1) 异步调制。通常保持载波频率固定不变，当调制波频率变化时，载波比 N 是变化的。在信号波的半周期内，PWM 波的脉冲个数不固定，相位也不固定，正负半周期的脉冲不对称。当调制波频率较低时，N 较大，一周期内的脉冲数较多。在采用异步调制方式时，希望采用较高的载波频率，以使在信号波频率较高时仍能保持较大的载波比。

(2) 同步调制。同步调制是指载波比 N 等于常数，并在变频时使载波和信号波保持同步。调制波频率很低时，载波频率也很低，由调制带来的谐波不易滤除；

调制波频率很高时，载波频率会过高，使开关器件难以承受。为了克服上述缺点，可以采用分段同步调制的方法。

(3) 分段同步调制。分段同步调制是分段使用同步调制，段与段之间采用不同的 N 值，这种方式可以吸取同步调制和异步调制的优点，但控制变得复杂。

通过对单相 SPWM 分析，正弦调制波的起点位置、N 的取值影响 SPWM 波形的输出。

(1) 正弦调制波的起点位置不同：调制波起始点在三角波的正负峰值处时，输出电压中含有正弦项和余弦项；而调制波起始点在三角波上升或下降沿零点处时，输出电压中只含正弦项，波形对称于原点。所以，正弦调制波起始点取在三角波的上升或者下降沿零点处为好。

(2) N 取奇数或偶数的影响：N 取奇数可以使输出电压中的谐波全为奇次谐波，所得到的波形既对称于原点，又对称于纵轴(镜像对称)，所以是奇次谐波函数。

5. 桥式电路死区对 SPWM 的影响

对于 SPWM 采用半桥、全桥主电路的逆变器，由于所用开关管固有开通时间和关断时间的影响(开通时间往往小于关断时间)，因此很容易发生同一桥臂两只开关管同时导通的短路故障，为了避免这种故障，通常要设置开关时滞，也称为死区时间。

引起实际输出电压波形畸变的因素有三个：死区与死区的设置方式；感性负载时反馈二极管的续流；负载功率因数。其中死区和二极管续流是实际波形发生畸变的根本原因，设置方式和负载功率因数的影响只是改变误差波的脉冲分布状态。

死区的设置方式有两种：一种是提前一半死区时间关断，延滞一半死区时间开通，称为双边对称设置；另一种是按时关断，延滞死区时间开通，称为单边不对称设置。

7.3.3 SVPWM 控制

1. 圆形磁链跟踪

电机定子磁链为圆形，把逆变器和交流电动机视为一体，按照跟踪圆形旋转磁场来控制逆变器的工作，这种控制方法称为“磁链跟踪控制”。

具体方法又分为磁通开环式和磁通闭环式。磁通开环式用两个非零矢量和一个零矢量合成一个等效的电压矢量，若采样时间足够小，可合成任意电压矢量。此法输出的电压有效值比正弦波调制时高，谐波电流有效值之和接近最小。

磁通闭环式引入磁通反馈，控制磁通的大小和变化的速度。在比较估算磁通和给定磁通后，根据误差决定产生下一个电压矢量，形成 PWM 波形。这种方法克服了磁通开环式的不足，解决了电机低速时，定子电阻影响大的问题，减小了电机的脉动和噪声。但由于未引入转矩的调节，系统性能没有得到根本性的改善。

电动机空间磁链矢量 ψ_s 与空间电压矢量 U_s 一样以 ω 为角速度沿圆周做恒速旋转，两者方向总是正交，如图 7-21 所示。

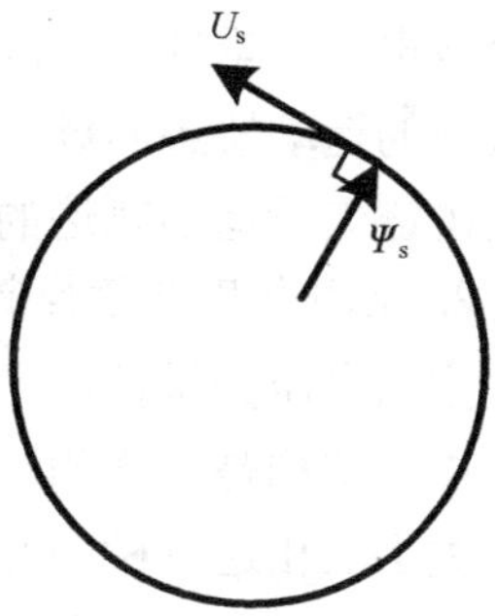

图 7-21　电动机空间磁链矢量 ψ_s 与空间电压矢量 U_s

空间磁链矢量沿合成电压所指的方向行进，直观看，表示磁链矢量的箭头尾部不动，头部跟

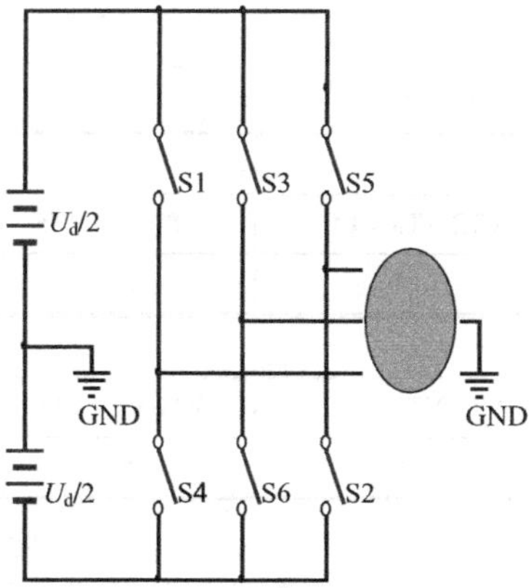

(a) 电路图

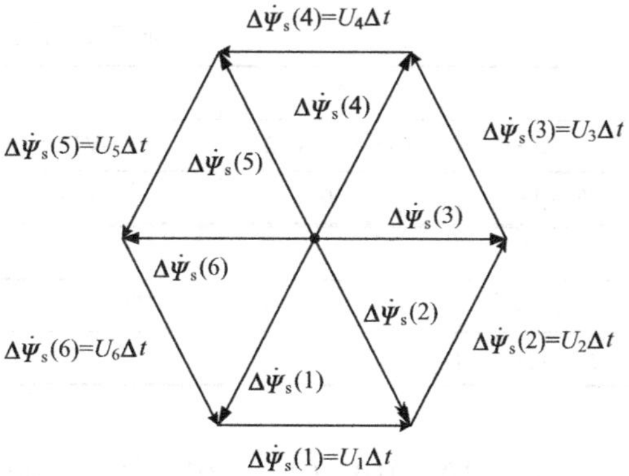

(b) 空间磁链矢量图

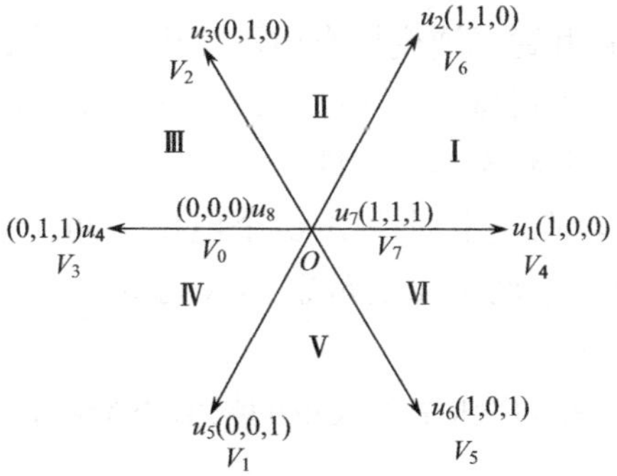

(c) 控制电压矢量图

图 7-22　逆变电路和 6 脉波控制电压矢量图

随合成电压矢量行进，因此电动机旋转磁场的轨迹问题就可以转化为合成空间电压矢量的运动轨迹问题，换句话说，可以用对合成空间电压矢量的分析来代替对空间磁链矢量运动轨迹的分析。

2. 空间电压矢量控制逆变原理

空间电压矢量控制逆变电路结构与三相 SPWM 逆变电路结构以及三相方波逆变电路结构是一样的，如图 7-22(a)所示。

关于三相逆变桥的开关管，当采用 180°导通型控制时，功率开关器件共有 8 种工作状态，现在定义开关函数:

$S_i=1$（上桥臂器件导通），$S_i=0$（下桥臂器件导通），其中 $i=\mathrm{A,B,C}$。

则每一时刻的 u_s 将由此时的三个开关函数值唯一确定，记作 $u_s(S_A,S_B,S_C)$，并称(S_A,S_B,S_C)在不同数值下的组合为变频器的开关模式(开关代码)，见表 7-2。

表 7-2　开关代码表

序号	1	2	3	4
开关状态	VT6 VT1 VT2	VT1 VT2 VT3	VT2 VT3 VT4	VT3 VT4 VT5
开关代码	100	110	010	011
序号	5	6	7	8
开关状态	VT4 VT5 VT6	VT5 VT6 VT7	VT1 VT3 VT5	VT2 VT4 VT6
开关代码	001	101	111	000

100、110、010、011、001、101、000、111 中，前 6 种为有效开关状态，即上桥臂只能有一个开关导通，则下桥臂中除含导通管的那个桥臂外的开关管开通，逆变桥有电压输出，或者反过来，下桥臂只能有一个开关导通，则上桥臂中除含导通管的那个桥臂外的开关管开通，逆变桥有电压输出；最后 2 种状态，也称为零状态，即上桥臂全部导通而下桥臂全部关断，或正好相反，这时逆变器没有输出电压，对输出电压来说这两种状态是一样的。

6 脉波信号控制逆变时，在一个周期中 6 个电压空间矢量共转过 2π，形成一个封闭的正六边形，电压空间矢量的放射形式为 6 个扇区，如图 7-22(b)所示。

随着逆变器工作状态的切换，电压空间矢量的幅值不变，而相位每次旋转 π/3，直到一个周期结束。

三相方波逆变电路时，由于每个非零电压矢量在一个时间周期 T_0 内作用一次只能生成正六边形的旋转磁场，与正弦波供电时所产生的圆形旋转磁场相差甚远，这样会导致转矩与转速的脉动。

为降低谐波含量，就必须获得更多边的多边形(一般为正多边形)的旋转磁场来逼近圆形旋转磁场，这样就必须构造出更多的空间位置不同的空间电压矢量以供选择。

三相方波逆变器输出只有八个基本电压矢量，可以利用这八个基本矢量合成出其他多种不同的矢量。

3. 矢量合成电压

1) 区域 I 的矢量电压线性组合

用期望输出电压矢量相邻的两个有效工作矢量等效地合成期望输出矢量。所谓等效是指在一个开关周期内，产生的定子磁链的增量近似相等。设工作周期从 100 状态开始，这时 VT6、VT1、VT2 导通，工作状态转为 110， VT1、VT2、VT3 导通。

将三相电量用一个空间矢量表示，则

$$U(t)=U_A(t)+U_B(t)e^{j2\pi/3}+U_C(t)e^{j4\pi/3}=\frac{3}{2}U_m e^{j\theta} \tag{7-23}$$

设在一个换相周期时间 T_0 内，可用区域 I 两个矢量之和表示新电压矢量 u_s，其相位为 θ。图 7-23 是第 I 区间矢量电压图。

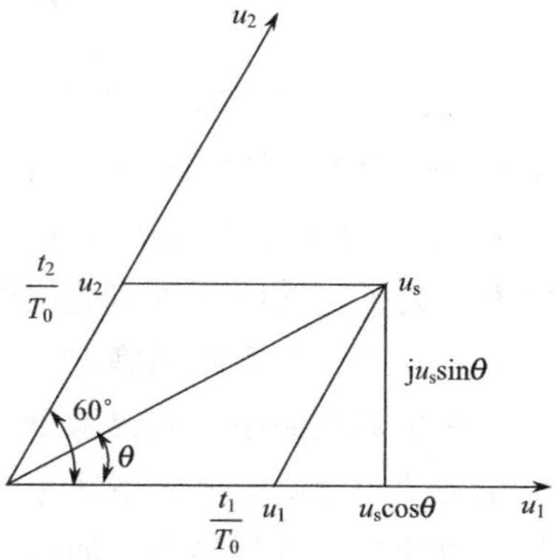

图 7-23　第 I 区间矢量电压图

2) 作用时间的确定

根据各个开关状态的线电压表达式可以推出 u_s 的表达式，矢量 u_s 用相位 θ 表示，则

$$u_s=\frac{t_1}{T_0}u_1+\frac{t_2}{T_0}u_2=u_s\cos\theta+ju_s\sin\theta \tag{7-24}$$

矢量 u_s 用空间电压 u_1 和 u_2 表示，并表达成实部和虚部的形式，则

$$\begin{aligned}u_s&=\frac{t_1}{T_0}U_d+\frac{t_2}{T_0}U_d e^{j\pi/3}=U_d\left(\frac{t_1}{T_0}+\frac{t_2}{T_0}e^{j\pi/3}\right)\\&=U_d\left[\frac{t_1}{T_0}+\frac{t_2}{T_0}\left(\cos\frac{\pi}{3}+j\sin\frac{\pi}{3}\right)\right]=U_d\left[\frac{t_1}{T_0}+\frac{t_2}{T_0}\left(\frac{1}{2}+j\frac{\sqrt{3}}{2}\right)\right]\\&=U_d\left[\left(\frac{t_1}{T_0}+\frac{t_2}{2T_0}\right)+j\frac{\sqrt{3}t_2}{2T_0}\right]\end{aligned} \tag{7-25}$$

比较以上两式，令实数项和虚数项分别相等，

$$\begin{cases} u_s\cos\theta=\left(\dfrac{t_1}{T_0}+\dfrac{t_2}{2T_0}\right)U_d \\ u_s\sin\theta=\dfrac{\sqrt{3}t_2}{2T_0}U_d \end{cases} \tag{7-26}$$

求解 t_1 和 t_2，得两个表达式

$$\begin{cases} \dfrac{t_1}{T_0}=\dfrac{2}{\sqrt{3}}\dfrac{u_s}{U_d}\sin\left(\dfrac{\pi}{3}-\theta\right) \\ \dfrac{t_2}{T_0}=\dfrac{2}{\sqrt{3}}\dfrac{u_s}{U_d}\sin\theta \end{cases} \tag{7-27}$$

3) 零矢量的使用

换相周期 T_0 应由旋转磁场所需的频率决定，设零矢量 u_7 和 u_8 的作用时间为 t_7 和 t_8 共同作用。为了减少功率器件的开关次数，一般使 u_7 和 u_8 各占一半时间，因此

$$t_7=t_8=\frac{1}{2}(T_0-t_1-t_2)\geqslant 0 \tag{7-28}$$

因此对矢量电压 u_1 的时间分配为 t_1，对矢量电压 u_2 的时间分配为 t_2，对矢量电压 u_7 的时间分配为 t_7，对矢量电压 u_8 的时间分配为 t_8。将以上 4 个状态 (100,110,111,000) 的时间分成两半，减小电压矢量的变化幅度，则可以产生 8 个状态，为了每次电压幅值变化尽量一致，将此 8 个状态的时间进行平均分配。

4) 开关状态顺序的确定

在实际系统中，应该尽量减少开关状态变化时引起的开关损耗，因此不同开关状态的顺序必须遵守下述原则：每次切换开关状态时，只切换一个功率开关器件，以使开关损耗最小，如图 7-24 所示，导通开关模式的次序为 8-1-2-7-2-1-8。

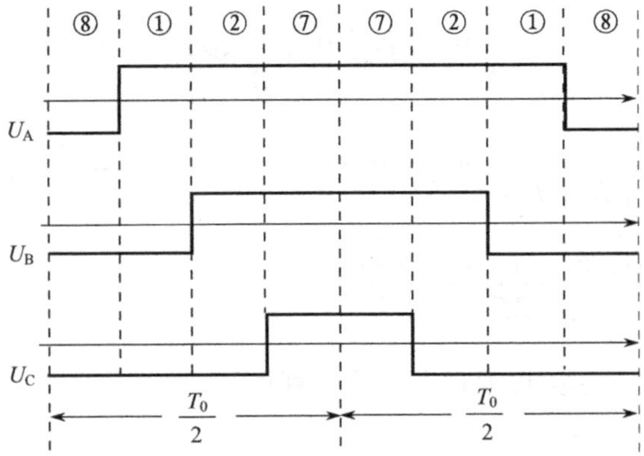

图 7-24　第 I 扇区内一段 T_0 区间的开关序列

5) 其他扇区的 SVPWM 控制

由于六个扇区都是对称的，以上的分析可以推广到其他各个扇区。SVPWM 在 6 个扇区的对称调制模式图如图 7-25 所示。

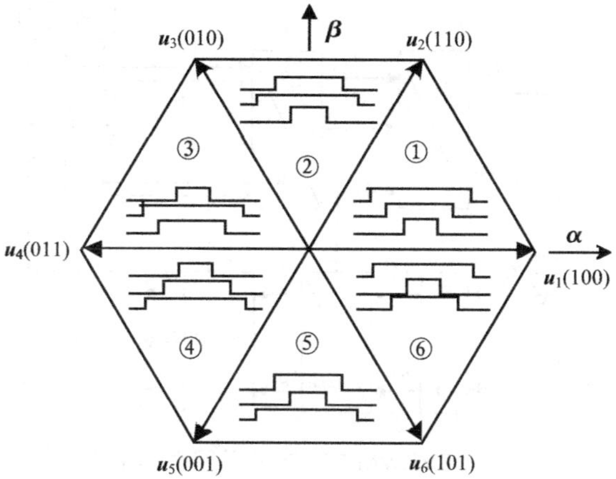

图 7-25　SVPWM 调制模式图

6) 特点

以圆形旋转磁场为目标来控制逆变电路并网，模拟电机的磁链工作方式。磁链轨迹的控制是通过交替使用不同的空间电压矢量来实现的，即空间电压矢量 PWM 控制。利用电压空间矢量直接生成三相 PWM 波，具有开关损耗低、便于微型计算机实时控制、电压利用率高等优点。

通过波形分解成傅里叶级数，获得基波分量幅值。使用 SPWM 调制时，输出基波相电压幅值为 $\frac{1}{2}U_{\mathrm{d}}$，基波线电压幅值为 $\frac{\sqrt{3}}{2}U_{\mathrm{d}}$；而使用 SVPWM 调制时，输出基波相电压幅值为 $\frac{\sqrt{3}}{3}U_{\mathrm{d}}$，基波线电压幅值为 U_{d}。采用 SVPWM 控制时，逆变器输出线电压基波最大值为直流侧电压，比一般的 SPWM 逆变器输出电压提高了 $\left(U_{\mathrm{d}}-\frac{\sqrt{3}}{2}U_{\mathrm{d}}\right)\bigg/\left(\frac{\sqrt{3}}{2}U_{\mathrm{d}}\right)=15.47\%$。

4. SVPWM 控制的逆变并网系统

基于矢量控制和 SVPWM 控制的 PI 控制并网系统原理图如图 7-26 所示。

其基本思路为：电网电压电流采样，电流通过 3-2 变换和旋转变换，电流信号解耦获得直轴和交轴信号，与给定信号比较，比较值经过 PI 控制器，对应产生直轴和交轴电压信号，再通过旋转变换与采样的电压信号比较，产生桥式逆变电路的 SVPWM 信号(图 7-26 中 SVM 控制器)，控制输出电源，跟踪电网变化。图 7-26 中仅最后的三相逆变器采用 SVPWM 控制，信号采集与控制策略可以采用其他多种方式。

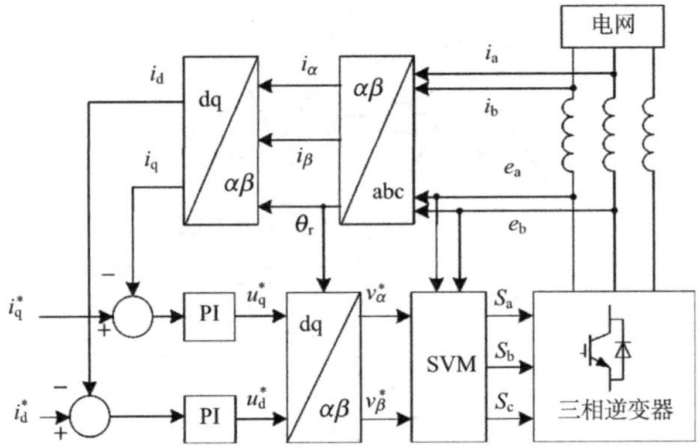

图 7-26　SVPWM 控制方式并网系统原理图

7.3.4　逆变器的电流并网控制

常用的电流跟踪控制策略主要有瞬时值滞环比较法、三角波比较法、定时比较法、预测电流控制法、无差拍控制法等。

1. 瞬时值滞环比较法

瞬时值滞环比较法是一种带反馈的 PWM 控制方式，即每相电流反馈回来与电流给定值经滞环比较器，得出相应桥臂上开关器件的开关状态，使得实际电流跟踪给定电流的变化，称为电流滞环跟踪 PWM(current hysteresis band PWM, CHBPWM)控制技术。

图 7-27 为电流瞬时值滞环比较法控制方框图。并网电流输出瞬时值 I_g 与正弦电流基准值 I_{ref} 比较，两者的偏差 ΔI_g 作为滞环比较器的输入，输出 PWM 信号用来控制逆变电路功率管的开关通断，从而控制并网电流。

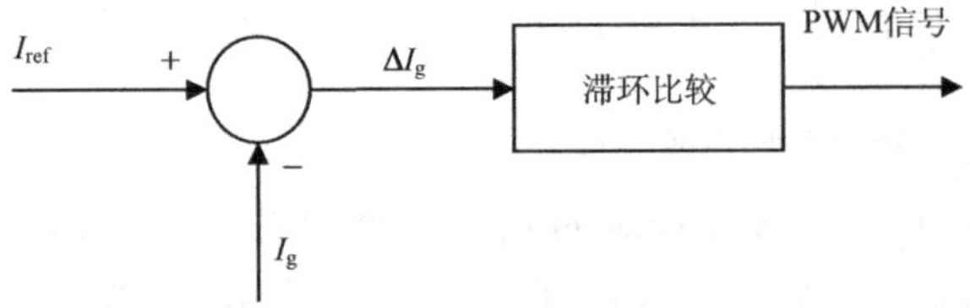

图 7-27　瞬时值滞环比较法控制方框图

图 7-28 是采用了瞬时值滞环比较控制逆变电路原理图和波形图，逆变电路以半桥型电路示意。把给定电流 i^* 和实际输出电流 i 的偏差 i^*-i 作为滞环比较器的输入，通过比较器的输出控制器件 V1 和 V2 的通断，V1 通时，i 增大；V2 通时，i 减小，逆变器的输出电压和电流波形见图 7-28(b)。

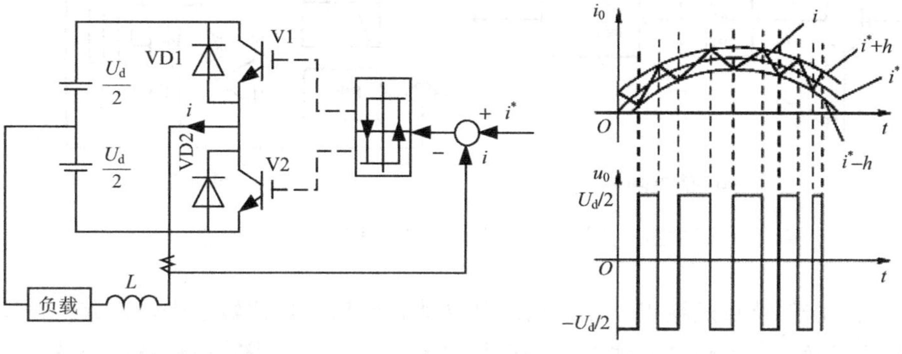

(a) 电路原理图　　(b) 波形图

图 7-28　采用电流瞬时值反馈的电路原理图和波形图

输出电流与给定值之间的偏差保持在±h范围内（h为滞环的环宽），在正弦波上下作锯齿状变化。

电流跟踪控制的精度与环宽h有关，同时受到功率开关器件允许开关频率的制约。当环宽h选得较大时，可降低开关频率，但电流波形失真较多，谐波分量高；如果环宽h太小，电流波形虽然较好，却使开关频率增大。两者互相冲突，实际应用中，应在充分利用器件开关频率的前提下，正确地选择尽可能小的环宽。

瞬时值滞环比较法的特点是：控制电路简单（不用载波电路），实时控制，电流响应快；滞环环宽越小，跟踪误差越小；无须斩波，输出电压中不含特定频率的谐波分量；若改变输出侧电抗，L 增大时，i 的变化率减小，跟踪慢；L 减小时，i 的变化率增大。

其缺点是开关频率不固定造成较为严重的噪声，开关频率增高，开关损耗增大，增加了滤波器设计的难度，和其他方法相比，在同一开关频率下输出电流中所含的谐波较多。

2. 三角波比较法

图 7-29 为采用三角波比较法的控制方框图和电路原理图，它将正弦电流基准 I_{ref} 和瞬时值电流 I_g 比较后经过补偿网络调节再与三角波进行比较，从而输出 PWM 信号。补偿网络多采用比例或比例积分调节。

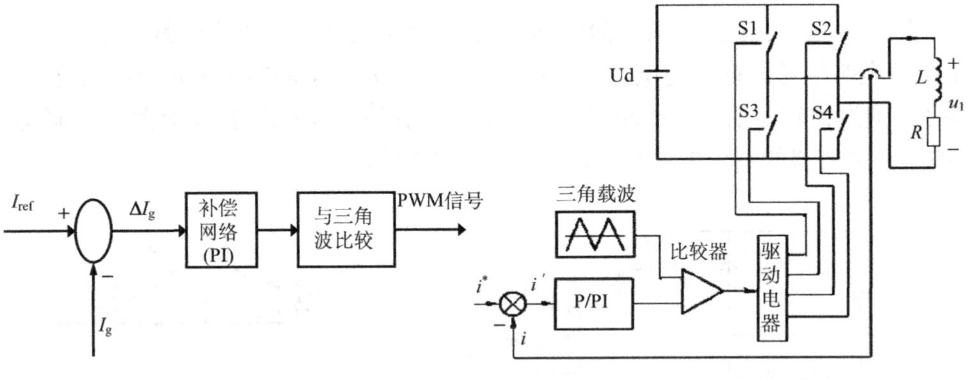

(a) 控制方框图　　(b) 电路原理图

图 7-29　三角波比较法的控制方框图和电路原理图

该方法的特点是输出电流的谐波脉动比瞬时值滞环比较法少，因此，常用于对谐波和噪声要求较高的地方。缺点是电流响应相对于瞬时值滞环比较法为慢，跟随误差较大；放大器的增益有限，软硬件相对复杂；输出电压中含有主要与三角载波相同频率的谐波。

3. 定时比较法

定时比较法的控制方框图和电路原理图见图 7-30，不用滞环比较器，而是设置一个固定的时钟，以固定采样周期对指令信号和被控制变量进行采样，根据偏差的极性来控制开关器件通断在时钟信号到来的时刻，如果 $i < i^*$，则 S1、S4 通，S2、S3 断，使 i 增大；如果 $i > i^*$，则 S1、S4 断，S2、S3 通，使 i 减小。每个采样时刻的控制作用都使实际电流与指令电流的误差减小。

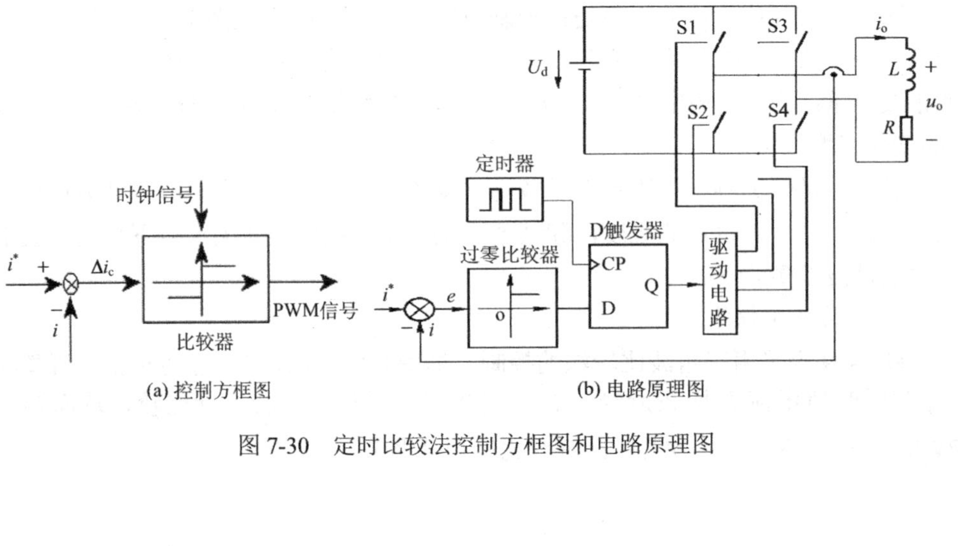

(a) 控制方框图　　(b) 电路原理图

图 7-30　定时比较法控制方框图和电路原理图

定时比较法的特点是可以避免器件开关频率过高的情况发生，器件的最高开关频率为时钟频率的 1/2。缺点是补偿电流的跟随误差是不固定的，精度较低。与瞬时值滞环比较法相比各有优缺点，两种方法在实际应用中大体相当。

4. 预测电流控制法

预测电流控制法是在每个调节周期开始时，根据实际电流误差、负载参数，来预测电流误差矢量趋势，因此，下一个调节周期由 PWM 产生的电压矢量必将减小所预测的误差。该方法的优点是，若给调节器除误差外更多的信息，则可获得比较快速、准确的响应。目前，这类调节器的局限性是响应速度及过程模型系数参数的准确性。

光伏发电系统的并网控制方式，不仅用于单相并网逆变，同样可用于三相并网逆变电路(图 7-31)。在传统的电流源型和电压源型控制并网的基础上，又提出了改进的多种双环控制方案，如电压电流双环控制策略(图 7-32)和基于 SVPWM 的 PI 控制并网系统。

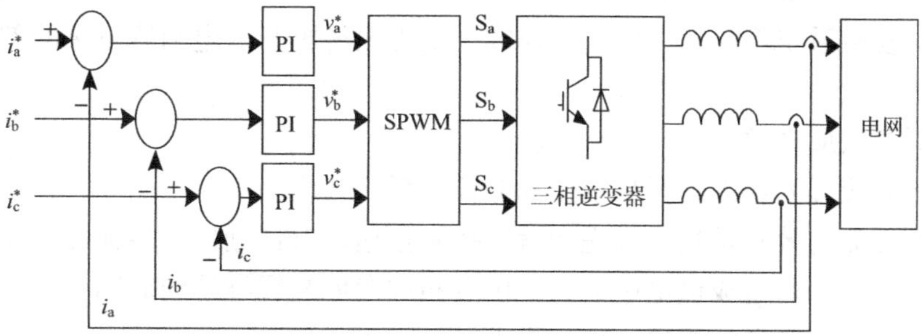

图 7-31　三相电流型并网控制系统的典型结构图

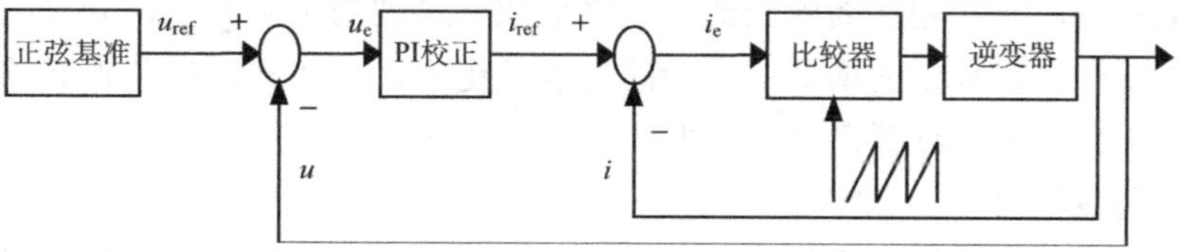

图 7-32　电压电流双环控制逆变器方框图

1) 三相电流型并网控制系统

给定 i_a^*、i_b^*、i_c^*，测量信号为 i_a、i_b、i_c，两者比较，差值送 PI 控制器，产生 v_a^*、v_b^*、v_c^*，输入 SPWM 发生器，产生三相逆变器的控制信号 S_a、S_b、S_c。

2) 电压电流双环控制逆变器

控制的基本思路为：外环为电压环，把逆变器输出电压与正弦基准电压比较后得到的误差值经 PI 调节后作为电流内环的参考基准；内环为电流环，逆变输出电流与电流基准信号相比较得到误差值送比较器，与三角载波比较产生 PWM 信号去控制功率器件的导通与关断，从而控制逆变器的输出。该方法中，逆变器开关器件工作频率等于三角载波频率，因此，它的工作频率是固定的，逆变器输出谐波频率是固定的，滤波器设计简单，能较好地减小并网环流的作用。

7.3.5　孤岛效应及检测

孤岛效应是并网型光伏发电系统存在的一个基本问题，孤岛检测与防护是并网逆变器的必备功能。

1. 孤岛效应及危害

1) 孤岛效应

所谓的“孤岛”是指电力系统的一部分(含负载和正在运行的发电设备)与其余部分隔离，能独立供电运行的一种状态，形成一个电力公司无法掌控的供电“孤岛”。孤岛(islanding)效应，是指电力系统由于某种原因发生停电时，如果分布式并网光伏发电系统不能随之停止工作或与电力系统脱开，电网停电区的部分线路仍维持带电状态。

2) 孤岛效应分类

孤岛效应分为计划性孤岛效应和非计划孤岛效应。

计划性孤岛效应是指按预先配置的控制策略，有计划地发生孤岛效应，在因电网故障或维修而造成供电中断时，由分布式发电装置继续向周围负载供电，从而减少因停电而带来的损失，提高供电质量和可靠性。

非计划孤岛效应是非指禁止预先安排的情况下发生孤岛效应。由于这种供电状态是未知的，非计划孤岛效应的发生将造成一系列的不利影响，并且随着电网中分布式发电装置数量的增多，危险的可能性更大，分布式发电装置必须采用防孤岛方案来禁止非计划孤岛效应的发生。

3) 孤岛效应原因与危害

孤岛效应是并网发电系统特有的现象，孤岛效应产生的主要原因有以下几个方面。

(1) 公共电网检测到故障，导致网侧投闸开关跳开(图 7-33)，但是并网发电装置或者保护装置没有检测到故障而继续运行。

(2) 由于电网设备故障而导致正常供电的意外中断。

(3) 电网维修造成的供电中断。

(4) 工作人员的误操作。

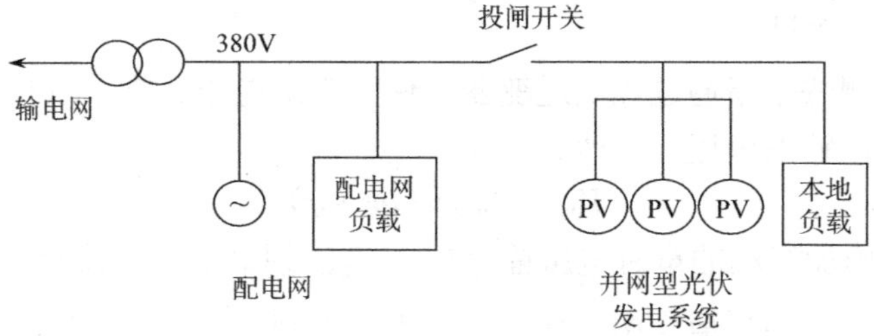

图 7-33　孤岛研究的电网拓扑

(5) 自然灾害(风、雨、雷电等)。

以上几种情况都是电网非正常运行时所引发的孤岛效应，具有相当大的危害性：

(1) 电网无法控制孤岛发生区域中的电压和频率，可能发生供电电压与频率不稳定的现象，电源的电压和频率可能会对孤岛系统中的用电设备产生一定的损害。

(2) 如果负载容量大于逆变电源容量，导致逆变电源过载运行，逆变电源容易被烧毁。

(3) 妨碍供电系统正常恢复供电。孤岛发生后，逆变电源的输出与电网失去了同步时序，当电网恢复供电时可能因出现大的冲击电流而导致该线路再次跳闸(重合闸失败)，甚至损坏发电设备和其他连接设备。

(4) 当发电系统处于孤岛时，与逆变电源相连的线路仍然带电，可能会危及电力线路的维护人员的安全，降低电网的安全性。

2. *孤岛检测方法*

孤岛效应检测方法分为被动式和主动式两种。

1) 被动式检测法

被动式检测法通过检测逆变器的输出是否偏离并网标准规定的范围(如电压、频率或相位)，判断孤岛效应是否发生。

并网型光伏发电系统并网运行过程中，要保证逆变器输出电压与电网同步，因此不断对逆变交流电进行电压、频率检测，以防止出现过压、欠压、过频，被动式检测法只需对已检测的电压、频率、输出电压和电流之间的相位进行判断。

被动式检测法原理简单，无须增加检测电路，在逆变器输出功率与负载功率不平衡相差大时，电网断电后逆变器瞬间交流输出波动，以此检测孤岛效应发生。但在逆变器输出功率与负载功率平衡时，电网断电后逆变器会保持交流输出不变，无法检测出孤岛效应的发生。

2) 主动式检测法

主动式检测法是指通过控制逆变器，使其输出电压、频率或相位存在一定的扰动。由逆变器输出电压的表达式

$$V_{\mathrm{pv}} = V_{\mathrm{m}} \sin(\omega t + \varphi) \tag{7-29}$$

可以看出，可施加扰动的量有电压幅值 V_{m}、电压频率 f、电流相位 φ，电网正常工作时，由于电网的平衡作用，这些扰动检测不到。一旦电网出现故障，逆变器输出的扰动将快速累积并超出并网标准允许的范围，从而触发孤岛效应的保护电路。由此产生了基于幅值扰动的电压偏移法、基于频率扰动的频率偏移法、基于相位扰动的滑模频漂检测法等。

主动式检测法检测精度高，检测盲区小，但是控制较复杂且降低了逆变器输出电能的质量。

下面主要介绍被动式检测法中的过/欠电压和高/低频率、相位检测、电压谐波检测和主动式频率扰动检测法的基本原理。

(1) 被动式过/欠电压和高/低频率检测法。

电压与频率检测：并网型光伏发电系统并网运行过程中，要保证逆变器输出电压与电网同步，因此不断对逆变交流电进行电压、频率检测。

电网正常时：逆变电源输出功率 P、Q。此时，公共耦合点的电压幅值和频率由电网决定，即光伏发电不会干扰系统正常运行。

电网断电：如果 $P \neq 0$，逆变器输出有功功率与负载有功功率不匹配，则公共耦合点电压将发生变化；如果 $Q \neq 0$，逆变器输出无功功率与负载无功功率不匹配，则公共耦合点电压的频率将发生变化。如果它们的变化超出了正常范围，就会检测孤岛发生。

(2) 被动式相位检测法。逆变器被动式相位检测方法原理图如图 7-34 所示，当电网出现故障时，光伏发电系统逆变器所带的负载导致电网故障前后逆变器输出电压和输出电流之间的相位出现不同，根据相位的变化可以判断电网是否出现故障。由于电网中感性负载较普遍，因此该方法在感性负载时，优于电压频率检测法。但是当负载为阻性负载、阻抗特性保持不变时，该方法就不能判断孤岛。

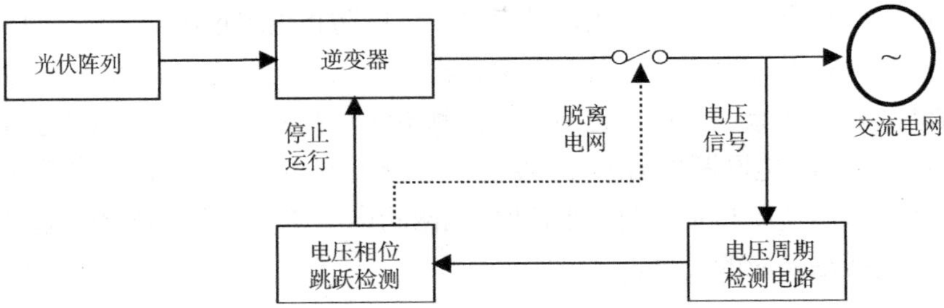

图 7-34　逆变器孤岛效应被动式相位检测方法原理图

(3) 被动式电压谐波检测法。被动式电压谐波检测法是利用电网对光伏系统谐波的平衡作用来检测的，通过检测并网逆变器输出电压的总谐波失真是否超过一定的界限，来判断孤岛现象的发生。

光伏发电系统逆变时输出电流会产生大量的谐波，根据谐波的变化情况便可判断电网是否停止工作。

通常确定被动检测方法判据的阈值需要考虑以下几点：分布式电源自身输出并不稳定；实际电网电压幅值与频率不够稳定；负载的突增、突减会造成电压、频率的波动。

(4) 主动式频率扰动检测法。图 7-35 是主动式频率扰动检测法原理图，其工作原理如下。

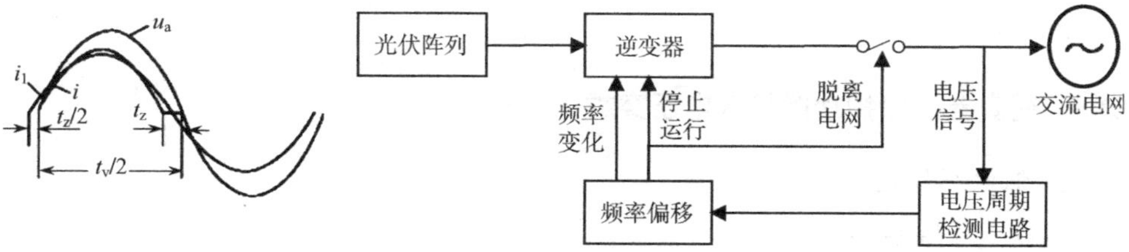

图 7-35　逆变器孤岛效应主动式频率扰动检测法原理图

系统通过控制逆变器使其输出电压的频率与电网电压的频率存在一定的误差 Δf（Δf 在并网标准允许范围内）；当电网正常工作时，由于锁相环电路的矫正作用，逆变器输出电压频率与电网电压频率的误差 Δf 始终在一个较小的范围内。

当电网出现故障时，逆变器输出端的频率将发生变化，在逆变器下一个工频周期内，系统频率将以增加频率偏移 step 后的频率为新频率基准输出交流电，随后不断地以采集回的交流电频率为新基准，继续增加频率偏移 step，从而导致逆变器输出电压的频率与电网电压的频率误差进一步增加，直至逆变器输出频率超出并网标准的规定，从而触发孤岛效应的保护电路动作，切断逆变器与电网的连接。

3. 孤岛检测标准

根据专用标准 IEEE Std.2000-929 和 UL1741 规定，所有的并网逆变器必须具有反孤岛效应的功能，同时这两个标准给出了并网逆变器在电网断电后检测到孤岛现象，且逆变器与电网断开的时间限制、电压和频率如表 7-3 所示。

表 7-3　电压、频率和孤岛检测时间限制

状态	断电后电压幅值	断电后电压频率	允许的最大检测时间
A	$0.5V_{nom}$	F_{nom}	6 个周期
B	$0.5V_{nom} < V < 0.88V_{nom}$	F_{nom}	2s
C	$0.88V_{nom} \leqslant V \leqslant 1.10V_{nom}$	F_{nom}	2s
D	$1.10V_{nom} \leqslant V \leqslant 1.37V_{nom}$	F_{nom}	2s
E	$1.37V_{nom} \leqslant V$	F_{nom}	2 个周期
F	V_{nom}	$F < F_{nom}-0.7\text{Hz}$	6 个周期
G	V_{nom}	$F > F_{nom}+0.5\text{Hz}$	6 个周期

注：V_{nom} 指电网电压幅值的正常值，F_{nom} 指电网电压频率的正常值

7.3.6　逆变器的保护功能与低电压穿越

1. 低电压穿越

1) 低电压穿越概念

当电网故障或扰动引起逆变器并网点的电压跌落时，在电压跌落的范围内，光伏发电能够不间断并网运行，起到支撑电网的作用甚至向电网提供一定的无功功率，支持电网恢复，直到电网恢复正常，从而“穿越”这个低电压时间(区域)，称为低电压穿越(low voltage ride through，LVRT)。

对专门适用于大型光伏电站的中高压型逆变器应具备一定的耐受异常电压的能力，即并入 35kV 及以上电压等级电网的逆变器必须具备电网支撑能力，避免在电网电压异常时脱离，引起电网电源的波动。对于并入 10kV 及以下电压等级电网的光伏逆变器，具备故障脱离功能即可。

2) 低电压穿越标准

依据国家电网制定的《光伏电站接入电网技术规定》，并网点电压在图 7-36 中电压轮廓线及以上的区域时，该类逆变器必须保证不间断并网运行；并网点电压在图中电压轮廓线以下时，允许逆变器停止向电网线路送电。

图 7-36 中 U_{L0} 为正常运行的最低电压限制，U_{L1} 为需要耐受的电压，T_1 为电压跌落到 0 时需要保持并网的时间，T_2 为电压跌落到 U_{L1} 时需要保持并网的时间，T_3 为电压跌落到 U_{L0} 时需要保持并网的时间。

U_{L1}、T_1、T_2 的确定需要考虑保护和重合闸动作时间等实际情况，标准中推荐逆变器交流侧电压跌至 0 时，逆变器能够保证不间断并网运行 $T_1=0.15\text{s}$ 后恢复至标称电压的 20%；整个跌落时间持续 $T_2=0.625\text{s}$ 后逆变器交流侧电压开始恢复，

并且电压在发生跌落后 2s 内恢复到标称电压的 90%时，逆变器能够保证不间断并网运行。

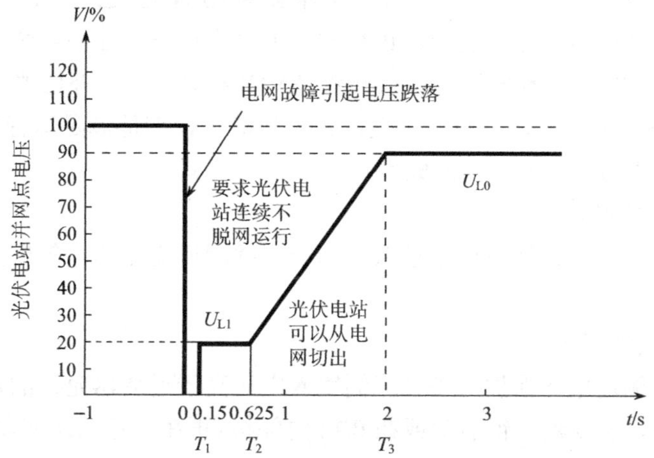

图 7-36　低电压穿越并网电压图

对电力系统故障期间没有切出的逆变器，其有功功率在故障清除后应快速恢复。自故障清除时刻开始，以至少 10%额定功率每秒的功率变化率恢复至故障前的值。低电压穿越过程中逆变器宜提供动态无功支撑。

3) 低电压穿越的实现方案

(1) 基于储能设备的实现方案，拓扑结构如图 7-37 所示。

基本控制策略为：正常情况下也就是电网未发生故障时，电网给超级电容器充电；当电网发生故障时，超级电容器放电给并网点注入能量，提供并网点的支撑电压，可以继续使光伏设备并网运行。

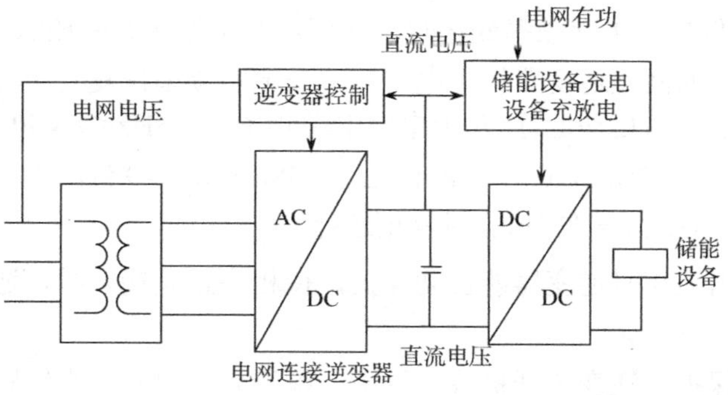

图 7-37　基于储能设备的实现方案

(2) 基于无功补偿设备的实现方案。

光伏发电系统必须配置相应容量的容性和感性动态无功补偿设备，以抑制公网接入点处母线电压波动。装备动态无功补偿装置后，逆变器输出电压基本恒定，增强了光伏电站低电压穿越能力。该种解决方案中动态无功补偿装置可以采用静止无功补偿器(SVC)、动态无功补偿装置(SVG)和静止同步补偿器(STATCOM)。SVC 虽然动态性能略差，故障时反向冲击电压略大，但能满足运行要求。SVG、STATCOM 补偿动态性能好，但成本高。

2. 电气保护功能

除了防孤岛保护、低电压穿越保护功能，并网逆变器的电气保护还有以下保护功能。

(1) 直流侧的保护。

直流输入侧过电压保护：当直流侧输入电压高于逆变器允许的直流方阵接入电压最大值时，逆变器不得启动或在 0.1s 内停机(正在运行的逆变器)，同时发出警示信号。直流侧电压恢复到逆变器允许的工作范围后，逆变器应能正常启动。

逆变器直流输入极性误接时逆变器能自动保护，待极性正确接入时，逆变器应能正常工作。

若逆变器输入端不具备限功率的功能，则当逆变器输入侧输入功率超过额定功率的 1.1 倍时需跳保护。若逆变器输入端具有限功率的功能，当光伏方阵输出的功率超过逆变器允许的最大直流输入功率时，逆变器应自动限流工作在允许的最大交流输出功率处。

(2) 交流侧的保护。

过电压/欠电压保护：在 85%～110%的额定电压范围内，除大型集中式逆变器外，中小型功率的逆变器要能保证连续运行。逆变器交流输出端电压超出电网允许电压范围时，允许逆变器断开向电网供电，切断时应发出警示信号。

过频/欠频保护：电网频率变化时，逆变器的工作状态应该满足一定的要求。当因为频率响应的问题逆变器切出电网后，在电网频率恢复到允许运行的电网频率时逆变器应能重新启动运行。对于电网电源频率，$49.5\text{Hz}<f<50.2\text{Hz}$ 连续运行，$f>50.5\text{Hz}$ 或 $f\leqslant48.0\text{Hz}$ 在 0.2s 内停止运行，$48\text{Hz}<f<49.5\text{Hz}$ 在 10min 后停止运行，$50.2\text{Hz}<f\leqslant50.5\text{Hz}$ 在 2min 后停止运行。

逆变器输出缺相时逆变器能自动保护，待相序正确接入时，逆变器应能正常工作。

输出短路保护：逆变器开机或运行中，检测到输出侧发生短路时，逆变器应能自动保护。逆变器最大跳闸时间应小于 0.1s。

(3) 整机保护。包括逆变器过热保护、逆变器过载保护、逆变器对地漏电保护、逆变器内部自检保护(防雷器损坏、接触器故障、变压器过热、A/D 通道损坏、IGBT 损坏等)、输出直流分量超标保护、输出电流谐波超标保护、三相电网不平衡保护、防逆流保护等。

7.4　大功率逆变技术

大功率逆变电路的应用，可以扩大逆变器和发电系统的容量。如果增加的容量小，一个简单的改造办法是对主电路中的开关器件直接串、并联使用。器件直接并联提高电流等级(流过的电流更大)，器件直接串联提高耐压等级(耐压更高)，由此推出了多机并联技术、多重叠加技术、多电平直接逆变技术扩展功率。

7.4.1　多机并联技术

单个逆变器的功率有限，为了提高电源系统功率，逆变器并联运行扩大功率，多套相同设备并联使用如图 7-38 所示。这种多机并联方法多用于 1～50MW 系统。

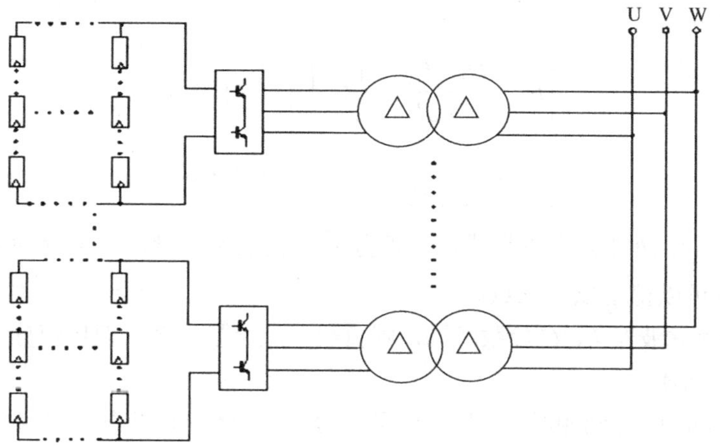

图 7-38　多个功率模块并联

1. 基本原理

由于 PWM 逆变器并联系统不具有自同步能力，所以为确保 PWM 逆变器并联运行的稳定与可靠，系统中的各个逆变器必须满足一定的条件。下面以两台逆变器并联为例，分析逆变器并联所需的条件，其等效电路如图 7-39 所示。其中 U_o 表示两个逆变器的桥臂中点输出电压；L_1、L_2 和 C_1、C_2 分别是两个逆变器的滤波电感和滤波电容；R_L 是两个逆变器的公共负载。

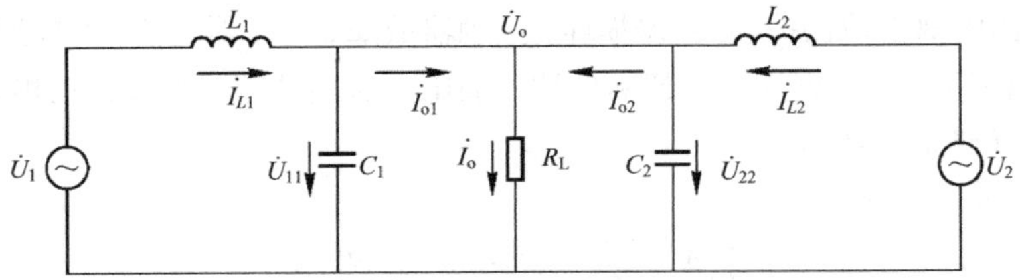

图 7-39　两逆变器并联运行等效电路

简化分析，当 $C_1 = C_2 = C$ ，$L_1 = L_2 = L$ 时，有以下关系：

$$\begin{cases} U_1 - \mathrm{j}\omega L_1 i_{L1} = U_\mathrm{o} \\ U_2 - \mathrm{j}\omega L_2 i_{L2} = U_\mathrm{o} \\ i_{L1} + i_{L2} = \left(\dfrac{1}{R} + 2\,\mathrm{j}\omega C\right) U_\mathrm{o} \\ i_{C1} + i_{C2} = \mathrm{j}\omega C U_\mathrm{o} \\ i_{R1} + i_{R2} = \dfrac{U_\mathrm{o}}{R} \end{cases} \tag{7-30}$$

可以求出

$$\begin{cases} i_{L1} = \dfrac{U_1 - U_2}{2\,\mathrm{j}\omega L} + \dfrac{1}{2} U_\mathrm{o} \left(\dfrac{1}{R} + 2\,\mathrm{j}\omega C\right) \\ i_{L2} = \dfrac{U_2 - U_1}{2\,\mathrm{j}\omega L} + \dfrac{1}{2} U_\mathrm{o} \left(\dfrac{1}{R} + 2\,\mathrm{j}\omega C\right) \end{cases} \tag{7-31}$$

i_{L1} 和 i_{L2} 由两部分电流组成，一部分为负载电流分量，一部分为环流分量。由式(7-31)可以得出以下三点。

(1)输出滤波器 L、C 参数相同，则负载电流分量平衡。但环流分量会使逆变器的输出电流不同。

(2)当 U_1 和 U_2 同相时，电压高的环流分量是容性的，电压低的环流分量是感性的。

(3)当 U_1 和 U_2 同幅时，相位超前者环流分量为正有功分量(输出有功)，相位滞后者为负有功分量(吸收有功)。

2. 并联要求

光伏组串或阵列输入多个逆变器并网时，可以认为采用了多路独立的直流源输入。由于各逆变器的电压幅值和相位不一致，模块间会产生有功环流和无功环流，并联运行远比直流电并联复杂，需要解决以下问题。

(1)信号匹配：两台或多台逆变器并联，每台逆变器与电网之间以及逆变器之间的幅度、频率、相位要达到一致或允许的误差，在并联过程中要保持输出一致，每台逆变器要采用不同频率的 PWM，否则会造成波形畸变或输出电压幅值不稳。尽量减小由于 PWM 的不同而形成的高次谐波电流。

(2) 功率均分：各模块均分负载电流，使输出静态功率和瞬时功率分布均衡。功率的分配包括有功功率和无功功率的平均分配，即均流包括有功均流和无功均流。如果光伏组串的动态特性不同，在动态响应过程中逆变输出的幅度差会造成逆变器之间出现环流，这个环流主要为无功环流。光伏逆变输出的相位不会严格同步，微小的相位差就会产生有功环流。

(3) 故障自动诊断：单台逆变器内部具有故障保护功能，能快速定位故障逆变器，将它从系统中切除，尽量实现不中断切换，将功率均分到剩余的逆变器中。

(4) 热插拔：并联的逆变器和脱网的逆变器在投入或切除时，对电网的冲击小，引起的波动符合电网电能质量要求。并联逆变器需要热插拔，要求各个逆变器在单独工作时能正常工作，并联接入时各自的基准信号自动同步。并联系统基准信号的幅值、频率、稳定性影响系统性能，可以通过基准电路采用共同的复位电路，消除初始相位差；提高基准时钟频率，同时增加分频级数。

3. 运行控制模式

并联运行控制有四种方案：集中控制模式、主从控制模式、分布式并联控制模式、无互连线独立控制模式。

1) 集中控制模式

集中控制模式原理图如图 7-40 所示。各逆变单元共用一个集中控制模块，此模块向每台逆变器发同步脉冲，即设置一个公共同步基准信号，各并联逆变器均能接收该同步信号，再将总电流(或有功功率、无功功率)除以并联逆变器的个数，得出每个逆变器所分担的电流，与每个逆变器单独测出的电流计算差值，差值经 PI 处理后作为输出电压 U 的反馈信号。

同步脉冲信号由集中控制模块检测电网的频率产生，如果无市电则由晶振电路产生，每个逆变器中有锁相环电路接收集中控制模块发出的同步脉冲，并使输出电压频率相位一致。由于晶振的振荡频率精度很高，并具有良好的稳定性，因此可认为不同逆变器的输出电压频率近似相等。

集中控制模式的优点是：使用了一个集中控制模块，使得每个逆变器的结构简单、各模块之间无连线，只有与集中控制模块的连线，使得扩充模块方便；控制简单，只需向各逆变器发送同步信号和电流差分信号就可以控制各逆变器，也就是直接把电流偏差作为电压指令的补偿量反馈给每个逆变器，用以消除电流的不平衡。

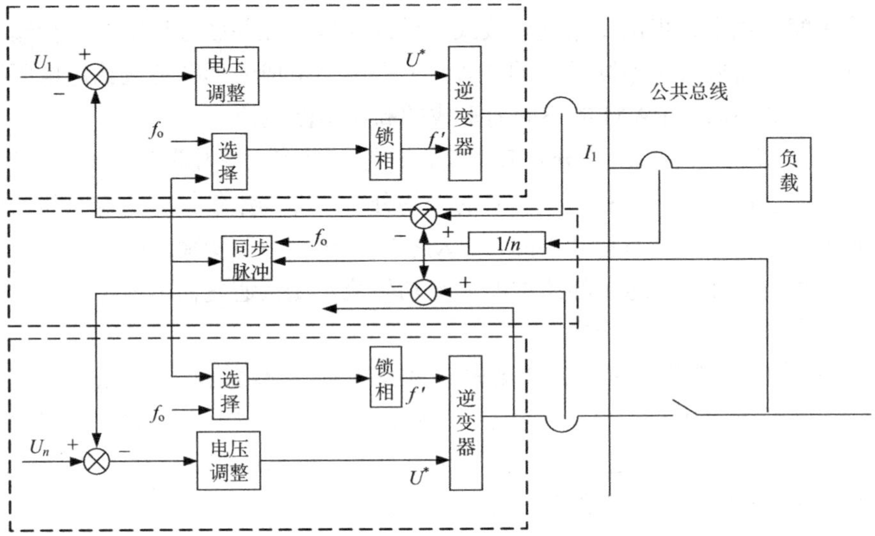

图 7-40　集中控制模式原理图

集中控制模式的缺点是：如果集中控制模块故障，整个逆变系统就会失效，可靠性不高；单独有一个集中控制模块，受到成本、安装因素的限制；这种模式认为单台逆变器输出电流的差异是由逆变器输出电压的幅值差异引起的，而没有考虑逆变器输出电压相位差引起的环流，不能实现很好的均流效果，这种并联控制模式使用较少。

2) 主从控制模式

主从控制是在已有的逆变器的基础上，增加一个独立的并联控制单元。随着技术的成熟，又把并联控制单元结合到每台逆变器中，通过工作方式选择开关或由软件设置，并联工作中首先启动的一台作为主控逆变器，负载完成并联控制功能，其他逆变器作为从机。主从控制模式原理图如图 7-41 所示。

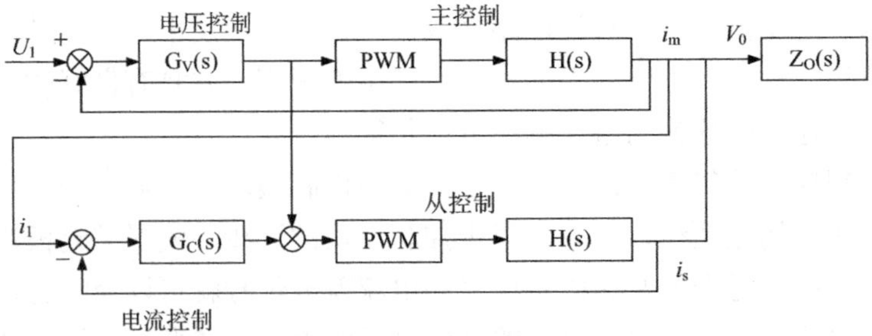

图 7-41　主从控制模式原理图

主从控制模式的优点是减少了集中控制中心单元，一台从机故障不影响系统运行，系统的均流效果好。

主从控制模式的缺点是主机故障仍然会使系统瘫痪，从模块的数量会影响系统的稳定性。

为了提高主从控制模式并网系统的可靠性，需要系统检测主机故障时将主机切除，自动将从机中一台升为主机，这是一种在传统的主从控制模式基础上的改进，也称为“民主主从法”，这种改进使系统有了冗余性能，提高了可靠性，但控制和电路复杂，逆变器之间需要通信互连线。

3）分布式并联控制模式

分布式并联控制模式在各个逆变器中都进行各自的电流、频率测量，计算各自的控制信号，将系统中心环节的控制权进行分散和独立，实现系统各单元独立工作，如图 7-42 所示。分布式并联控制模式是将系统中心环节的控制权分散到每个逆变器。

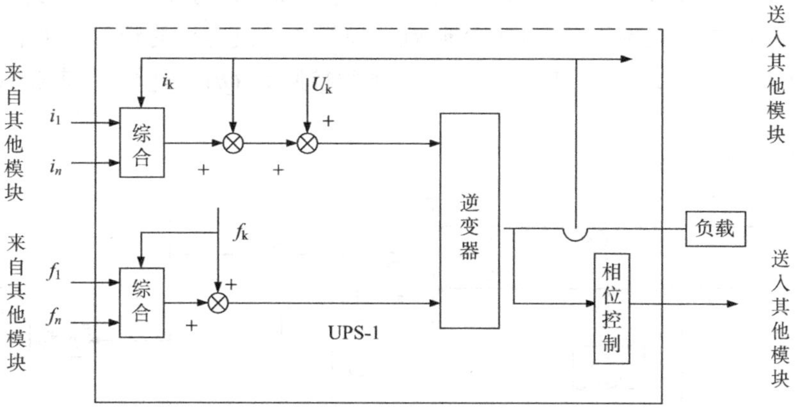

图 7-42　分布式并联控制模式原理图

分布式并联控制模式又有多种控制策略，如瞬时平均电流控制、电流跟踪控制、功率误差控制等。

瞬时平均电流控制，每个逆变器有三个环，分别是内部电流反馈环、内部电压反馈环、外部均流环。内部电流电压反馈环是逆变器为了稳定运行并网的常用结构，外部均流环是均流总线产生的所有逆变器输出电流的平均值，将此值送入各逆变器与各逆变器电流做外部均流环控制，实现均流。

电流跟踪控制，第一台逆变器的输出滤波电感电流反馈信号加到第二台逆变器的电感电流给定信号中，第二台逆变器的输出滤波电感电流反馈信号加到第三台逆变器的电感电流给定信号中，以此连接，最后一台逆变器的输出滤波电感电流反馈信号加到第一台逆变器的电感电流给定信号中，使并联系统在信号上形成一个环形结构，在功率上形成并联关系。

功率误差控制，把各功率模块功率差转换成输出电压幅度差和相角差并进行调节，实现各逆变模块功率均分调节。

分布式并联控制模式的特点是可靠性高、危险性分散、功能扩充容易，是一种较完善的智能控制方式。

4）无互连线独立控制模式

无互连线独立控制模式是由于有线控制并联系统的逆变器之间互连线较多，而且设备距离较远时，干扰会比较严重，为消除并联各逆变器之间的连线而发展起来的控制模式。无互连线独立控制模式控制和检测比较复杂，目前以研究试用为主，而主从控制模式和分布式并联控制模式已有大量的应用。

无互连线独立控制模式的研究中，又以PQ（有功无功）下垂特性法为主。

图7-43是无互连线独立控制模式原理图。每个逆变器都由功率计来实时检测输出的有功功率P和无功功率Q，通过下垂特性曲线，可以得到最佳的相位和电源电压补偿，实现功率均分。下垂控制就是模拟传统发电机的频率一次下垂特性，实现逆变器的并联运行，即分别通过P/f下垂控制和Q/V下垂控制来获取稳定的频率和电压。

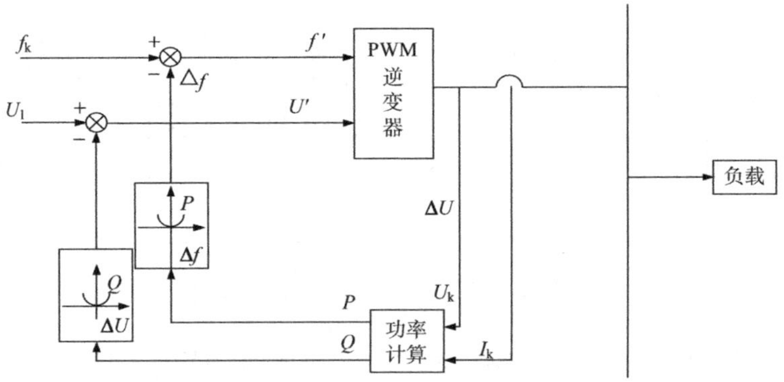

图7-43　无互连线独立控制模式原理图

各逆变器模块在并联系统中发出的有功功率与输出电压相位有关，相位超前则有功输出大，相位滞后则有功输出小；各逆变器模块在并联系统中发出的无功功率与输出电压幅值有关，幅值大的则无功输出大，幅值小的则无功输出小，甚至吸收无功功率。控制器计算后控制发给有功较大的逆变器的信号频率较小，控制发给有功较小的逆变器的信号频率较大，利用不同的频率改变逆变器之间的相位，使各逆变器相位趋于一致，有功功率均衡。同理，通过幅值来调节无功功率的均衡。

无互连线独立控制模式的优点：完全消除逆变器之间的互连线，消除了多台逆变器互连时逆变器放置距离上的限制，不会引入外界噪声和干扰，也不存在单点故障问题，即插即用，真正实现冗余供电和模块化设计。

无互连线独立控制模式的缺点：逆变器输出阻抗的性质、线路电阻和电感的不平衡对系统有影响，输出电压频率和幅值有微小变化，在幅值下垂和逆变器自身外特性的作用下输出特性变化比较大，在对电压频率和幅值要求比较高的系统中，需进一步研究。

7.4.2　多重叠加技术

多重叠加技术利用多套设备叠加使用获得交流电，多用于小于 10MW 系统。

1. 多重叠加法的基本原理

多重叠加法的基本原理是，把两个以上完全相同的方波，按一定的相位差叠加起来，使它们的低次谐波相位差 180° 而相互抵消，以得到谐波含量较少的准正弦阶梯波。多重叠加法中只有频率和波形都相同(幅值可以不同)的叠加才称“多重叠加”。通常要消除的是最低次谐波，因为最低次谐波的幅值高，危害最大。多重叠加法又分为等幅叠加和变幅叠加，从改善输出量波形的角度看，后者比前者效果好。

2. 谐波消去法原理

以下以两个单相桥式逆变器的串联叠加说明谐波消去法的原理。

假设直流电源电压均为 E，逆变器导通角度为 θ(对应脉冲宽度)，两个逆变器控制时序相差 φ，逆变器输出电压为 u_1、u_2，则

$$u_1 = \frac{4E}{\pi}\sum_{n=1}^{\infty}\frac{1}{n}\sin\frac{n\theta}{2}\cdot\sin n\left(\omega t+\frac{\varphi}{2}\right) \tag{7-32}$$

$$u_2 = \frac{4E}{\pi}\sum_{n=1}^{\infty}\frac{1}{n}\sin\frac{n\theta}{2}\cdot\sin n\left(\omega t-\frac{\varphi}{2}\right) \tag{7-33}$$

$$u = u_1 + u_2 = \frac{4E}{\pi}\sum_{n=1}^{\infty}\frac{1}{n}\sin\frac{n\theta}{2}\cdot 2\cos\frac{n\varphi}{2}\cdot\sin n(\omega t) \tag{7-34}$$

$$U_m(n) = \frac{8E}{n\pi}\cdot\sin\frac{n\theta}{2}\cdot\cos\frac{n\varphi}{2} \tag{7-35}$$

如果想消去 n 次谐波，只需将式(7-35)中 $\cos\frac{n\varphi}{2}=0$。

要消去 3 次谐波时，$\varphi=\frac{\pi}{3}$，$n=\frac{4k\pi\pm\pi}{\pi/3}=12k\pm3$，$k=0\ \ n=3$；$k=1\ \ n=9,15$；$k=2\ \ n=21,27$。

要消去 5 次谐波时，$\varphi=\frac{\pi}{5}$，$n=\frac{4k\pi\pm\pi}{\pi/5}=20k\pm5$，$k=0\ \ n=5$；$k=1\ \ n=15,25$；$k=2\ \ n=35,45$。

这也说明，当消除掉 3 次谐波时，也消除了 3 次的奇数倍谐波；当消除掉 5 次谐波时，也消除了 5 次的奇数倍谐波。

3. 多重叠加法分类与特点

使用叠加的逆变器类型不同，采用单相逆变器和三相逆变器都可以构成叠加，也有电流源型逆变器的多重叠加和电压源型逆变器的多重叠加。从应用角度看，使用多重叠加法有扩压为目的和扩容为目的两种。从连接形式上看，有使用电抗器连接和使用变压器连接两种。

电流源型逆变器的多重叠加的优点是主电路简单、便于实现再生制动和四象限运行、限流能力强，短路保护可靠性高、适合于中大容量的向量控制，能在宽范围内精确控制转矩和速度等，缺点是电流波形为方波、含有较多的奇次谐波。

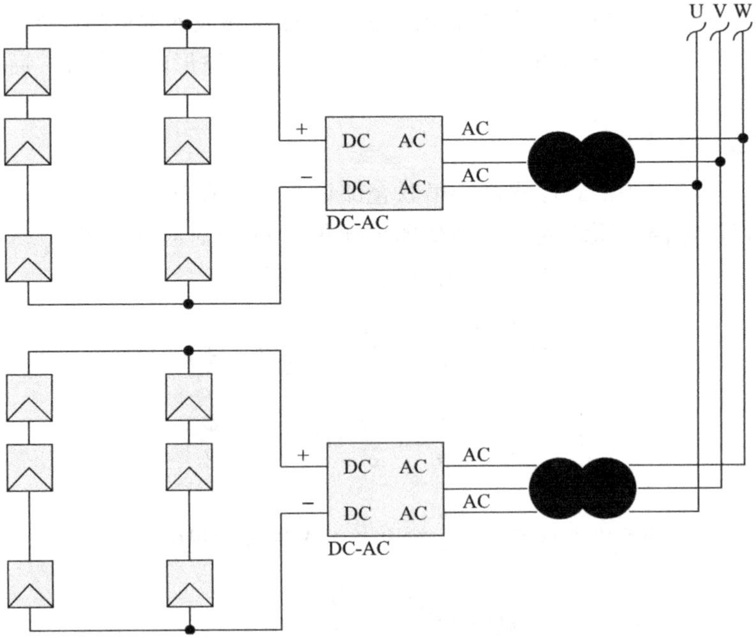

图 7-44　多重叠加技术产生三相电

电压源型逆变器的多重叠加的优点是逆变器的各功率单元结构相同，便于模块化设计和制造、输出变压器的体积重量明显减小，成本也显著降低，系统的可靠性高，但是电路和控制较为复杂。

如果将三相逆变器串联，可以构成三相不等幅多重叠加，把 N 个输出电压为方波的逆变器的输出电压依次移开 π/N，通过输出变压器二次侧进行串联叠加，叠加后的输出电压成为多电平阶梯波电压，达到消除基波谐波、改善输出电压波形、提高输出电压、扩大输出功率的目的。图 7-44 是使用光伏阵列为输入，采用三相桥式逆变电路串联变压器隔离的多重叠加产生三相电的原理图。

7.4.3　多电平直接逆变技术

多电平直接逆变技术主要分为三类：二极管钳位型、电容钳位型、级联型，多用于 50～100MW 系统。

1. 二极管钳位型

三相二极管钳位型三电平逆变器也称为中点钳位型逆变电路，如图 7-45 所示。以图中电容中点 O 的电位为参考点，分析 U 点的输出电压，当 Ta1 和 Ta2 导通，Ta3 和 Ta4 截止时，输出电压为 Vd/2；当 Ta1 和 Ta2 截止，Ta3 和 Ta4 导通时，输出电压为–Vd/2；此时无论 U 点输出电流是什么方向，二极管 Da1 和 Da2 总有一个会导通，U 点电位将被钳位到零(O 点电位)。因此，这种电路的输出相电压有 Vd/2、–Vd/2、0 三种电平，而线电压就会出现±Vd、±Vd/2、0 五种电平。

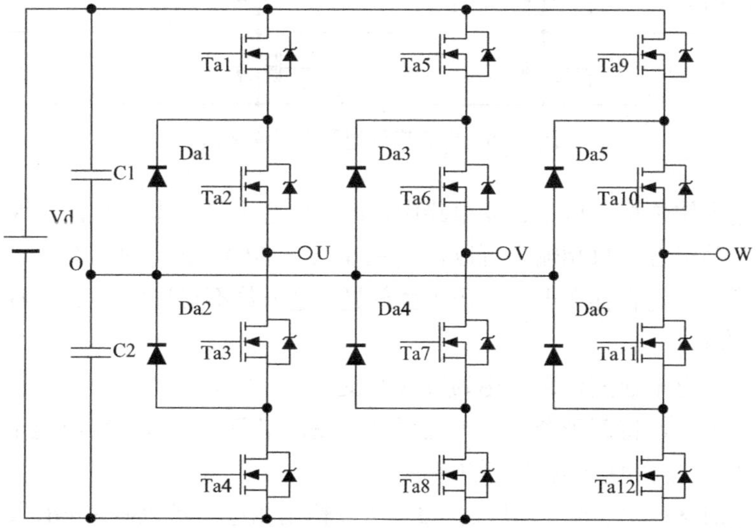

图 7-45　三相二极管钳位型三电平逆变器

二极管钳位型逆变器的优点是输出波形的阶梯数增加，则波形畸变减小；由于二极管钳位作用，开关管只需承受直流母线电压的 1/2，因此输入电压提高一倍，输出功率也会提高一倍。

如果需要增加电平，构成二极管钳位五电平逆变电路，与二极管三电平电路原理类似，可以增加二极管、开关管获得。

2. 电容钳位型

电容钳位型多电平逆变电路如图 7-46 所示，也称悬浮型电容或飞跨电容型多电平逆变电路。

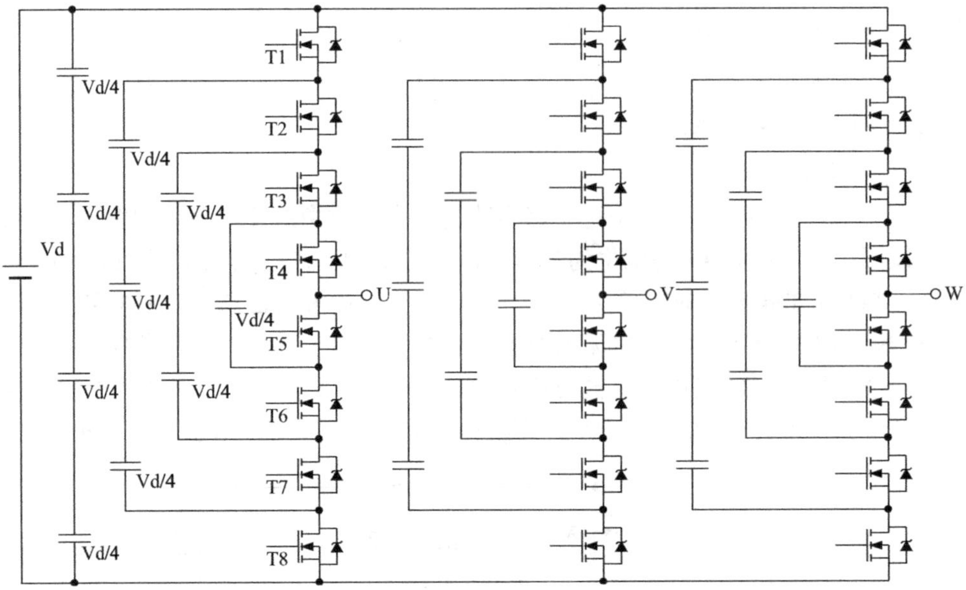

图 7-46　电容钳位型五电平逆变器

这个电容钳位型五电平逆变电路中，每个电容上平均电压都保持为 Vd/4，通过适当的开关组合，每相输出可以得到±Vd/2、±Vd/4、0 五种电平。

这种电路因电容存在电容电压平衡问题，电平数不宜过多，实际应用也较少。

3. 级联型

级联型多电平逆变电路也称为链式逆变电路，它以普通的单相全桥逆变电路为基本功率单元，将若干个功率单元直接串联，串联数越多，输出电平数越多。图 7-47 是一个级联型五电平逆变电路。

假设 Vd1 和 Vd2 的电压都是 Vd，所以输出相电压可以有±2Vd、±Vd、0 五种电平；假设 Vd1 电压是 Vd，Vd2 是 2Vd，输出相电压可以有±3Vd、±2Vd、±Vd、0 七种电平。

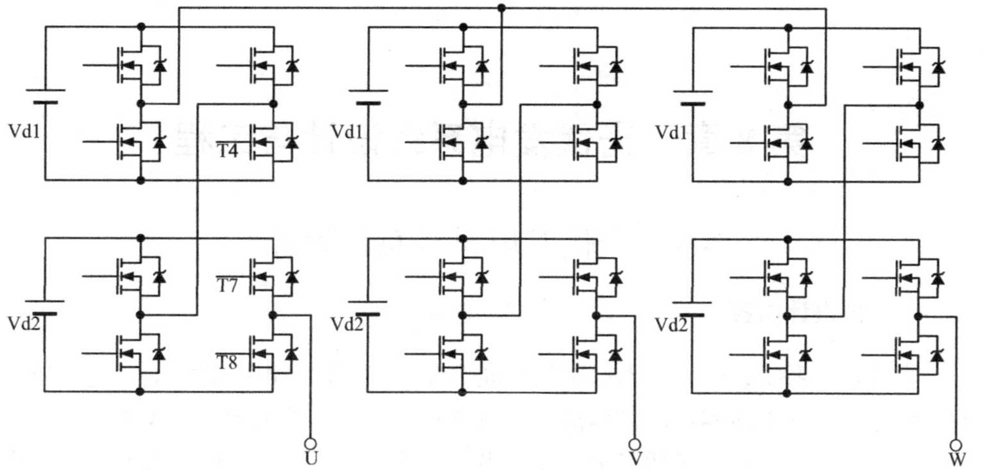

图 7-47　级联型五电平逆变器

串联多电平逆变电路的一个问题是要给每个逆变器提供一个独立的直流电源，需要多路独立的直流电源。虽然这是一个对一般整流直流电源不利的地方，但对于光伏发电系统，因为光伏组串或阵列更易于获得不同的直流电压输入，反而更易实现，实际设计时同时要考虑由光伏的日照变动特性引起的电压变化，可以用 DC-DC 电路调节等。

这种电路不存在电容平衡问题，电路的可靠性高，易于模块化，适合七电平、九电平及以上的多电平应用，是目前应用广泛的电路。

思　考　题

1. 简述逆变与逆变器的概念，并网逆变器电流型控制并网时两种控制方法是什么？
2. 试分析三种主电路结构不同的逆变器的工作过程。
3. 什么是孤岛效应？孤岛效应的危害是什么？有哪些检测孤岛效应的方法？
4. 大逆变器功率可以用哪些常用技术扩展输出电压和输出功率？
5. 逆变器的辅助电路主要有哪些？
6. 对一个能并网的光伏逆变器有哪些主要要求？
7. 并网逆变器按照与光伏组件的连接形式分哪几类？
8. SVPWM 采用空间电压矢量控制的目的是什么？
9. 低电压穿越的概念和标准是什么？
10. 级联型多电平逆变技术的优点有哪些？

第 8 章　光伏发电系统设计与工程

8.1　光伏发电系统总体设计

8.1.1　总体设计内容

光伏发电系统设计的基本原则是在能保证负载正常供电的前提下，使用最少的光伏组件和蓄电池容量，以尽量减少投资和降低系统的运行维护成本。

发电系统总体设计包括容量设计，电气设计，机械结构设计，布置设计，热力设计，防火、防雷、接地等安全设计，可靠性设计，维修及检测设计，经济成本核算及经济社会效益分析等。设计的流程也可以参考以上顺序完成。

容量设计：设计前要做好勘查工作。勘查工作需要了解以下内容：太阳能资源和气候数据，负载详细用电情况和位置情况，当地市电情况，电站的地理位置情况，组件朝向及周边条件与限制，土地归属权与使用权，当地的风雨雷电灾害情况，等等。容量设计是光伏发电系统设计中最重要的部分，内容包括确定光伏阵列和蓄电池组容量及阵列排布。阵列容量要按负载设备近期负荷配置，适当考虑中、长期负荷的预留。

电气方案设计：根据光伏阵列的位置及容量，确定逆变器型号规格及数量，再根据现场电力接入调研结果确定最佳的电网接入方式(电网接入须经电力公司审查通过后才能实施)，最后设计出系统电气主接线图，并列出主要设备材料表，完成电气设计。

布置设计：根据现场勘查结果，依据汇流箱分布情况，利用路径最优化方法，确定配电室位置及升压站位置，使汇流箱至配电室线路、配电室至升压站线路最短。设计光伏电站总平面布置图和电缆通道图。

初步方案设计完成后，光伏发电系统要根据负载要求和当地气象地理条件进行专门的优化设计。

8.1.2　光伏发电系统的电气设计

1. 软硬件设计

光伏发电系统的电气设计以实物和非实物来区分，可以分为软件设计和硬件设计两部分，而且软件设计要优先于硬件设计。

软件设计的主要内容如下。

(1) 负载用电量的计算；
(2) 光伏阵列面辐射量的计算；
(3) 光伏组件容量的计算；
(4) 蓄电池容量的计算；
(5) 光伏与蓄电池组的优化设计；
(6) 光伏安装倾斜角的计算；
(7) 系统运行情况预测和经济效益分析等。

硬件设计的主要内容如下。

(1) 光伏组件和蓄电池的选型；
(2) 光伏阵列支架的设计；
(3) 逆变器的选型与设计；
(4) 控制器的选型与设计；
(5) 防雷接地系统的设计；
(6) 配电设备的选型与设计；
(7) 低压配电线路的选型与设计等。

2. 一、二次系统设计

光伏发电系统的电气设计以一次电源和二次电源来区分，可以分为电气一次设计和电气二次设计两部分。

电气一次设计主要内容如下。

(1) 直流侧系统接线设计，包括汇流箱接线图、直流配电柜接线图、组串接线图；
(2) 低压一次系统配置接线图，低压汇集出口配置接线图；
(3) 高压一次系统配置接线图，升压变高压侧及汇集站高压配置接线图；
(4) 站用电设计，分站房和汇集站设备用电及暖通与照明用电，要求双电源；
(5) 设备平立面安装设计，一、二次设备布置图及安装图；
(6) 电缆敷设及电缆，包括阵列区和配电房电缆敷设，组件至汇流箱、直流侧、交流侧动力电缆、控制电缆；
(7) 防雷接地设计，包括光伏阵列区和配电房等防雷接地设计；
(8) 照明设计，包括配电房及其他需要的地方照明设计。

电气二次设计主要内容如下。

(1) 继电保护及控制设计；
(2) 直流电源系统及 UPS 设计；
(3) 电能管理系统设计；
(4) 监控系统设计，又包括控制逆变单元设计，后备电源设计，遥测、遥控、遥信设计，电气安全设计等。

对于不同的离网或并网系统，选用的设备、电网连接、工作方式、储能电源等也不同，在以上的软硬件设计或一、二次系统设计中，适当修改所需内容。

如果简化容量设计的流程为初步设计，则可以根据以下几个主要内容简化开展主要设计工作，如图 8-1 所示。

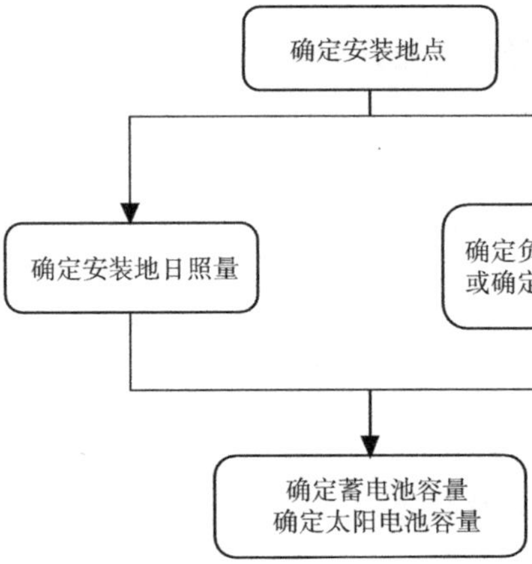

图 8-1　简化的容量设计的流程

(1) 确定设备安装地点的日照量，或峰值日照时数。

(2) 确定负载能量需求，或确定发电量的目标，也可以由安装光伏组件的面积对应出光伏组件的使用量。

(3) 考虑其他，如设备效率、安全余量等，计算蓄电池的容量和光伏组件的容量。

8.1.3　系统设计的技术条件

1. 负载性能

对于离网型和分布式并网发电系统或微电网发电系统的负载，都可以使用以下的负载统计办法。对于一般能量补充型的光伏发电并网系统，则可以不考虑负载的性能。

(1) 白天使用的负载：有光时光伏发电系统直接供电，无光时再由光伏发电系统的蓄电池给负载供电，光伏的系统容量可以减小。

(2) 晚上使用的负载：白天储能到蓄电池，晚上用能，光伏的系统容量可能会增加。

(3) 昼夜同时使用的负载：所需的容量取它们的中间值。如果月平均耗电量变化小于 10%，也可以看作平均耗电量相同的均衡性负载。

2. 太阳能辐射强度

太阳能辐射强度具有随机性，受季节、气候的变化影响，只能以当地气象台记录的历史资料作为参考，尽量取 8～10 年的平均值。

另外一种简便但有误差的方法是使用网络相关专业气象的数据。

太阳的年平均总辐射能还需要换算成峰值日照时数，便于后面发电量的计算。

3. 光伏阵列的安装倾斜角

纬度不同，太阳光的辐照方向角也不同，为了获得较大的太阳辐照度，安装的光伏阵列倾斜度也要相应变化。

根据当地的纬度可以粗略地给出光伏阵列的安装倾斜角如下。

(1) 纬度 φ 在 0° ～25°，安装倾斜角 $\beta=\varphi$ 。

(2) 纬度 φ 在 26°～40°，安装倾斜角 $\beta=\varphi+(5°\sim10°)$ 。

(3) 纬度 φ 在 41°～55°，安装倾斜角 $\beta=\varphi+(10°\sim15°)$ 。

(4) 纬度 φ ＞55°，安装倾斜角 $\beta=\varphi+(15°\sim20°)$ 。

4. 光伏阵列的安装方位角

最佳方位是跟踪太阳，使光伏的采光面始终与太阳光线垂直。

对于固定安装，北半球按照正南 0°设置；只要在正南方向±20°之内，对发电量都不会有太大的影响。如果考虑冬季使用，可以偏西 20°设置，使光伏发电系统发电量的峰值出现在中午之后某个时刻，这样有利于冬季多发电。

安装光伏阵列时应适当考虑地形、地物，充分合理地利用地理资源。

5. 蓄电池容量

蓄电池容量是根据铅酸蓄电池在没有光伏阵列电力供应的条件下，完全由蓄电池储存的电量供给负载可以使用的天数来确定的。

6. 温度

夏季太阳辐射强度大，阵列发电量有富余部分，完全可以弥补由于温度所减少的电能。光伏标准组件(如 36 片太阳能串联为 12V 蓄电池充电的组件)已经考虑了夏季温升的影响。但温度较低的时候(如≤0℃)，应考虑铅酸蓄电池放电容量的降低。

8.1.4　系统设计注意事项

并网型光伏发电系统，在结构上一般不配置蓄电池组，通常利用电网作为储能装置，因此并网系统可以简化系统结构，降低成本，还可以季节性地调节电网负荷，并网系统的容量设计也不像离网型光伏发电系统那样严格。

离网型光伏发电系统通常需要配置蓄电池储能，要达到光伏与蓄电池的最佳配置，需要较多的计算和设计。

系统容量设计主要注意点如下。

(1) 光伏发电系统要根据负载和现场的气象条件优化设计。

(2) 阵列方向角应尽量朝南倾斜放置；阵列最佳倾斜角取决于纬度。

(3) 系统设计不能只考虑某个月份的辐照量，而应考虑各个月份的能量平衡。

(4) 蓄电池的容量要恰当，并不是越大越好。

(5) 影响光伏发电量的因素很多，只需合并考虑一个即可。

系统硬件设计主要注意点如下。

(1) 光伏阵列倾斜角，在积雪的地区角度需 45°以上。

(2) 阵列的安装方向，有纵置型(长边纵向安装)和横置型，在积灰多的地区及积雪地区多采用纵置型。

(3) 各阵列的导线均由 PVC 导管保护。

(4) 安装防热斑旁路二极管和防反二极管，阵列要多分支接入汇流箱，每条支路加断路器。

(5) 整个光伏阵列应进行可靠的接地。

离网型光伏发电系统的设计，除容量设计和系统硬件设计，还包括备品备件设计、包装运输设计、施工设计、竣工验收设计、人员培训设计。

并网型光伏发电系统的设计，除容量设计，还包括接入设计、场站设计、监控系统设计等。

8.2 光伏发电系统的容量设计

主要介绍离网型光伏发电系统的简易设计方法、优化设计方法和光伏发电发电量的计算方法。

8.2.1 光伏发电系统容量设计方法

通过归纳，太阳能发电容量设计的方法分为解析法和模拟法两大类。

1. 解析法

解析法中，首先要组建表示系统动态的数学模型，通过求解获得设计中未知数，但是由于太阳能变化的随机性，各种状态变量和系数也是不规则变化的，使得系统建立准确的数学模型很困难，为此，一种简化的处理是将系统的一些参数值以概率形式表示，这样处理虽然灵活，但在使用时缺乏实用性。这种处理具有代表性的是 LOLP (loss of load probability)，用这一方法在设计上反映独立系统的停电概率。

解析法的另外一类近似法是参数分析法，这种方法是将复杂的非线性太阳能系统简化为线性系统，即使用某一期间的能量平均值代替所有的能量参数，时间变动连续、数值无起伏。这样的简化会与实际的情况有所不同，忽略此不同，然后可以使用修正参数对其调整。按照这种方法，就可以直接利用公式，使设计简单，是一种实用价值高的方法。目前，多数的光伏发电系统容量设计，包括仿真设计都使用这种方法。

2. 模拟法

模拟法是将系统的状态动态地表现成太阳辐射与负荷的模型，它是一种适用于 CPU 计算的方法。

由于可以正确地表示太阳辐射模型和负荷模型，所以用此法对比参数分析法来说，可以较精确地对系统作出事先评价。对于已运用参数分析法的基本设计，可以用模拟法作进一步的确认。

8.2.2　方阵与蓄电池组的设计

1. 蓄电池组设计

光伏发电系统中的储能蓄电池组的设计包括蓄电池的选型、容量设计、串并联设计。

1) 选型时的一些注意事项

蓄电池类型：从容量、性价比、维护等方面选择蓄电池类型。

自给天数：综合考虑负载对电源的要求，通常将蓄电池自给天数大于安装地点的最大连续阴雨天数。对电源要求不严格的负载，自给天数为 3～5 天；对电源要求严格的负载，自给天数为 7～14 天。

电压匹配：注意负载工作电压、光伏阵列输出电压、蓄电池组电压之间的匹配以及损耗。系统低压工作，线路的电流增大，损耗增大；系统工作电压过高，设备和器件成本增加、安全性降低。实践中，为简便估算光伏阵列的输出电压 V_R，可以取蓄电池组额定电压的 1.43 倍。

2) 参数定义

P_L 为负载日平均耗电功率(W)；

Q_L 为负载日平均耗电量(A·h)；

V_N 为系统工作电压(V)；

N_L 为最长的连续阴雨天数；

N_B 为最长的连续阴雨天数的补充调节天数；

K_b 为安全系数，取 0.5～0.9；

A 为安全系数，取 1.1～1.4；

T_0 为温度修正系数，一般 0℃以上取 1，−10℃以上取 1.1，−20℃以上取 1.2；

DOD 为蓄电池放电深度，一般铅酸蓄电池取 0.5～0.8。

3) 蓄电池组的容量

蓄电池的容量计算主要有以下三种公式。

(1) 利用负载的日耗电功率值和系统电压计算，

$$B_C = \frac{P_L \cdot 24 \cdot N_L}{K_b V_N} \tag{8-1}$$

(2) 利用负载的日耗电安时值和放电深度计算，

$$B_C = \frac{A \cdot Q_L \cdot N_L \cdot T_0}{\text{DOD}} \tag{8-2}$$

(3) 利用负载的日耗电安时值和放电天数计算，

$$B_C = Q_L \cdot (N_L + N_B) \tag{8-3}$$

第 1 种方法和第 2 种方法实际上是一致的，前者以负载的功率值计算，多用于连续工作的负载，后者以负载的安时值计算，多用于电站设计，是在光伏发电储能系统设计中常用的公式。第 3 种方法仅用于快速估算。

2. 太阳能阵列设计

1) 参数定义

N_S 为光伏组件串联数；

N_P 为光伏组件并联数；

P_0 为组件的额定功率(W)；

V_{OC} 为光伏组件的最佳工作电压(V)；

I_{OC} 为光伏组件的最佳工作电流(A)；

V_R 为光伏阵列或组串输出的最小电压(V)；

V_F 为蓄电池的浮充电电压(V)；

V_D 为二极管压降(V)；

V_C 为线路、接头等其他原因引起的压降(V)；

N_W 为最长的两次连续阴雨天之间的最短间隔天数；

N_L 为最长的连续阴雨天数；

B_C 为蓄电池在 N_W 内有太阳能时需要补充的能量(A·h)；

Q_L 为负载日平均耗电量(A·h)；

Q_P 为光伏组件的日发电安时数(A·h)；

T_m 为光伏组件峰值功率日照时数；

K_{op} 为斜面修正系数，取 1.09～1.14；

C_Z 为联合修正系数，主要为组合、衰减、灰尘、充电效率等损失，一般取 0.8。

2) 光伏组件串联数 N_S

光伏组件串联数太少时，光伏输出电压低于蓄电池浮充电压，阵列不能对蓄电池有效充电；串联数太多时，光伏输出电压远高于蓄电池浮充电压，蓄电池的充电电流不会明显增减，压降主要消耗在线路和内阻上。因此，太阳电池组件的端电压等于蓄电池的浮充电压时，才能达到最佳的充电状态。

$$N_S = \frac{V_R}{V_{OC}} = \frac{V_F + V_D + V_C}{V_{OC}} \tag{8-4}$$

蓄电池的浮充电电压应取在最低温度下单体蓄电池的最大工作电压乘以串联的电池数。

3) 光伏组件并联数 N_P

太阳能组件并联的组数的计算，是基于在两次的连续阴雨天之间(最短间隔天数)太阳能的发电量，能够满足负载的使用，还要补充蓄电池在最长的连续阴雨天内所亏损的电量，计算公式为

$$N_P = \frac{B_C + N_W \cdot Q_L}{N_W \cdot Q_P} \tag{8-5}$$

式中

$$Q_P = I_{OC} \cdot T_m \cdot K_{op} \cdot C_Z \tag{8-6}$$

对于蓄电池需要补充的能量 B_C 的计算同前。

光伏组件峰值功率日照时数 T_m (h) 可以采用安装地日照时数或用太阳能日辐照量 $H_t[\text{MJ/(m}^2 \cdot \text{d)}]$ 转换成标准光强下的平均日辐射时数，计算为

$$T_m = \frac{H_t \cdot 2.778}{10000} \tag{8-7}$$

式中，$2.778/10000(\text{h} \cdot \text{m}^2/\text{kJ})$ 为换算系数，是将日辐射量(J)转换成标准光强 1000W/m^2 下平均辐射时数的系数。

4) 光伏阵列的功率 P_m 计算

光伏阵列的功率 P_m 要根据单块光伏组件的功率，以及组件的串、并联数计算，常见的连接形式是组串连接，通过串、并联数得到使用的组件数量。阵列功率 P_m 计算式为

$$P_m = P_0 \cdot N_S \cdot N_P \tag{8-8}$$

考虑到一些实际环境因素、工程因素等影响，可以对以上公式进行适当修

正。一般来说，都是将光伏输出功率和蓄电池的功率加大，以弥补各种损耗和功率流失。

8.2.3 离网型光伏发电系统的简易设计方法

离网型光伏发电系统的简易设计，就是参数分析法的设计方法。将太阳能通过光伏组件转换成电能给负荷，整个过程中存在多种衰减和效率变化，如光伏组件的转换效率、组件的老化损失、污染损失、蓄电池充放电损失、逆变器损失等，将发电量与需要电能相比较，能匹配则完成设计。

这种简易设计方法，需要首先了解地理及气候信息，包括地理纬度、年平均总辐射量、平均气温及极端气温等。然后计算 5 项主要内容：各类负载(包括直流负载、交流负载(阻性负载、感性负载))的功耗以及负载运行时间计算；光伏阵列容量计算；蓄电池容量计算；逆变器容量计算；控制器容量计算。

1. 日负载功耗的确定

直流负载日负载功耗： $Q_{LD} = W_D \cdot T_1$

交流负载日负载功耗： $Q_{LA} = \dfrac{W_A \cdot T_2}{\eta}$

则日负载总用电量：

$$Q_L = Q_{LD} + Q_{LA} \tag{8-9}$$

式中，Q_L 为日负载总功耗值(W·h)；Q_{LD} 为日直流负载功耗值(W·h)；Q_{LA} 为日交流负载功耗值(W·h)；W_D 为直流负载功率(W)；W_A 为交流负载功率(W)；η 为逆变器效率；T_1 为直流负载工作时数(h)；T_2 为交流负载工作时数(h)。

或计算负载的安时数，将 W·h 换算成 A·h，U_N 为系统工作电压，则直流日负载耗电量安时数为 $\dfrac{Q_{LD}}{U_N}$ (A·h)；交流日负载耗电量安时数为 $\dfrac{Q_{LA}}{U_N}$ (A·h)；日负载总用电量安时数为 $\dfrac{Q_L}{U_N}$ (A·h)。

2. 蓄电池容量 C_W 的确定

蓄电池容量一般用式(8-10)计算：

$$C_W = \frac{Q_L \cdot N_L \cdot F}{K \cdot \mathrm{DOD}} \tag{8-10}$$

式中，C_W 为蓄电池的容量(W·h)；N_L 为最长无日照用电天数；F 为蓄电池放电容量的修订系数(F=充电安时数 / 放电安时数)，通常取 1.2；Q_L 为所有用电设备总用电量(W·h)；DOD 为蓄电池放电深度，通常取 0.5；K 为包括逆变器在内的交流回路的损耗率，通常取 0.8。

若按通常情况取(F=1.2，DOD=0.5，K=0.8)系数，则 C_W 简化为

$$C_W = 3 \cdot N_L \cdot Q_L \tag{8-11}$$

选择系统的直流电压 U_N，根据负载功率确定系统的直流电压(即蓄电池组电压)。确定的原则如下。

(1)在条件允许的情况下，尽量提高系统电压，以减少线路损失。

(2)直流电压的选择要符合我国直流电压的标准等级，即 12V、24V、48V 等。

(3)直流电压的上限最好不要超过 300V，以便于选择元器件和充电电源。

用 C_W 去除系统的电压 U_N，即可得到用安时数表示的蓄电池容量 C：

$$C = \frac{C_W}{U_N} = \frac{3 \cdot N_L \cdot Q_L}{U_N} \tag{8-12}$$

式中，U_N 为系统的直流电压(V)；N_L 为最长无日照用电天数；Q_L 为所有用电设备总用电量(W·h)。

蓄电池组串、并联数的确定：蓄电池组的并联数 N_{bp}、串联数 N_{bs} 与所选蓄电池组的型号有关，型号不同，则单蓄电池组的容量 C_0 和标称电压 U_0 就不同。

蓄电池组的并联数 N_{bp} 计算：

$$N_{bp} = \frac{C}{C_0} \tag{8-13}$$

蓄电池组的串联数 N_{bs} 计算：

$$N_{bs} = \frac{U_N}{U_0} \tag{8-14}$$

式中，C 为蓄电池容量(A·h)；U_N 为系统的直流电压(V)；C_0 为单蓄电池组的容量(A·h)；U_0 为单蓄电池组的标称电压(V)。

通常单串蓄电池的容量由设计者选择不同的蓄电池型号确定，若选择蓄电池的容量大，则蓄电池的并联数减少。如果 $C_0 > C$，则选择 $N_{bp}=1$。

3. 光伏阵列功率 P_m 的确定

(1)选择阵列倾斜角，按前面所述的原则确定。

(2)计算平均峰值日照时数 T_m。

峰值日照时数是将一般强度的太阳辐射日照时数折合成辐射强度为 1000 W/m^2 的日照时数。太阳阵列倾斜面上的平均峰值日照时数 T_m 计算如下：

$$T_m = \frac{K_{op} H_A}{3.6 \times 365} \tag{8-15}$$

式中，H_A 为水平面太阳能年总辐照量(MJ/(m^2·a))，为当地 8～10 年的气象数据；K_{op} 为斜面辐射最佳辐射系数；3.6 为单位换算系数，1MJ=1kW·h/3.6，单位换算

系数 1/3.6=2.778/10000(h·m^2/kJ)。

如果式中 H_A 用日平均辐照量 H_t 计算，分母要去掉 365。

(3)光伏阵列功率 P_m 的确定

计算光伏阵列的峰值功率 P_m 为

$$P_m = \frac{Q_L \cdot F}{K \cdot T_m} \tag{8-16}$$

同前面的参数，$F=1.2$，$K=0.8$，则可简化为

$$P_m = \frac{1.5 \times Q_L}{T_m} \tag{8-17}$$

(4)计算光伏组件的串联数 N_S

光伏组件的串联数，也就是光伏组件单串的连接块数 N_S：

$$N_S = \frac{U_N}{U_B} \tag{8-18}$$

式中，U_N 为系统直流电压(V)；U_B 为光伏组件标准电压(V)(假设不使用 DC-DC 设备变流，则此电压也对应于蓄电池组串联后的单串蓄电池的额定电压)。

(5)计算光伏组件的并联数 N_P

由光伏阵列的输出总功率

$$P_m = N_S \cdot U_m \cdot N_P \cdot I_m = N_S \cdot N_P \cdot P_0$$

可以得出组件的并联数为

$$N_P = \frac{P_m}{N_S P_0} \tag{8-19}$$

式中，I_m 为光伏组件最佳工作电流(A)；U_m 为光伏组件最佳工作电压(V)；P_0 为光伏组件的峰值功率(W)，$P_0 = U_m \cdot I_m$。

简单计算光伏阵列方法为

$$\text{光伏组串数} = \frac{\text{日负载需求(A·h)} \times 1.11}{\text{光伏组件日输出(A·h)} \times 0.9} \tag{8-20}$$

式中，光伏组件日输出，可以用全年的月太阳辐照平均值最低的时数，化为日输出时数，乘以选用的光伏组件的最大功率点的电流来求得；1.11 是考虑光伏组件给蓄电池充电的效率的修正系数；0.9 是考虑光伏组件衰减和灰尘等因素引起光伏组件损失的修正系数。

4. 逆变器的确定

逆变器的功率＝阻性负载功率×(1.2～1.5)＋感性负载功率×(5～7)　(8-21)

方波逆变器和阶梯波逆变器大多用于 1kW 以下的小功率光伏发电系统；1kW 以上的大功率光伏发电系统多数采用正弦波逆变器。

5. 控制器的确定

(1)控制器所能控制的太阳阵列最大电流 I_{Fsc} 就是阵列的短路电流：

$$I_{Fsc}=N_P\times I_{sc}\times 1.25 \tag{8-22}$$

式中，N_P 为并联数；I_{sc} 为组件的短路电流(A)；1.25 为安全系数。

(2)控制器的最大负载电流 I：

$$I=\frac{1.25\times P_L}{K_C\cdot U_N} \tag{8-23}$$

式中，P_L 为日负载总功率值(W)；U_N 为系统直流电压(V)；K_C 为损耗系数，取 0.8，则可简化为

$$I=\frac{1.56\times P_L}{U_N} \tag{8-24}$$

按照以上步骤，逐步确定蓄电池、光伏、逆变器、控制器的容量和数量参数，完成容量设计。

【例 8-1】 某家庭所用负载情况如表 8-1 所示。当地的年平均太阳总辐射量为 6210MJ/m^2，连续无日照用电天数为 3 天，试设计光伏供电系统。

表 8-1　家庭电源系统用电情况

设备	负载	数量	日工作时间/h
照明	220V/15W	3	4
卫星接收器	220V/25W	1	4
电视机	220V/110W	1	4
洗衣机(感性负载)	220V/250W	1	0.8

解：(1)用电设备总功率 P_L= 15W×3+25W+110W+250W =430W

(2)求用电设备一天的用电量 Q_L。

照明用电量：　Q_1=15W×3×4h＝180 W·h

卫星接收器用电量：　Q_2=25W×4h=100 W·h

电视机用电量：　Q_3=110W×4h=440 W·h

洗衣机用电量：　Q_4=250W×0.8h=200 W·h

总用电量：　Q_L =180+100+440+200=920(W·h)

(3)系统直流电压 U_N 的确定。

本系统功率较小，选择 U_N =12V，逆变器 12V 变 220V，不考虑逆变器损耗。

(4)电池容量 C 的确定。

$$C_W=3\times N_L\times Q_L=3\times 3\times 920=8280(\text{W}\cdot\text{h})$$

蓄电池电压 $U_N = 12V$

蓄电池安时容量为

$$C = \frac{C_W}{U_N} = \frac{8280W \cdot h}{12V} = 690A \cdot h$$

根据计算结果，蓄电池可选用 12V100A·h 的 VRLA 蓄电池 7 只并联。

(5)光伏阵列功率 P_m 的确定。

① 平均峰值日照时数：

为简便起见，用水平面数据，不用斜面，$K_{op}=1$，则

$$T_m = \frac{6210}{3.6 \times 365} = 4.73(h)$$

② 光伏阵列功率：

$$P_m = \frac{1.5 \times Q_L}{T_m} = \frac{1.5 \times 920W \cdot h}{4.73h} \approx 291.8W$$

光伏阵列选用 100W(36 片串联，电压约 17.5V，电流约 5.71A)组件 3 块并联。

(6)控制器的确定。

阵列最大电流(短路电流用组件最大电流代替)：

$$I_{Fsc} = N_P \times I_{sc} \times 1.25 = 3 \times 5.71A \times 1.25 = 21.4A$$

最大负载电流：

$$I = \frac{1.56 \times P_L}{U_N} = \frac{1.56 \times 430W}{12V} = 55.9A$$

(7)逆变器的确定。

$$\begin{aligned}\text{逆变器的功率} &= \text{阻性负载功率} \times (1.2\sim1.5) + \text{感性负载功率} \times (5\sim7)\\ &= 180W \times 1.5 + 250W \times 6\\ &= 1770W\end{aligned}$$

故控制器和逆变器可选用 2000W 的设备，如逆控一体机。

【例 8-2】 设计 60W 离网型光伏发电系统。

假设用电设备的日平均功率为 60W，设备采用 12V 直流蓄电池供电，逆变器为 12V 输入转 220V 交流输出，逆变器效率 90%。安装地每日平均峰值日照时间 3.8h，要求蓄电池容量能满足在阴雨天连续工作 5 天，放电深度 50%。

解：(1)蓄电池容量的选择。

用电设备平均功耗 60W，12V 的系统电压，采用 12V 的蓄电池组逆变后供电，逆变器效率 90%，每天系统的消耗电量为

$$\frac{60W \times 24h}{12V \times 90\%} = 133.3A \cdot h$$

蓄电池容量要满足在阴雨天连续工作 5 天，放电深度 50%(一般情况下放电深度在 50%～80%系统可靠性好，仅按 50%放电深度设计，可以提高蓄电池的富余量)，则蓄电池容量最小为

$$\frac{133.3\text{A}\cdot\text{h}\times 5}{50\%}=1333\text{A}\cdot\text{h}$$

蓄电池组的实现有多种组合，如可使用 200A·h12V 的蓄电池组 7 组并联，或使用 100A·h12V 的蓄电池组 14 组并联。

(2) 太阳能组件的选择。

安装地每日平均峰值日照时间 3.8h，假设光伏实际发电联合修正系数为 0.7，则光伏电池组件的功率为

$$\frac{60\text{W}\times 24\text{h}}{3.8\text{h}\times 90\%\times 70\%}=601.5\text{W}$$

太阳能阵列的功率可以设计为 600W，可采用最佳工作电压 17.5V(36 片电池片串联，给 12V 蓄电池组充电)、峰值功率为 100W 的光伏组件 6 块并联。

(3) 光伏控制器的选择。

太阳能最大峰值功率为 600W，充电电压 12V，则光伏控制器的最大工作电流为

$$\frac{600\text{W}}{12\text{V}}=50\text{A}$$

可以选择 12V/50A 光伏控制器。

(4) 光伏逆变器。

系统的总功率为 60W，负载在启动瞬间会有冲击电流，逆变器的功率应该选择 150～200W 12V 直流/220V 交流、效率 90%以上的逆变器。

8.2.4　系统的优化设计

优化目标如下：检测光伏组件安装的实际日照强度、光反射率、外部环境温度，分析光伏发电系统各个部件的运行性能及其相互间的作用等，使光伏发电系统发电量最大、成本最低。

1. 发电系统总体优化

(1) 优化光伏入射光照强度。

用光伏吸热体材料制备黑色涂层，减少反射率；改变光伏表面属性，匹配入射光线的折射系数，提高太阳能的吸收。还可以腐蚀光伏表面，使其凹凸不平，减少表面反射。

改变组件安装结构如 V 形结构，可使无效入射光偏移至有效使用区，提高光

伏能。

(2)提高光伏输出电量。

对于固定式安装的光伏阵列，光伏组件最佳方位的确定，应根据使用周期内收集的太阳能最多为原则。根据理论分析和实验研究，有以下一般原则(β和φ分别为倾斜角、纬度角)：对于全年，取$\beta=\varphi$；对于夏半年(春分到秋分)，取$\beta=\varphi-(10^\circ\sim15^\circ)$；对于冬半年(秋分到第二年春分)，取$\beta=\varphi+(10^\circ\sim15^\circ)$；如无特殊困难，方位角应取$\gamma=0^\circ$(北半球)。

如果固定式安装的光伏阵列对负载供电有特殊要求，可参考均衡性负载、季节性负载、特殊要求负载三种情况对倾斜角进行分析和优化。

对于可调节的光伏阵列，使用太阳能跟踪(追日、逐日)系统或调节组件安装倾斜角、方位角，进行人工追踪和自动追踪。追踪太阳轨迹可增强光伏的日照强度，增加光伏发电量10%～30%。

(3)光伏发电模块化。减少连接损耗、优化接插件等。

(4)优化方案。可从均衡性负载、季节性负载、特殊要求负载三种情况进行分析和优化。对于不同类型的负载，优化步骤较多，可能需要反复计算，进行多次优化。

2. 均衡性负载的优化

均衡性负载是平均每月的平均日耗电量基本相同的负载，优化的主要步骤和优化思路如下。

(1)确定负载耗电量。

(2)计算阵列面上太阳辐照量。

$$R_\beta=S_\beta+D=\frac{S\cdot\sin(\alpha+\beta)}{\sin\alpha}+D \tag{8-25}$$

式中，R_β为太阳能阵列β倾斜角下的辐射量($\mathrm{mW\cdot h/cm^2}$)；S_β为太阳能阵列β倾斜角下的直接辐射分量($\mathrm{mW\cdot h/cm^2}$)；D为散射辐射量(查阅气象资料)($\mathrm{mW\cdot h/cm^2}$)；S为水平面太阳直接辐射量($\mathrm{mW\cdot h/cm^2}$)；α为中午时太阳高度角。

计算出每个月的平均日辐照量R_m和年平均日辐照量R_y。

R_m、R_y单位转化成$\mathrm{mW\cdot h/cm^2}$，除以光伏测试的标准辐照度$100\,\mathrm{mW/cm^2}$，$T_\mathrm{m}=R_\beta/100$，得出当月的日平均峰值日照时数T_i和全年的日平均峰值日照时数T_av。

(3)计算每月发电盈亏量。

对于设定的倾斜角β，计算光伏阵列的最小输出电流为

$$I_{\min} = \frac{Q_L}{T_{av} \cdot \eta_1 \cdot \eta_2} \tag{8-26}$$

式中，$I_{\min}$ 为光伏阵列最小输出电流(A)；Q_L 为负载用电量($A \cdot h$)；T_{av} 为全年的日平均峰值日照时数；η_1 为阵列到蓄电池输入回路的效率，包括灰尘损耗、老化损耗、二极管和线路损耗等；η_2 为蓄电池到负载输出回路的效率，包括蓄电池放电效率、控制器和逆变器的效率及线路损耗等。

计算光伏阵列的最大输出电流为

$$I_{\max} = \frac{Q_L}{T_{i\_\min} \cdot \eta_1 \cdot \eta_2} \tag{8-27}$$

式中，$T_{i\_\min}$ 是各月中最少的日平均峰值日照时数。

光伏阵列最大电流的发电，除满足负载使用，可以将多余的电能存入蓄电池。阵列实际在 $I_{\min}$ 和 $I_{\max}$ 之间，可任取一中间值 I，算出每月的光伏发电量为

$$Q_g = N \cdot I \cdot R_g \cdot \eta_1 \cdot \eta_2 \tag{8-28}$$

式中，N 为当月天数；R_g 为当月日均太阳辐照量。

计算出每个月的负载需求电量并与每月的 Q_g 相比，得出每月发电盈亏量。

(4) 计算累计亏欠量。计算累计连续发电亏损月的累计发电亏欠量。

(5) 确定阵列理想输出电流。累计亏欠量用蓄电池供能，累计亏欠量除负载日平均电量，得出用蓄电池维持供电的天数。将计算的天数与蓄电池指定需要供电的天数相比较，若大，则需要增加光伏阵列电流；若小，则可以减小光伏阵列电流。使用新的电流 I 重新计算以上用蓄电池维持供电的天数，直到计算的天数与蓄电池指定需要供电的天数近似相等，得出光伏阵列在 β 倾斜角下的理想输出电流 I_{OC}。

(6) 确定阵列最佳倾斜角。反复改变倾斜角 β，重新完成以上计算，得出最小的阵列输出电流值和相应的最佳倾斜角。

(7) 计算蓄电池和阵列容量。根据最大的累计亏欠量(需要蓄电池的充放电能量)、蓄电池的放电深度、放电效率，确定蓄电池的容量。根据光伏阵列理想输出电流 I_{OC}、U_{OC}、线路压降、损耗等，可以算出光伏阵列的容量。

(8) 确定最佳容量组合。改变蓄电池指定需要供电的天数 n，重新进行以上计算过程，得到一系列的蓄电池与光伏的容量组合方式，最后根据蓄电池、光伏组件的数量、价格等确定蓄电池与光伏阵列的最佳组合。

均衡性负载离网型光伏发电系统容量优化设计的基本思路是，先指定蓄电池维持天数，任意选择阵列倾斜角，得到满足维持天数所要求的阵列输出电流，再改变阵列倾斜角，求出满足维持天数要求的阵列最小输出电流，此时对应的倾斜

角就是阵列最佳倾斜角，由此得到阵列和蓄电池容量，改变维持天数，可以得到一系列的光伏-蓄电池组合，最后确定最佳的光伏-蓄电池搭配容量。

另外由光伏系统仿真软件，也可获得系统最佳倾斜角。

3. 季节性负载的优化

季节性负载每天的工作时间随季节变化。例如，光伏照明系统的冬天发电量尽量大、日出日落前半小时负载可以不工作；光伏水泵系统的夏天(灌溉季节)发电量最大。

4. 特殊要求负载的优化

例如，负载失电率 LOLP 为零的光伏系统。负载失电率 LOLP 定义为全年停电时间/全年时间。LOLP 数值越小，表示供电的可靠程度越高。

对于均衡负载失电率 LOLP=0 的离网型光伏发电系统，也可以用前面的优化办法，只是蓄电池维持的天数先用 0 代入，使得每个月的光伏阵列发电量都大于负载耗电量。把当地的最长连续阴雨天数作为蓄电池的维持天数，以此确定蓄电池的容量。

8.2.5　光伏发电系统发电量计算

光伏电站需要对发电量作理论上的分析，并估算投资效益。

离网型和并网型光伏发电系统可以分为两类情况计算发电量：已知一定面积的系统和已知安装容量的系统。

已知一定面积的系统电量计算：根据全年发电量最大或冬季发电量最大确定阵列倾斜角；根据组件阵列的高度确定阵列间距；确定组件的安装数量；确定阵列总的装机容量；确定总发电量。

已知安装容量的系统电量计算：根据全年发电量最大或冬季发电量最大确定阵列倾斜角；根据组件阵列的高度确定阵列间距；确定组件的安装面积；确定发电量。如果仅为估算系统的发电量，可以不需要安装面积和间距的值。

发电量的计算也可以通过仿真软件获得。

根据国家标准《光伏发电站设计规范》中的要求：光伏发电站发电量计算应考虑站址所在地的太阳能资源情况、光伏发电站系统设计情况、光伏阵列布置和环境条件等各种因素。

有以下四种计算发电量的方法。

1. 根据辐照量的计算

$$E_{\mathrm{p}} = \frac{H_{\mathrm{A}} \cdot P_{\mathrm{AZ}} \cdot K}{E_{\mathrm{a}}} \tag{8-29}$$

式中，E_{p} 为发电量(kW·h)；H_{A} 为水平面太阳能年总辐照量(kW · h/m^2)；P_{AZ} 为

系统安装容量(kW)； E_a 为标准条件下的辐照度，是常数，为 1 kW·h/m^2； K 为综合效率系数。

综合效率系数 K 是考虑了以下各种因素影响后的修正系数。

(1) 光伏组件类型修正系数；

(2) 光伏阵列的倾斜角、方位角修正系数；

(3) 光伏发电系统可用率；

(4) 光照利用率；

(5) 逆变器效率；

(6) 集电线路、升压变压器损耗；

(7) 光伏组件表面污染修正系数；

(8) 光伏组件转换效率修正系数。

K 的取值在 75%～85%。

2. 根据组件面积-辐射量的计算

$$E_p = H_A \cdot S \cdot K_1 \cdot K_2 \tag{8-30}$$

式中，H_A 为倾斜面太阳能总辐照量(kW·h/m^2)； S 为组件面积总和(m^2)； K_1 为组件转换效率系数； K_2 为系统综合效率系数。

综合效率系数 K_2 是考虑了以下各种因素影响后的修正系数。

(1) 线损：交直流配电房和输电线路损失约占总发电量的 3%，相应修正系数取为 97%。

(2) 逆变器损耗：大型逆变器效率为 95%～98%。

(3) 工作温度损耗：光伏的效率会随着它的工作温度变化而变化。当它们的温度升高时，光伏组件发电效率会呈降低趋势。一般而言，工作温度损耗平均值在 2.5%左右。

(4) 其他因素损耗：除上述各因素外，还包括最大功率点跟踪精度、电网吸纳等不确定因素，相应的修正系数取为 95%。

这种计算方法是第一种方法的变化，适用于倾斜角安装的项目，只要得到倾斜面辐照度，就可以计算出较准确的数据。

或者根据水平辐照度进行换算：

$$倾斜面辐照度 = \frac{水平面辐照度}{\cos\beta} \tag{8-31}$$

式中，β 为倾斜角。

3. 根据标准日照小时数-安装容量的计算

根据标准日照小时数计算系统发电量，是第一种方法的简化，可以计算出日

平均发电量或月、年发电量，非常实用。光伏发电站发电量 E_{p} 计算公式为

$$E_{\mathrm{p}} = H \cdot P_{\mathrm{AZ}} \cdot K_1 \tag{8-32}$$

式中，P_{AZ} 为系统安装容量(kW)；H 为当地标准日照小时数(h)；K_1 为系统综合效率，取值 75%～85%。

4. 经验系数法

光伏发电站年均发电量 E_{p} 计算公式为

$$E_{\mathrm{p}} = P_{\mathrm{AZ}} \cdot K_1 \tag{8-33}$$

其中，P_{AZ} 为系统安装容量(kW)；K_1 为经验系数，根据当地日照情况，一般取值 0.9～1.8。

这种计算方法是根据当地光伏项目实际运营经验总结而来的，是估算年均发电量最快捷的方法。

四种方法中，第一种和第三种的得数是相同的，因为标准日照小时数的定义为辐照总量换算成在1000W/m^2 的辐照下的小时数，在数值上等于单位转换后的辐照量值，计算准确；而第四种方法计算误差大，但最容易估算；第二种方法受组件转换效率数值精度的影响，计算误差一般介于前两者。

8.3　光伏发电系统电气设备及设计

光伏发电系统(光伏电站)包含逆变器、光伏汇流箱、接插件线缆、交直流配电柜、防雷器、变压器、测控系统、功率控制与调节设备等，而且除以上设备外，还会有接入系统、支架系统、防雷接地系统、安防系统、辅助系统等，后面这些系统与电网、光伏电站施工与维护联系紧密，这里不作讨论。

8.3.1　逆变器

逆变器需要从功能性要求、额定指标、稳定性、是否带隔离变压器、单位投资成本以及供应商售后服务等多方面考虑进行选型。

1. 额定参数指标

并网型光伏系统逆变器的总额定容量应根据光伏系统装机容量确定，并考虑系统应用场合。并网逆变器的数量应根据光伏系统装机容量及单台并网逆变器额定容量确定。

(1)交流输出端：额定输出容量(具有足够的额定功率，以满足最大负荷下设备对电功率的要求，以及系统扩容及一些临时负载的接入，当用电设备以纯电阻性负载为主或功率因数大于 0.9 时，一般选取逆变器的额定输出功率比用电设备

总功率大 10%～15%)；额定输出频率(通常工频 50Hz，偏差应在±1%以内)；额定电网电压；功率因数；总电流波形畸变率等电能质量指标。

(2)直流输入端：最大直流电压；最大功率电压跟踪范围；最大直流功率。

(3)系统：MPPT 效率、逆变转换效率、总转换效率(注意与欧洲效率指标的区别)、功耗(夜间/待机)、通信接口等。逆变转换效率表征自身功率损耗，通常以百分数表示。千瓦级以下逆变器额定负荷效率 80%～85%；10 千瓦级逆变器额定负荷效率 85%～90%，更大功率的效率必须在 90%以上。

2. 功能性要求

(1)控制功能，能实现逆变、自动运行和停止、显示报警、最大功率跟踪功能。

(2)保护功能，包括过/欠压、过/欠频、电网短路保护、逆变器过载保护、逆变器过热保护、直流极性反接保护、逆变器对地漏电保护等自我保护功能。

(3)低电压穿越功能，电压跌落在一定范围内能正常运行。

(4)孤岛检测功能，电网故障时能检测并脱离电网。

3. 稳定性要求

(1)输出电压稳定度：输出电压稳定度表征逆变器输出电压的稳压能力。性能良好的逆变器的电压调整率应在±3%以内，负载调整率应在±6%以内。

(2)输出电压的波形失真度：通常以输出电压的总波形失真度表示，其值不应超过 5%。

(3)负载功率因数：在正弦波条件下，负载功率因数为 0.7～0.9(滞后)，额定值为 0.9。

4. 其他要求

启动特性、噪声特性、温度特性等，应满足高效节能环保的要求。

8.3.2　光伏汇流箱

光伏汇流箱用于连接光伏阵列及逆变器，其用途是将光伏组串或阵列的直流电流汇流，还可以提供防雷及过流保护、组串电流电压以及断路器状态监测。汇流箱示意图如图 8-2 所示。

多个光伏组串接入光伏汇流箱，通过熔断器保护后，接入光伏防反二极管，防止逆流产生，再通过直流断路器，接入逆变器中。

为了提高系统的可靠性和实用性，一般都会在光伏汇流箱里配置防雷器，当雷击发生时能将过大的电能泄放掉，从而避免对光伏系统带来的损害。带有监控的汇流箱里安装智能采集装置，实现对电流、电压、报警等信息的采集，并上传到上位机，实现对汇流箱的实时监控。

汇流箱可以输入多路光伏组串或阵列，典型有 5 路、8 路、10 路、12 路的配置，每路电流最大可达 10A、15A、20A 等。防反二极管通常采用模块化整流二极管，二极管性能要求功耗低、温度范围宽、输出稳定等。

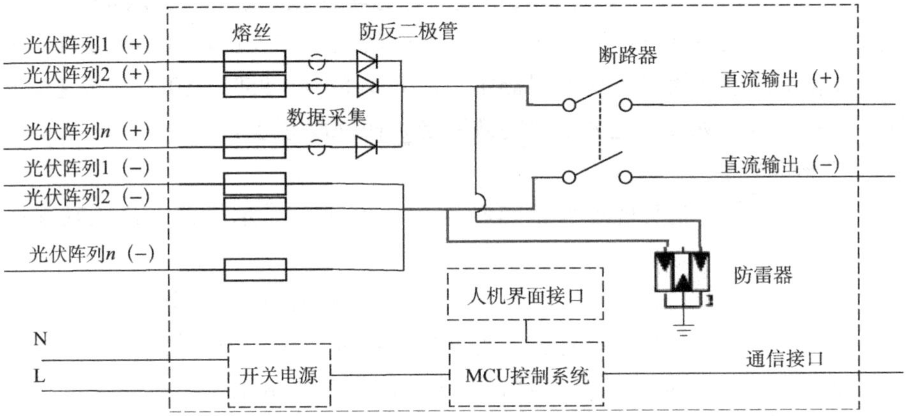

图 8-2　汇流箱示意图

如果并网型光伏发电系统由“光伏组串+逆变器”或“光伏组件+微逆变器”方式并网，则可以省去光伏汇流箱。

8.3.3　光伏系统电缆与连接件

在光伏发电系统中有很多接口，组件、接线盒、逆变器、汇流箱等都需要连接器，在组件之间、设备之间需要连接电缆。

1. 中低压直流电缆

如果电缆在恶劣环境条件下护套强度不够，则会分解电缆绝缘层，直接增加电缆系统损失，甚至发生电缆短路、发生火灾或人员伤害。因此推荐使用双层绝缘橡胶护套的光伏电缆，这类连接电缆使用双层绝缘外皮，具有防紫外线、防酸、防盐雾侵蚀能力和耐磨损能力。

在光伏发电系统中，要总体考虑电缆的绝缘性能、耐热阻燃性能、抗老化性能及线径规格等因素。具体要求如下。

(1) 光伏组件与组件之间的连接电缆。一般使用组件接线盒附带的连接电缆直接连接，长度不够时还可以使用专用延长电缆。依据组件功率的不同，有截面积为 2.5 mm^2 、4.0 mm^2 、6.0 mm^2 三种规格连接电缆。直流电缆选择时应符合：选择合适的线径，将线路损耗控制在 2%以内；耐压 1kV，阻燃；根据是否直埋，决定选择铠装或普通电缆。对于光伏阵列区组串连接电缆一般选用 4mm^2 或以上光伏专用防紫外线电缆，以确保使用寿命。

(2) 电池与逆变器之间的连接电缆。可以使用多股软线，尽量就近连接。选择短而粗的电缆可使系统减小损耗。

(3) 阵列与控制器或直流汇流箱之间的连接电缆，要求使用通过 UL 测试的多股软线，截面积规格根据阵列输出最大电流而定。

直流电缆截面积依据下列原则确定。

(1) 光伏组件与组件之间的连接电缆、蓄电池与蓄电池之间的连接电缆、交流负载的连接电缆，一般选取的电缆额定电流为各电缆中最大连续工作电流的 1.25 倍。

(2) 光伏阵列之间的连接电缆、蓄电池组与逆变器之间的连接电缆，一般选取的电缆额定电流为各电缆中最大连续工作电流的 1.5 倍。

2. 中高压交流电缆

(1) 带包皮的电缆。使其在运输、敷设及运行过程中免受机械损伤，并防止水分浸入和绝缘油外渗。常用的包皮有铝包皮和铅包皮。此外，在电缆的最外层还包有钢带铠甲，以防止电缆受外界的机械损伤和化学腐蚀。

(2) 导线材料。要求电阻率小、机械强度大、质量轻、不易腐蚀、价格低、运行费用低等，常用材料有铜、铝和钢。

(3) 导线的结构形式。高压线路一般用裸导线，低压线路一般用绝缘导线。

3. 连接器

如果连接器的接触电阻变大，则会引起连接器发热、寿命缩短，或光伏电池组串断电，接线盒失效，组件漏电等，造成系统故障，最严重的是接头起火，连接器烧断，发生事故。

连接器的接触电阻直接影响到电站的发电效率，“低接触电阻”是光伏连接器的基本要求。为方便施工，可采用标准化接插件作为连接器，如型号 MC3、MC4 连接器。

光伏接线盒常常与光伏组件制造时已连为一体，因此选用组件时要对接线盒有基本要求，如是否具有旁路二极管、是否有防反二极管、绝缘性能、发热特性等。

4. 通信电缆

光伏发电系统的主控设备与被控设备之间的控制与通信联络、与电网调度机构之间的通信联络，使用有线和无线方式，通信线缆要满足继电保护、安全自动装置、调度自动化及调度电话等业务对电力通信的要求，通信电缆、控制线缆在设计初始阶段应与主电缆布线、施工等同时考虑。

5. 导线截面选择的基本原则

导线在通过正常最大负荷电流(计算电流)时产生的发热温度不超过其正常运行时的最高允许温度。

导线或电缆在通过正常最大负荷电流时产生的电压损失应小于电压损失，以保证供电质量。

在正常工作条件下，导线应有足够的机械强度以防止断线，故要求导线截面不应小于最小允许截面。

选择导线截面时，既要降低线路的电能损耗和维修费等年运行费用，又要尽可能减少线路投资和有色金属消耗量，通常可按国家规定的经济电流密度选择导线截面。

高压输电线路产生电晕时，不仅会引起电晕损耗，而且产生噪声和无线电干扰，为了避免电晕的发生，导线的外径不能过小。

8.3.4 交直流配电柜

有的光伏发电系统配有直流配电柜、交流配电柜，如图 8-3 所示。

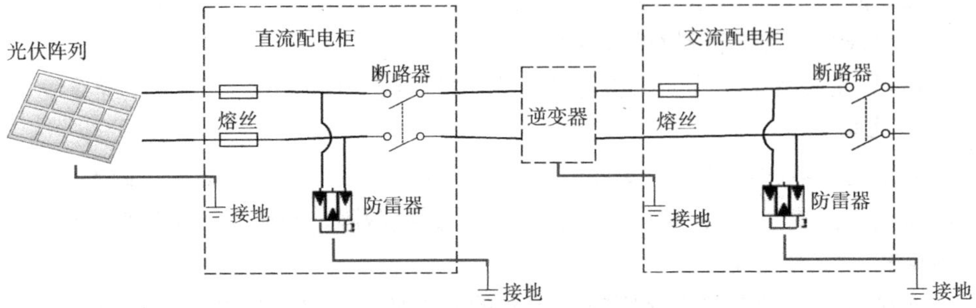

图 8-3　光伏发电系统中的交直流配电柜

1. 直流配电柜功能

光伏直流配电柜主要应用在大型光伏电站，用来连接汇流箱与光伏逆变器。直流配电柜的主要作用就是将汇流箱输出的直流电缆接入后对直流电能进行分配、监控、保护。

(1) 直流配电柜可以将总输入直流分为多路，而且每路都有保护装置(如熔丝、空气开关)、防雷器等。

(2) 光伏直流配电柜检测功能，包含检测每路电流电压值、防雷状态、开关状态，通过智能仪表液晶屏显示电压电流功率等，可以通过通信接口与监控系统通信，实现直流配电柜智能化管理。

(3) 防雷器件，是用于防止雷电浪涌侵入光伏阵列、交流逆变器、交流负载或电网的保护装置。

(4) 防反充二极管，一般都装在组件的接线盒中，当组件接线盒中没有安装时，可以考虑在直流接线箱中加装。

2. 直流配电柜设计

(1) 符合《低压成套开关设备和控制设备》标准。

(2) 直流配电柜根据与之匹配的逆变器进行设计。

(3) 直流输入回路应配有可分断的直流断路器，直流输入回路配置防反二极管，并且其断路器选型与汇流箱容量匹配。

(4) 直流输出回路配置光伏专用直流防雷器，正负极都具备防雷功能。

(5) 柜体高度和颜色与相邻逆变器和交流配电柜相匹配。

(6) 输入和输出接线端子满足汇流箱接入和逆变器接出的要求，并留用足够备用端子，接线端子设计应能保证电缆线可靠连接，应有防松动零件，对既导电又作紧固用的紧固件，应采用铜质零件。

(7) 由于二极管容易发热，故直流配电柜需设计温控式散热风扇。

3. 交流配电柜功能

交流配电柜用来控制逆变后的交流电，控制交流电与变压器通断，还分配发电系统的自用电，配有保护设备、指示仪表。在变压器和高压电网之间可以配置高压交流配电柜，主要用断路器控制电能并网与脱网。

交流配电柜由开关类电器(如空气开关、切换开关、交流接触器等)、保护类电器(如熔断器、防雷器等)、测量类电器(如电压表、电流表、电能表、交流互感器等)及指示灯、母线排等组成，分为大型和小型配电柜；户内型和户外型配电柜；低压和高压配电柜。

中小型光伏发电系统一般采用低压供电和输送方式，要选用低压配电柜。大型光伏发电系统大多采用高压配供电和输送方式，因此要选用符合大型发电系统需要的高低压配电柜和升、降压变压器等配电设施。

交流低压配电柜主要是为多台逆变器交流侧提供保护和低压汇集或电网接入，每个交流配电柜单元输入与输出回路配置交流断路器，并配置交流防雷器以作电涌保护。

4. 交流配电柜设计

(1) 选型和制造都要符合《低压成套开关设备和控制设备》《高压成套开关设备和控制设备》等国家标准要求。

(2) 每个交流配电单元的输入侧(即每一路输入)和输出回路均应配有可分断的交流断路器，满足系统额定电压、额定电流、短路故障容量等要求；当电路有短路或过载等故障发生时，相应的断路器应能自动跳闸或熔断器熔断，断开输出。

(3) 配置电压表、电流表及电能计量装，便于观察和维护、检修和更换电气元件，操作方便，运行可靠，双路输入时切换动作准确。

(4) 发生故障时能够准确判断，迅速切断事故电流。

(5) 满足需要、环境条件、保证安全性能和系统的可靠性的前提下，尽量做到体积小、散热好、重量轻、工艺好、制造成本低；柜体高度和颜色与相邻逆变器和直流配电柜相匹配。

(6) 电柜设置防雷器，作电涌保护，要有良好的保护接地系统，主接地点一般焊接在机柜下方的箱体骨架上，前后柜门和仪表盘等都应有接地点与柜体相连，以构成完整的接地保护，保证操作及维护检修人员的安全。

(7) 光伏发电系统中的交流低压配电柜，要配置总电源开关，并根据交流负载设置分路开关。面板上要配置电压表、电流表、电能计量装置，用于检测逆变器输出的单相或三相交流电的工作电压和工作电流等。低压柜根据现场布置及使用要求，可选择抽屉柜、固定柜等。

(8) 交流高压配电柜需要具备五防功能。防止带负荷拉(合)隔离开关，防止误分、误合断路器，防止带电挂地线，防止带地线合隔离开关，防止误入带电间隔。根据需要，高压柜内配置断路器、熔断器、电流互感器、电压互感器、避雷器、接地刀等，满足系统额定电压、额定电流、短路故障容量等要求。高压柜根据现场布置及使用要求，可选择抽屉柜、固定柜、环网柜。

8.3.5　防雷器

光伏发电系统的主要部分都安装在露天状态下，易受直接和间接雷击，就是受到浪涌电压和电流的侵袭，会危害到与光伏发电系统有着直接连接的相关电气设备及建筑物。

大功率电路的闭合与断开的瞬间、感性负载和容性负载的接通或断开的瞬间、大型用电系统或变压器等断开等也都会产生较大的开关浪涌电压和电流。数据采集测量设备、光伏组件、汇流箱、逆变器的工作电压较低，耐压水平也低，雷电电涌可能会损坏设备，同样会对线路等造成危害，因此光伏发电系统要有防雷措施。

为了防止雷电袭击，对地理位置比较高的光伏阵列及输电线路都需要装设避雷针、避雷线或避雷器，这些装置都要可靠接地。通常在控制室、设备端安装防雷器，防雷器是电涌保护器(surge protection device，SPD)的通俗名称。

电涌保护器的作用是，当电气回路或者线路中因为外界的干扰突然产生尖峰电流或者电压时，保护器能在极短的时间内实现导通分流，从而避免浪涌对回路中其他设备的损害。

电涌保护器按照保护原理分为开关型、限压型、联合型三类，虽然原理不同，但每类元件中至少应包含一个非线性电压限制元件。

(1)开关型电涌保护器，又称雷电流避雷器，在没有电涌时为高阻抗，一旦响应电压电涌时其阻抗就突变为低值，常见例子有放电间隙、气体放电管。

(2)限压型电涌保护器，在没有电涌时为高阻抗，但随着电涌电流和电压的增加其阻抗会不断减小，常见例子有压敏电阻和瞬态抑制二极管。

(3)联合型电涌保护器，由电压开关型部件和限压型部件联合组装在一起，根据两者的联合参数和应用电压特性可组合装成具有电压开关、限压或这两种特性兼有的联合型保护器。

电涌保护器按照用途和保护原理分为如下三类。

(1)电源防雷器：交流电源防雷器、直流电源防雷器、开关电源防雷器等。

(2)信号防雷器：低频信号防雷器、高频信号防雷器、天馈防雷器等。

(3)组合防雷器：也称三合一防雷器，集信号防雷和电源防雷为一体的防雷设备。

电涌保护器按照防雷等级分为如下三类。

(1)B 级(也称第一级)，一般标称在 30kA 以上，可以作为总配电箱防雷保护。

(2)C 级(也称第二级)，一般标称在 15～20kA，在总配电箱后面的分配电箱加装。

(3)D 级(也称第三级)，一般标称在 5～10kA，末端箱加装。

8.3.6　变压器

光伏电站由于场地受限等原因，变压器在选型时，首先就清楚项目地的环境条件如海拔、环境温度、日温差、年平均温度、相对湿度、地震烈度等，以及电力系统条件如系统额定电压、额定频率、最高工作电压、中性点接地方式等。

常用的变压器有油浸式变压器、干式变压器以及组合式变压器。光伏发电系统优先选用干式变压器。

升压变压器要求能耐受一定量谐波和直流分量能力，根据逆变器是否带隔离变压器，又可选择双绕组型或双分裂绕组型变压器。优先选用双分裂绕组型变压器。

针对现场设备布置位置有限及不允许新建配电房情况，采用电气设备安装为集成箱式变电站，将升压变压器、逆变器及其辅助元件集成一体，成为集成的光伏变电站设备，集成箱式设备可根据设计需要和现场情况选择多种箱式变电站。集成箱式设备具有成套性强、占地少、减少线路损耗、缩短送电周期、安装方便、运行可靠及投资小等优点。

双分裂变压器具有一个高压绕组和两个分裂的相同容量的低压绕组，分别接两个光伏阵列，构成的发电系统如图 8-4 所示。分裂变压器和普通变压器的区别在于，在它的低压绕组中有一个或几个绕组分裂成额定容量相等的几个支路，这几个支路之间没有电气联系，仅有较弱的磁联系，而且各分支之间有较大的阻抗。

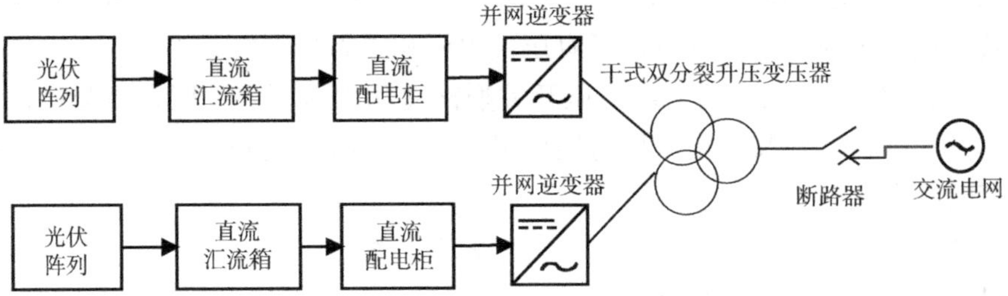

图 8-4　双分裂变压器发电系统

分裂变压器运行时有三种方式：初级绕组同时给高压供电、单独一个光伏阵列给高压供电、一个光伏阵列给另一个光伏阵列供电。因此，使用分裂变压器的光伏发电系统，其阵列工作方式灵活，既可以保障系统两路光伏同时供电的最大能力发电，也可以在一路光伏阵列给负载供电时而对另一路光伏阵列实施检修维护。与使用普通电力变压器接入电网的光伏发电系统相比，使用分裂变压器的系统成本高约 20%，与直接接入电网的光伏发电系统相比，成本更高。

8.3.7　测控系统

测控系统是对光伏电站中的光伏阵列、汇流箱、逆变器、交直流配电柜、跟踪控制单元等设备进行检测和控制，通过人机界面使用户能快速地掌握发电系统的运行状况。系统接入所有的电站在线监测设备，进行设备统一管理，设备运行数据统一采集、查看和分析，提供综合全面的运行状态监测、运行告警、数据查询分析、设备运行管理。

测控系统的总体架构基本上采用分层结构。例如，系统分为 3 个层次实现：用户层、驱动层、设备层，每个层次负责各自的处理，最终通过组合形成使用者可使用的系统功能。

(1) 用户层负责用户交互，显示和操作指令界面，负责业务的实际处理、数据运算。

(2) 驱动层负责与设备通信，从设备中获取数据，并解析、转换数据格式。

(3) 设备层将系统采集信息打包发送。

测控系统还可以接入其他设备，如气象参数测量设备、安防设备、视频监视设备等，可以扩大测控范围。

8.3.8　功率控制与调节设备

大中型光伏电站作为电源，应具备一定的耐受电网频率和电压异常的能力，能够为保持电网稳定性提供支撑。大中型光伏电站应具备相应的电源特性，能够在一定程度上参与电网的调压、调频、调峰和备用。

在电力系统事故或紧急情况下，大中型光伏电站应根据电力调度部门的指令快速控制其输出的有功功率，必要时可通过安全自动装置快速自动降低光伏电站有功功率或切除光伏电站；此时光伏电站有功功率变化可超出规定的有功功率变化最大限值。事故处理完毕，电力系统恢复正常运行状态后，光伏电站应按照电力调度部门指令依次并网运行。

光伏电站的无功功率和电压调节的方式包括调节逆变器无功功率、调节无功功率设备投入量、调整光伏电站升压变压器的变比等。光伏电站宜充分利用逆变器的无功调节能力进行功率和电压调节。功率调节设备有电抗器、电容器等。

限流电抗器的作用是调节电流限制短路电流。光伏电站或电网异常、故障时，为保证设备和人身安全，应具有相应继电保护功能，保证电网和光伏设备的安全运行，确保维修人员和公众人身安全。光伏电站应配置相应的安全保护装置，光伏电站的保护应符合可靠性、选择性、灵敏性和速动性的要求，与电网的保护相匹配。

并联电容器是目前应用最为广泛的无功功率补偿装置，并联电容器一般都分组安装，以改变功率因数、提高电压和补偿变压器无功损耗为目的，可随负荷变化、电压波动进行人工投切。并联电容器的接线一般可分为△形和 Y 形。△形不受三相电容器容抗不平衡的影响，可补偿不平衡负荷。Y 形接线时，不仅设备故障时短路电流较小，继电保护构成也方便。

8.4　光伏发电系统的安装调试

8.4.1　光伏发电系统的安装

光伏发电系统的安装施工分为两大类，一是光伏阵列在屋顶或地面的安装，以及配电柜、逆变器、避雷系统等电气设备的安装；二是光伏组件间的连线，以及各设备之间的连接线路铺设施工。

系统总的安装要求是规范施工、安全作业。

1. 光伏组件及阵列的安装

光伏组件及阵列安装注意事项如下。

(1) 方位角和倾斜角的要求。在光伏发电系统设计时，就要在计划施工的现场进行勘测，确定安装方式和位置，测量安装场地的尺寸，确定组件阵列的方位角和倾斜角。

(2) 间距要求。光伏阵列的安装地点不能有建筑物或树木等遮挡物，若实在无法避免，也要保证光伏阵列在 9 时到 15 时能接收阳光。光伏阵列与阵列的间距等都应严格按照设计要求确定。

(3) 考虑是否安装防鸟驱鸟装置，是否安装除尘清洁装置，是否安装除雪抗风装置。另外，防火措施、维修通道等在光伏阵列设计时也要考虑到。

(4) 将分组后的组件依次摆放到支架上，并用螺钉穿过支架和组件边框的固定孔，将组件与支架固定，或者用压块固定。

(5) 按照阵列组件串、并联的设计要求，用电缆将组件的正负极进行连接。正负极两个输出端不能短路。

(6) 安装斜坡屋顶的建材一体化光伏组件时，相邻的上下左右防雨连接结构必须严格施工，严禁漏雨、漏水，外表必须整齐美观，避免光伏组件扭曲受力。

光伏组件及阵列安装前注意事项如下。

(1) 光伏组件在存放、搬运、安装等过程中，不得碰撞或受损，特别要注意防止组件玻璃表面及背面的背板材料受到硬物的直接冲击。

(2) 组件安装前应根据组件生产厂家提供的出厂实测技术参数和曲线，对光伏组件进行分组，将峰值工作电流相近的组件串联在一起，将峰值工作电压相近的组件并联在一起，以充分发挥光伏阵列的整体效能。

光伏组件及阵列的安装后注意事项如下。

(1) 光伏组件表面清洁无遗留物。

(2) 测量各个支路电流和电压，测量总的电流和电压，如果不符合设计要求，就要分别测量。为了避免各个支路互相影响，在测量各个支路的电流与电压时，各个支路要相互断开。

2. 光伏控制器和逆变器的安装

控制器的安装要求如下。

(1) 安装前，检查控制器完好无损，安装件齐全，标志清晰。

(2) 安装时，控制器接线时要将工作开关放在关的位置，先连接蓄电池，再连接光伏组件，最后连接负载或逆变器，注意正负极不要接反。

(3) 安装后，在有阳光照射时闭合开关，观察是否有正常的直流电压和充电电流，一切正常后，可进行与逆变器的连接或打开逆变器开关。

逆变器的安装要求如下。

(1) 安装前，外观检查逆变器，接线端子无松动、无歪斜。

(2) 安装时，将逆变器的输入开关断开，再与控制器的输出接线连接。接线时要注意分清正负极极性，并保证连接牢固。

(3) 安装后，观察是否有正常的直流电压输入和正常的交流电压输出。

3. 蓄电池组的安装

蓄电池组的安装要求如下。

(1) 安装前，检查每组蓄电池组有无漏液，端电压是否正常。

(2) 小型光伏发电系统蓄电池的安装位置应尽可能靠近光伏和控制器；中、大型光伏发电系统，蓄电池最好与控制器、逆变器及交流配电柜等分室而放。

(3) 安装位置要保证通风良好，排水方便，防止高温，环境温度应尽量保持在 10～25℃。

(4) 安装时，不要对蓄电池有冲击或倾倒，蓄电池与地面之间应采取绝缘措施，以免蓄电池与地面短路而放电。

(5) 正负极极性连接正确，蓄电池连接线牢固不会脱落，走线规范。

(6) 如果蓄电池数量较多，可以安装在蓄电池专用支架上，且支架要可靠接地。

(7) 安装后，观察蓄电池的电压输出是否正常，个别蓄电池有无异响、有无过热等。

4. 防雷与接地系统的安装施工

光伏发电系统的防雷措施要求如下。

(1) 光伏发电系统要尽量避免放置在容易遭受雷击的位置和场合。

(2) 尽量避免避雷针的太阳阴影落在光伏阵列组件上。

(3) 根据现场状况，可采用避雷针、避雷带和避雷网等不同防护措施对直击雷进行防护，减少雷击概率，并应尽量采用多根均匀布置的引下线将雷击电流引入地下。

(4) 为防止雷电感应，要将整个光伏发电系统的所有金属物，包括组件外框、设备、机箱机柜外壳、金属线管等与联合接地体等电位连接，并且做到各自独立接地。

(5) 在系统回路上逐级加装防雷器件，实行多级保护，使雷击或开关浪涌电流经过多级防雷器件泄流。

一般在光伏发电系统直流线路部分采用直流电源防雷器，在逆变后的交流线路部分使用交流电源防雷器。防雷器在光伏发电系统中的应用如图 8-5 所示。

防雷器的安装要求如下。

(1) 安装方法。防雷器模块、火花放电间隙模块及报警模块等组合，直接安装到配电箱中标准的 35mm 导轨上。

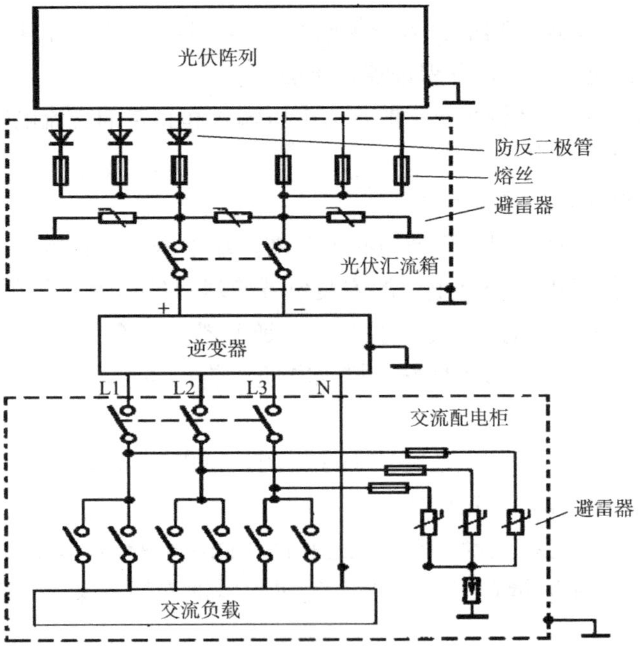

图 8-5　防雷器在光伏发电系统应用示意图

(2) 安装位置。防雷器要安装在分区交界处。第一级防雷器一般安装在电缆进入建筑物的入口处。第二级防雷器一般安装在配电柜中，作为基本保护的补充。第三级防雷器属于精细保护级防雷，要尽可能地靠近被保护设备端进行安装。

(3) 电气连接。防雷器的连接导线必须保持尽可能短，以避免导线的阻抗和感抗产生附加的残压降。如果现场安装时连接线无法短于 0.5m，则防雷器必须使用 V 形方式连接。

防雷系统的要求如下。

(1) 防雷一般是三级，需要通过分级泄放的方法，将雷击能量逐步泄放到大地。第一级防雷器可以对于直接雷击电流进行泄放，将上万至数十万伏的浪涌电压限制到 2500～3000V；第二级防雷器是针对前级防雷器的残余电压及区内感应雷击的防护设备，残余浪涌电压限制到 1500～2000V；第三级防雷是最终保护设备的手段，将残余浪涌电压的值降低到 1000V 以内，使浪涌的能量不致损坏设备。

(2) 避雷针最好依附在配电室等建筑物旁边，以利于安装固定，并尽量在接地体埋设地点附近。避雷针的高度根据要保护的范围而定，条件允许时尽量单独接地。

接地系统的安装要求如下。

(1) 电气设备保护等地线的接地体、避雷针地线的接地体应单独挖坑埋设。

(2) 坑与坑的间距应不小于 3m；坑内放入专用接地体或自行设计制作的接地体。

(3) 坑周围填充接地专用降阻剂，保证接地电阻合格。电器、设备保护等接地线的引下线最好采用截面积 35 mm^2 接地专用多股铜芯电缆连接，避雷针的引下线可用直径 8mm 圆钢连接。

5. 线缆的铺设与连接

线缆铺设前主要注意事项如下。

(1) 线缆的材质和型号检验与设计要求一致。线缆的截面积要与其工作电流相匹配，截面积过小，可能使导线发热，造成线路损耗过大。截面积过大，又会造成不必要的浪费。

(2) 裁剪适当长度。

(3) 线号标记明显，光伏阵列组串的输出引线要做编号和正负极性的标记，线缆外皮颜色要规范，如不同相线颜色区分。

(4) 电缆接头要防止氧化和接触不良。

线缆铺设时主要注意事项如下。

(1) 考虑环境因素影响，线缆能受踩踏、风吹雨淋、腐蚀等气象条件，加固定夹、护套、桥架等。

(2) 光伏组件或阵列布线松紧要适当，过紧会因热胀冷缩而造成接触不良或断裂。

(3) 按线号、线色对应连接，同类电源、电路的馈线和回线应尽量放在一起，之间留有距离或对弱信号线加屏蔽措施。

(4) 不得在支架的锐角边缘铺设电缆，以免切割、磨损电缆绝缘层引起短路，或切断导线引起断路。

电缆的敷设方式如下。

(1) 直接埋入土中：掩埋深度距离地面在 0.5m 以上，应在冻土层以下。当多条电缆并列敷设时，应留有一定距离，以利于散热。

(2) 电缆沟敷设：当电缆条数较多时，宜采用电缆沟敷设，电缆置于电缆沟的支架上，沟面用水泥板覆盖。

(3) 穿管敷设：当电力电缆在室内明敷或暗敷时，为了防止电缆受到机械损坏，一般采用穿钢管的敷设方式。

线缆铺设后主要注意事项如下。

(1)线缆进入汇流箱、逆变器、电池箱的线孔时，或者进入屋面时，要防止积水顺电缆进入机箱或屋内，要在接入孔处做好防水密封，并保持设备和屋面的光洁。

(2)线缆铺设与连接以直流布线为主，注意极性。

(3)交流逆变器的输出连接时注意相线和零线的正确连接。

8.4.2 光伏发电系统的检查与测试

1. 光伏发电系统的检查

(1)组件及阵列检查。

光伏发电系统的检查主要是对各个电气设备、部件等进行外观检查，内容包括光伏组件阵列、基础支架、接线箱、控制器、逆变器、系统并网装置和接地系统等。

检查阵列外观是否平整、美观，组件是否安装牢固，引线是否接触良好，引线外皮是否破损。检查组件或阵列支架是否有生锈和螺丝松动的地方。

(2)直流接线箱和交流配电柜的检查。

检查外壳有无变形、腐蚀。

检查内部接线有无错误，接线端子有无松动，外部接线有无损伤。

(3)控制器、逆变器的检查。

检查外壳有无腐蚀、生锈、变形。

检查接线端子是否松动，输入、输出接线是否正确。

(4)接地系统的检查。

检查接地系统是否连接良好，有无松动。

检查连接线是否有损伤；所有接地是否为等电位连接。

(5)配线电缆的检查。

检查确认电线电缆有无损伤，因为光伏发电系统中的电线电缆在施工过程中很可能出现碰伤和扭曲等，这会导致绝缘被破坏以及绝缘电阻下降。

2. 光伏发电系统的测试

1)光伏阵列的连接测试

测试所有光伏组串、直流电缆的极性。测量光伏组串的短路电流，检测光伏组串的 I-V 特性曲线。若系统有多个相同组串而且太阳辐射条件稳定，应对各组串的电流测量结果进行比较。测量结果应当一致(在相同的太阳辐射条件下一般相差不超过 5%)。

所有光伏组串都检查合格后，进行光伏阵列的检查。在确认所有的光伏阵列的开路电压值基本相同时，才可进行光伏阵列的并联。并联后光伏阵列的开路电压基本不变，总的短路电流应约等于各组串的短路电流之和。多个光伏子阵列，必须每个子阵列检查合格后，才可将各个阵列输出的正、负极接入汇流箱或控制器(柜)，然后测试光伏阵列总的工作电流和电压等参数。测试可以使用万用表、光伏 IV 特性测试仪。

2) 光伏阵列标称功率测试

抽测比例不得低于 30%的光伏阵列的 I-V 特性曲线，或测量光伏发电系统直流侧的工作电压和工作电流得出系统的实际直流输出功率。为了将测试得到的电站实际输出功率转换到峰值功率，需要做如下 5 项校正。

(1) 光强校正，光强按照线性法进行校正。

(2) 温度校正，按照该型号产品测试报告的温度系数校正。

(3) 组合损失校正，光伏组件串并联后会有组合损失，应当进行组合损失校正。

(4) 最大功率点校正，对于带有最大功率点跟踪装置的系统可以不做此项校正。

(5) 光伏朝向校正。

光伏阵列标称功率测试可以使用光伏方阵测试仪、光伏 IV 特性测试仪、太阳能光电系统性能多功能验证测试仪等进行。

3) 系统电气效率测试

系统电气效率是指系统输出功率与光伏组件在一定条件下产生的电功率之比，通过系统电气效率测试可以得出系统设计是否合理。光伏系统电气效率测试步骤如下。

(1) 用标准的日射计测量当前的日照强度。

(2) 在测量日照强度的同时，测量并网逆变器交流并网点侧的交流功率。

(3) 根据光伏阵列功率、日照强度及温度功率系数，可以计算当时的光伏阵列产生的功率。

(4) 计算系统的电气效率：系统电气效率=系统输出功率/光伏阵列产生的总功率。

4) 绝缘电阻和耐压的测试

绝缘电阻的测试主要包括对光伏阵列和逆变器系统电路的测试。由于光伏阵列在白天始终有较高电压存在，在进行光伏阵列的绝缘电阻测试时，先用短路开关将光伏阵列的输出端短路。当光伏阵列输出端装有防雷器时，测试前要将防雷器的接地线从电路中脱开，测试完毕后再恢复原状。

绝缘电阻测试方法有以下两种。

(1) 先后在阵列负极和地之间以及阵列正极和地之间进行测试。

(2) 在地和短接的阵列正负极之间进行测试。

光伏发电系统中的电气设备在运行时不但要承受工作电压，还要承受过电压，因此，电气设备绝缘应有足够的绝缘裕度或电气绝缘强度。耐压试验是鉴定电气设备绝缘强度的最有效和最直接的方法。试验时，对电气设备绝缘施加比工作电压高得多的试验电压，测试电气设备的绝缘水平。

对于光伏阵列和逆变器的绝缘耐压值，测量的条件和方法与上面的绝缘电阻测试相同。

用绝缘电阻表(兆欧表)测量光伏阵列的各输出端子对地间的绝缘电阻。绝缘电阻表有数字兆欧表、指针兆欧表、绝缘电阻测量仪、大功率高压兆欧表等。

5) 接地电阻的测试

当光伏发电系统运行时，为了防止因绝缘击穿和漏电使光伏设备外壳带电而危及人身安全，一般将设备外壳接地。为使接地装置安全可靠，其接地电阻必须保证在一定范围内(小于 4Ω)。

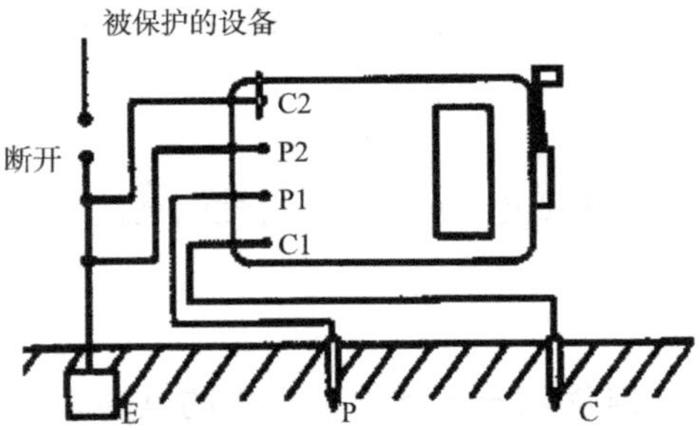

图 8-6　接地电阻测试示意图

利用接地电阻测试仪进行设备的接地电阻测量，如图 8-6 所示，接地电阻测试仪有手摇式、数字式和钳式等。

6) 控制设备与开关设备功能测试

对控制器的性能应进行一次全面检测，验证其是否符合国家标准规定的具体要求，如光伏控制器和自动跟踪系统测试。

光伏控制器的输入端使用合适的直流稳压电源提供稳定的工作电压，并通过调节电压，验证其充满断开、恢复连接以及低压断开时的电压是否符合要求。测量其输出是否保持稳定，还要测试控制器的最大自身耗电是否满足不超过其额定工作电流 1%的要求。

自动跟踪系统测试包括动作功能测试和跟踪精度测试。其中动作功能测试又包括以下几种。

(1) 高角度方向手动模式动作测试。

(2) 方位角方向手动模式动作测试。

(3) 独立机械限位手动模式动作测试。

(4) 自动模式动作测试。

(5) 通断电测试。

跟踪精度测试采用光电二极管或 CCD（电荷耦合器件）等检测系统直接测量太阳能跟踪系统组件平面相对于阳光光线的位置偏差。

当采用户外自然光进行测试时，垂直直接日照强度不应低于 $500W/m^2$，考虑组合载荷为相当于 20m/s 风速情况下的静止载荷，测试将在太阳能跟踪系统的准确跟踪全范围内进行。连续两周的跟踪系统最大太阳能跟踪偏差不得超过±3°。

7）逆变器的测量与调试

对于离网逆变器，检查逆变器的产品说明书和出厂检验合格证书是否齐全；对逆变器进行全面检测，其主要技术指标应符合国家标准的要求；测量逆变器输出的工作电压，检测输出的波形、频率、效率、负载功率因数等指标是否符合设计要求；测试逆变器的保护、报警等功能，并做好记录。

对于并网逆变控制器，按照《光伏系统并网技术要求》进行交流输出的电压和频率、电压波动和闪变、谐波和波形畸变、功率因数、（三相）输出电压不平衡度、输出直流分量检测等电能质量测试，还有环境、电磁兼容、电气保护等测试。

使用的测量仪器是太阳能光电性能分析仪、高精度功率分析仪。

8.5　光伏发电系统的维护管理

8.5.1　光伏发电系统的维护

系统的运行维护分为日常检查和定期维护，对重点设备光伏组件、蓄电池、控制器和逆变器、配电柜和输电线路、防雷接地系统要开展针对性的检查维护工作。

1. 光伏发电系统的日常检查和定期维护

(1) 检查、了解运行记录，观察阵列表面情况，检查、了解阵列有无接线脱落，有条件时可采用红外探测的方法对光伏发电阵列、线路和电气设备进行检查，找出异常发热和故障点等情况。

(2) 观察所有设备的外观锈蚀、损坏等情况。在进行设备外观检查和内部的检查时，若发现严重异常情况，除了立即切断电源，并采取有效措施，应做好记录。

(3) 观察蓄电池的外壳有无变形或裂纹，有无液体渗漏。充、放电状态是否良好，充电电流是否适当。环境温度及通风是否良好，并保持室内清洁，蓄电池外部是否有污垢和灰尘等。

(4) 每年应对光伏发电系统进行一次系统绝缘电阻和接地电阻的检查测试，以及对逆变控制装置进行一次全项目的电能质量和保护功能的检查与试验。

2. 光伏组件阵列的检查维护

(1) 保持太阳能组件阵列采光面的清洁。

(2) 定期检查太阳能阵列的金属支架有无腐蚀，并定期对支架进行油漆防腐处理。阵列支架保持接地良好。

(3) 使用中要定期(如 1～2 个月)对光伏阵列的光电参数及输出功率等进行检测，以保证阵列的正常运行。

(4) 使用中要定期(如 1～2 个月)检查光伏组件的封装及连线接头，若发现有封装开胶进水、片变色及接头松动、脱线、腐蚀等，要及时进行维修或更换。

(5) 对带有极轴自动跟踪系统的光伏阵列支架，要定期检查跟踪系统的机械和电气性能是否正常。

3. 蓄电池的检查维护

(1) 保持蓄电池室内清洁，防止尘土入内；保持室内干燥和通风良好，光线充足，但不应使阳光直射到蓄电池上。

(2) 室内严禁烟火，尤其在蓄电池处于充电状态时。

(3) 维护蓄电池时，维护人员应佩戴防护眼镜和身体防护用品，使用绝缘器械，防止人员触电，防止蓄电池短路和断路。

(4) 经常进行蓄电池正常巡视的检查项目。

(5) 正常使用蓄电池时，不可拆卸安全阀或在电池中加入任何物质，放电后应尽快充电，以免影响容量。

4. 光伏控制器和逆变器的检查维护

操作使用要严格按照使用说明书的要求和规定进行。开机前要检查输入电压是否正常；操作时要注意开关机的顺序是否正确，各表头和指示灯的指示是否正常。

控制器和逆变器在发生断路、过电流、过电压、过热等故障时，一般都会进入自动保护而停止工作。设备一旦自动停机，不要马上开机，要查明原因并修复后再开机。

逆变器机箱或机柜内有高压，柜门平时要锁死。

当环境温度超过 30℃时，应采取降温散热措施，经常检查机内温度、声音和气味等是否异常。

控制器和逆变器的维护检修包括严格定期查看各部分的接线有无松动现象，发现接线有松动要立即修复。

5. 配电柜及输电线路的检查维护

检查配电柜的仪表、开关和熔断器有无损坏；各部件接点有无松动、发热和烧损现象；漏电保护器动作是否灵敏可靠；接触开关的触点是否有损伤。

配电柜的维护检修内容主要有：定期清扫配电柜，修理更换损坏的部件和仪表；更换和紧固各部件接线端子；箱体锈蚀部位要及时清理并涂刷防锈漆。

定期检查输电线路的干线和支线，不得有掉线、搭线、垂线、搭墙等现象；不得有私拉偷电现象；定期检查进户线和用户电表。

6. 防雷接地系统的检查维护

(1) 每年雷雨季节前应对接地系统进行检查和维护。主要检查连接处是否紧固、接触是否良好、接地体附近地面有无异常，必要时挖开地面，抽查地下隐蔽部分的锈蚀情况，如果发现问题应及时处理。

(2) 接地网的接地电阻应每年进行一次测量。

(3) 每年雷雨季节前用防雷器元件老化测试仪对运行中的防雷器进行一次检测。

8.5.2　光伏发电系统的故障排除

1. 光伏组件与阵列的常见故障

光伏组件的常见故障有外电极断路、内部断路、旁路二极管短路、旁路二极管反接、热斑效应、接线盒脱落、导线老化、导线短路、背膜开裂、EVA(乙烯-醋酸乙烯共聚物树脂)与玻璃分层进水、铝边框开裂、玻璃破碎、片或电极发黄、栅线断裂、光伏板被遮挡等。可根据具体情况检查更换或修理。

2. 蓄电池的常见故障及解决方法

阀控密封蓄电池常见故障有外壳开裂、极柱断裂、螺丝断裂、失水、漏液、胀气、不可逆硫酸盐化、内部短路等，可归纳如下。

(1) 蓄电池外观方面故障。解决方法有更换损坏的电池、改善环境条件。

(2) 电池温度升高故障。故障会缩短电池的使用寿命，解决方法有降低电池使用环境温度、改善电池的通风条件、纠正充电系统、更换短路电池等。

(3) 蓄电池组浮充总电压过高或过低故障。检查并调整光伏控制器的输出设置；检修或更换控制器，更换故障电池。

(4) 单只蓄电池浮充电压过高或过低故障。可能有单格电池短路的现象，更换故障电池。

3. 光伏控制器的常见故障

光伏控制器的常见故障有因电压过高造成损坏、蓄电池极性反接损坏、因雷击造成损坏、工作点设置不对或漂移造成充放电控制错误、空气开关或继电器触点拉弧、功率开关晶体管器件损坏等。可根据具体情况维修或更换控制器系统。

4. 逆变器的常见故障

逆变器的常见故障有因运输不当造成损坏、因极性反接造成损坏、因内部电源失效损坏、因遭受雷击而损坏、功率开关器件损坏、因输入电压不正常造成损坏、输出保险损坏等。可根据具体情况检修或更换逆变器系统。

8.6 仿 真 技 术

8.6.1 光伏仿真软件

市场上有许多用于光伏计算与仿真的软件，如 RETScreen、PVsyst、PVSOL、Sunny Design 等专用于光伏的软件，还有 Matlab、PLECS、PSIM、PSCAD 等通用软件，带有光伏仿真包或模块，也适用于光伏电池、系统的仿真。目前，常用光伏系统的设计和发电量的预测上，主要是 PVsyst 和 RETScreen。

1. Matlab

MATLAB 是矩阵实验室(Matrix Laboratory)的简称，是美国 MathWorks 公司出品的商业数学软件，用于算法开发、数据可视化、数据分析以及数值计算的高级技术计算语言和交互式环境，主要包括 Matlab 和 Simulink。

Matlab 擅长于进行电力生产数据研究以及电站模型或者电网系统模型仿真，对实时数据、数值分析等有优势。

在 Simulink 中有 SimPOWER 模块，利用该模块可以进行光伏组件与控制系统的仿真。Matlab 适合进行光伏电池的模型仿真、电池特性仿真、I-V 特性仿真、MPPT 特性仿真、遮挡仿真、光伏离网系统仿真、光伏并网系统仿真等。

2. PLECS

PLECS 是用于电路和控制结合的多功能仿真系统，尤其适用于电力电子和传动系统。无论在工业领域还是研究领域，PLECS 都能够加速对电气系统的设计和分析，明显缩短产品研发周期，提高科研效率。PLECS 拥有 PLECS Blockset 版本(嵌套版本)和 PLECS Standalone 版本(独立版本)，PLECS 作为 Simulink 环境中仿真电气电路的 Simulink 工具箱使用时，与 SIMPower 模块类似，可以利用 Matlab/simulink 软件控制模型的灵活性，创造物理系统性能的精确数学模型，实现与 Matlab 的联合仿真。

PLECS 具有独特的热分析功能、功能强大的示波器、极快的仿真速度、强大的波形分析工具、C 语言控制器、自动生成的 C 代码(嵌套版)、丰富的元件库等优势。该软件可以进行光伏组件与控制系统、电力系统、能量变换电路等仿真。

3. PVsyst

PVsyst 是一款常用的光伏系统设计辅助软件，用于指导光伏系统设计及对光伏系统发电量进行模拟计算，可用于设计并网、离网、抽水系统和 DC-网络光伏系统，并包括广泛的气象数据库、光伏组件数据库，以及一般的太阳能工具等。

该软件提供了两种设计模式：初步设计和工程设计。

初步设计，可以通过几个系统特征参数快速评估得到一个粗略的系统构成、初步容量、费用等参考值。工程设计，用详细的小时模拟数据对电站进行详细的系统设计，输出详细数据，并以表格或者图形的形式显示。

在“工具”中还包含数据库管理，如气象数据库、光伏组件数据库以及一些用于处理太阳能资源的特定工具，用户可以对该软件的数据库进行修改和扩展。

该软件的主要功能如下。

(1) 设定光伏发电系统种类：并网型、离网型、光伏水泵等。

(2) 设定光伏组件的排布参数：固定方式、光伏方阵倾斜角、行距、方位角等。

(3) 架构建筑物对光伏系统遮阴影响评估、计算遮阴时间及遮阴比例。

(4) 模拟不同类型光伏发电系统的发电量及系统发电效率。

(5) 研究光伏发电系统的环境参数。

4. RETScreen

RETScreen 是一种基于 Excel 的可再生能源工程分析软件，用以快速而轻松地评估各种能效、可再生能源技术的能源生产量、节能效益、寿命周期成本、减排量和财务风险，也包括产品、成本和气候数据库。

该软件功能比较强大，可对风能、小水电、光伏、热电联产、生物质供热、太阳能采暖供热、地源热泵等各类应用进行经济性、温室气体、财务及风险分析，计算光伏发电系统发电量只是其功能之一。但该软件不太适用于专业的光伏发电系统设计。

该软件所用到的全球气象数据来自 NASA 数据库，对于项目前期开发有很大的辅助作用，其地面数据与中国气象站提供的地面数据有较大差别，在使用时应予以注意。

在光伏发电系统的电气设计以及系统设计中，除了以上光伏直接相关的软件，工程人员还会用到一些辅助的工具软件，如制图软件 AutoCAD、Google 地球、日照分析软件 Sunlight、气象资料数据软件 Meteonorm、草图大师 SketchUp 等软件。

(1) Meteonorm。 Meteonorm 软件是一款分析各地气象资料的软件，包括当地的经度、纬度、海拔，以及太阳辐射度等重要资料，当设计某地的光伏发电系统时，要求当地的气象资料必须准确完整，Meteonorm 软件比较好地提供了各地的气象资料。

(2) SketchUp。SketchUp 是一款 3D 设计软件，推出了专门针对光伏电站设计的插件 Skelion，模型建模完成后，可以方便地得出安装面的方位角、倾斜角等信息，可以排布太阳能组件，从三维角度给出立体图形，便于前期设计总体观察。

8.6.2 PVsyst 软件设计流程

PVsyst 使用方便，流程简洁，系统设计过程就是依次完成设计界面上各项参数的过程。其设计流程如下。

1. 获取设计所需相关信息

(1) 系统安装位置：查询经纬度。

(2) 应用类型：离网/并网发电系统。

(3) 荷载情况：荷载的功率和使用时间。

(4) 环境条件：持续阴天数/遮阳情况。

(5) 输出类型：交流/直流、电压、频率。

2. PVsyst 软件仿真

离网和并网发电系统仿真设计的主要步骤和流程如下。

(1) 选择“初步设计”/“工程设计”。

(2) 选择“离网”/“并网”/“光伏水泵”/“直流电网”。

(3) 输入发电系统安装位置和气象数据。

如果 PVsyst 中没有安装地的信息，可采用以下方式：利用 Google 地球找到安装地点的经纬度，利用 Meteonorm 软件计算该地点十年的气象参数，并保存为 *.dat 文件，将该文件保存到 PVsyst 子目录的 Meteo 文件夹里面，单击 PVsyst 主界面的 TOOLS，然后按图示步骤导入数据。

(4) 检查太阳路径图，确定安装点信息后，对参数进行设定或修改，可以设置障碍物和阴影。

(5) 设置荷载的功率和使用时间，设置负载使用时段。

(6) 选择 orientation 确定倾斜角、方位角，对于并网系统还要选择并设置有效面积、额定功率、年发电量，然后选择光伏组件类型、安装方式等。

一般采用固定倾斜角(fixed tilted plane)安装，倾斜角可以根据要求设置或选择发电量最优的角度(可选冬天、夏天、全年最优)。

(7) 对于初步设计，此时可得出仿真结果，可转到仿真结果的输出和打印。

(8) 对于工程设计，有以上(1)～(7)步之外更多的参数设置和选择。在设置光伏组件倾斜角、方位角时，选择安装方式、间距的设置；完成光伏组件、蓄电池、逆变器选型、连接方式等设置。

(9) 对详细的损耗参数设置，如温度参数、欧姆损耗等。

(10) 对远距离的遮挡物和近距离的阴影设置。考虑阴影时，选择 near shading 来设定阴影情况，可以进行阴影设置，建立阵列的排布方式图、障碍物与阻挡物模型图，对阴影模型进行阴影分析，得到阴影分析表。

(11) 可以完成经济效益评估。

(12) 完成仿真设计，选择 simulation 进行模拟计算。

3. 仿真结果与输出

通过 report 得到模拟计算结果，获得发电量、损耗等情况的图表。

8.6.3　使用 PVsyst 的离网型发电系统项目设计示例

光伏安装地点为北纬 31.40°。

1. 太阳能阵列安装信息

太阳能阵列，采用固定安装方式，优化输出电能为冬天输出电能最大，阵列的倾斜角为 44°，方位角为 0°。

2. 用户每天需要的用电量

表 8-2 是用户每天需要的用电量表。

表 8-2　用户每天需要的用电量

	数量	功率	使用时间	能量/(W·h)
灯	6	18W/盏	5h/天	540
电视机	1	150W/个	3h/天	450
电冰箱	1	2kW	24h/天	2000
待机消耗	1	1W	24h/天	24
每天消耗的电量				3014

每天总能量 3014W·h，全月总用电量 90.4kW·h。

3. 蓄电池容量设计

电池的型号为 12V100A·h，蓄电池组采用 2 串 6 并的方式连接，输出电压为 24V，总容量 600Ah，80%放电深度的储能为 11.5kW·h，总重量为 571kg。

4. 太阳电池板容量设计

PV 阵列中光伏组件的技术参数如下：

PV 组件制造商 Canadian Solar。

PV 型号：305W_p31V，Si-mono CS6X-305M；V_{mpp}(60C) 30.6V，V_{oc}(−10C) 51.0V。

5. 控制器设计

光伏阵列直连到蓄电池，控制器使用 Steca 产品。

控制器型号：Series12-24V45A Tarom245，控制器数量：1。

额定蓄电池电压输入 12～24V，光伏阵列最大输入电流 45A，负载最大电流 45A。

6. 光伏阵列设计

PV 组件数量：1 组串联，4 组并联。

PV 组件总数量：4，每个单元峰值功率为 $305W_p$。

总的阵列额定功率为 $1.2kW_p$，实际功率为 $1.1kW_p$，总的面积为 $8\,m^2$。

7. 仿真图形

(1) 典型的离网型光伏发电系统仿真构成图如图 8-7 所示。

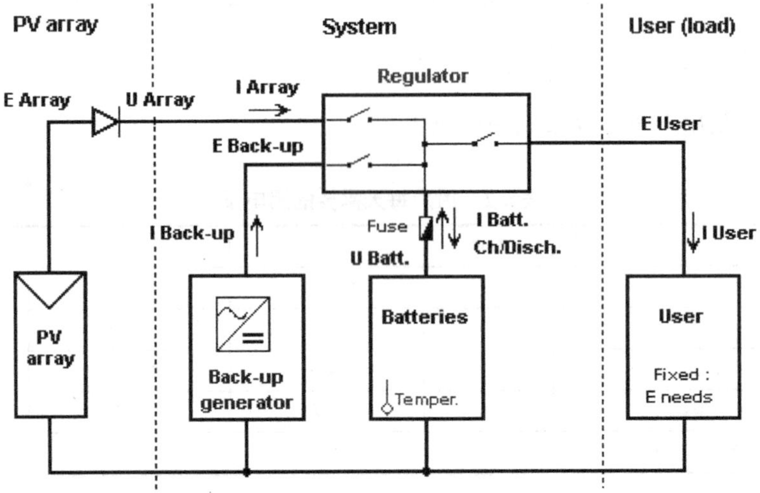

图 8-7　离网型光伏发电系统仿真构成图

(2) 不考虑阴影和遮挡，太阳路径图如图 8-8 所示。

8. 主要仿真结果

系统产生可用能量 1025kW·h/a，使用能量 975kW·h/a，多余 23kW·h/a，其余损耗。性能比 (performance ratio) 61.9%，太阳能保证率 (solar fraction) 88.7%，负荷时间损失率 (loss of load time fraction) 11.4%，能量损失 (missing energy) 125kW·h/a。

全年的能量损失如图 8-9 所示。

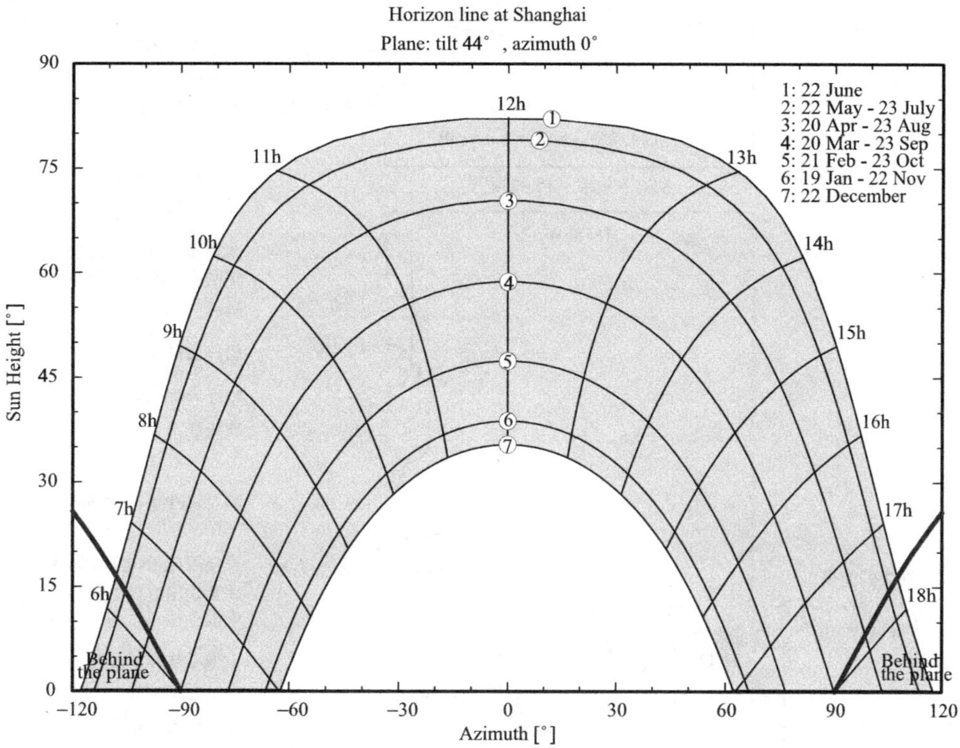

图 8-8　太阳路径图

8.6.4　使用 PVsyst 的并网型发电系统项目设计示例

光伏安装地点为北纬 31.40°。

1. 太阳能阵列安装信息

太阳能阵列采用固定安装方式，优化输出电能为全年输出电能最大，阵列的倾斜角为 30.0°，方位角为 0°。

2. 太阳电池板容量设计

PV 阵列中光伏组件的技术参数：

PV 组件制造商 Canadian Solar。

PV 型号：250W_p25V，Si-poly CS6P-250P；V_{mpp}(60C) 25.3V，V_{oc}(–10C) 41.8V。

3. 发电系统预置

假设发电系统目标为发电量达到 20kW，也可以按照面积固定来设计系统。

4. 逆变器设计

逆变器使用 Advanced Energy 产品。

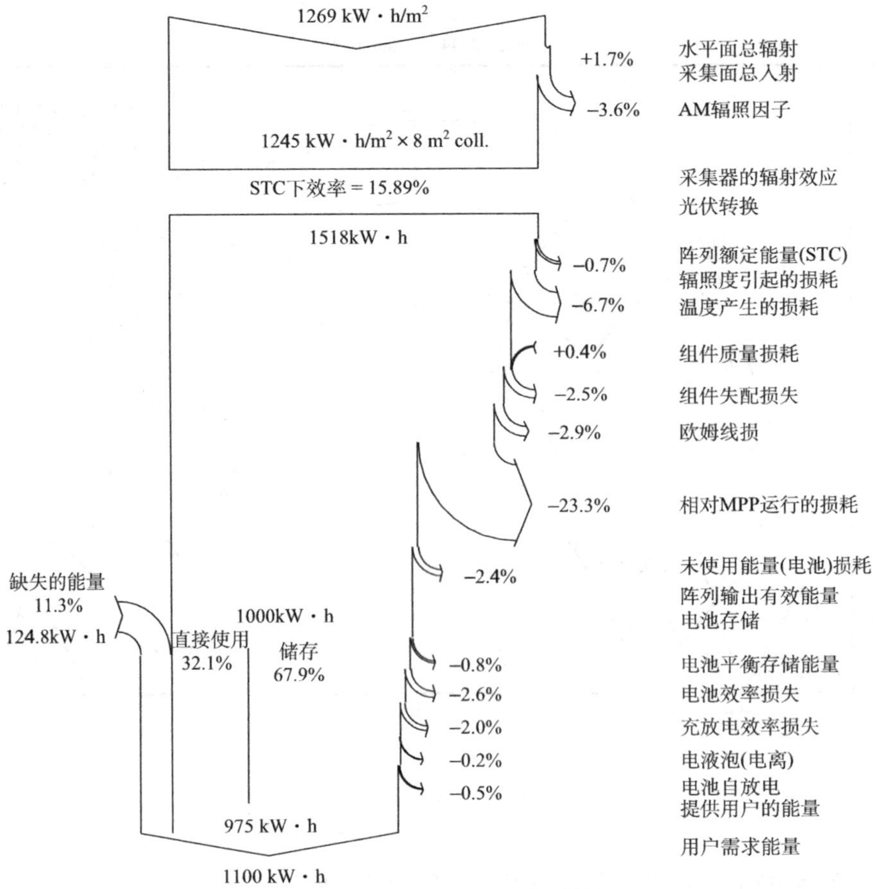

图 8-9　全年的能量损失图

逆变器型号：AE1TL3.0 50/60Hz，逆变器数量：6。

工作电压 125～500V，输入最大电压 600V，总逆变器功率 18.0kW。

5. 光伏阵列设计

PV 组件数量：13 块串联，6 组并联。

PV 组件总数量：78 块，单块 250W，总面积 $125m^2$。

最大工作功率(1000W/m^2，50℃) 17.4kW，阵列额定功率(STC) 19.5kW_p。

对光伏阵列多列排布时，可用阵列的近距离阴影仿真并调节阵列位置和间距。

6. 仿真图形

不考虑阴影和遮挡，太阳路径图如图 8-10 所示。

7. 主要仿真结果

系统产生可用能量 22.55MW·h/a。全年的能量损失图如图 8-11 所示。

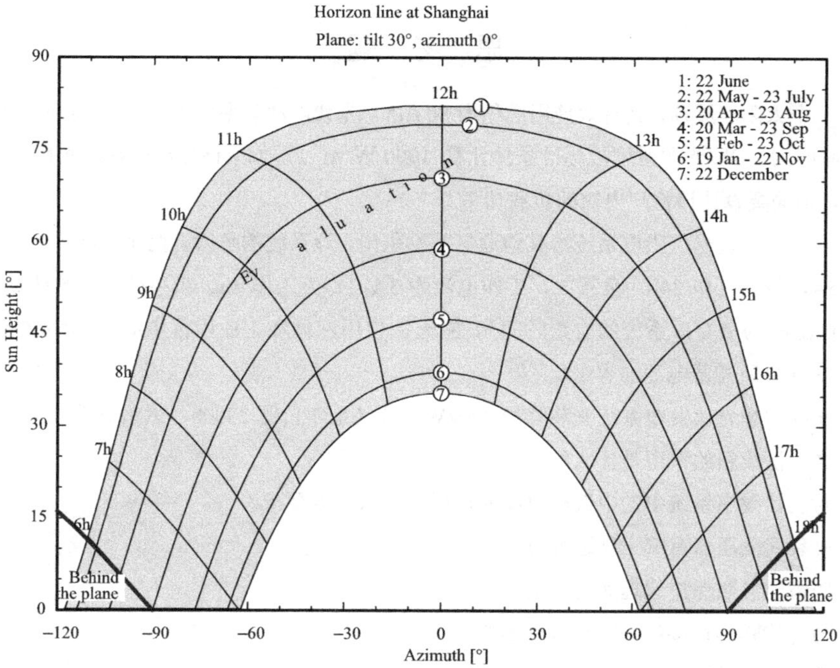

图 8-10　太阳路径图

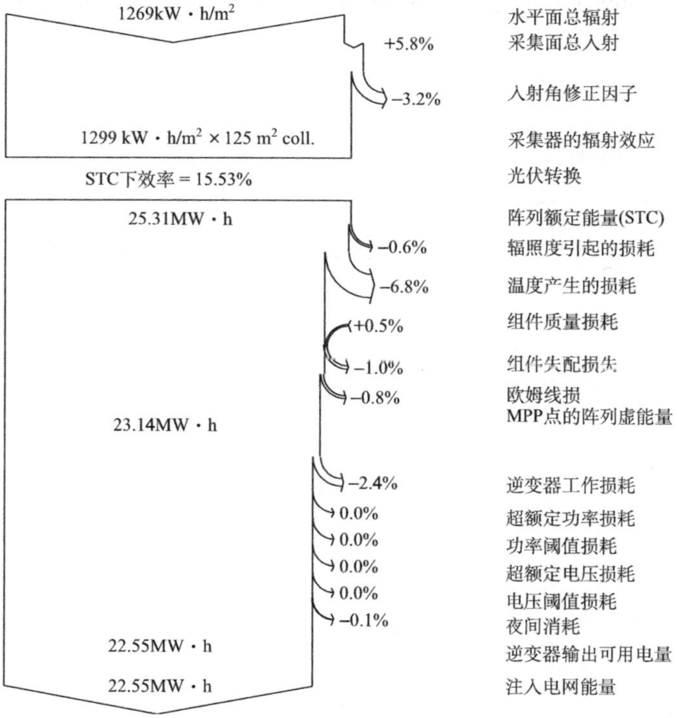

图 8-11　全年的能量损失图

思　考　题

1. 一个太阳能屋顶，其有效使用面积为 80 m^2，光伏电池效率发电效率为 18.0%，假设每天日照时间为 4.2h(光照强度按标准条件计算 1000 W/m^2)，如果该住户纯粹靠光伏发电系统来供电，请简要设计该住户电器的负载功率。

2. 一套离网型光伏供电系统给某地通信基站供电，该系统的负载有两个：负载一，工作电流为 1.5A，每天工作 24h；负载二，工作电流为 3A，每天工作 8h。该系统所处的地点的 24h 平均最低温度为 5℃，系统的自给时间为 5 天。使用深循环工业用蓄电池(最大放电深度为 80%)。试计算所需蓄电池的容量。

3. 某并网型光伏发电系统安装容量 200kW，安装地年日照 2300h，试估算系统上网电量。

4. 光伏汇流箱的作用是什么?

5. 对光伏发电系统中的中低压电缆的使用有什么主要要求?

6. 分裂式变压器有哪三种运行方式?

7. 防雷器按照保护原理如何分类?

8. 与光伏阵列直接相关的测试有哪些?

9. 系统电气效率如何测量?

10. 设计一个 30W 负载的光伏发电系统(自定义一些当地的气象条件和系统工作条件)。

参 考 文 献

陈坚, 康勇, 2010. 电力电子学——电力电子变流技术和控制技术. 5 版. 北京: 高等教育出版社.

陈载璋, 1983. 天文学导论(上册). 北京: 科学技术出版社.

高明裕, 张红岩, 2000. 蓄电池剩余容量在线检测. 电测与仪表, 37(9): 25-29.

国家能源局, 2013. 光伏发电并网逆变器技术规范: NB/T 32004—2013. 北京: 中国电力出版社.

李瑞生, 周逢权, 李燕斌, 2011. 地面光伏发电系统及其应用. 北京: 中国电力出版社.

李钟实, 2010. 太阳能光伏发电系统设计施工与维护. 北京: 人民邮电出版社.

梁中华, 于平泳, 刘春芳, 等, 2009. 多重化逆变器及其控制方法. 沈阳工业大学学报, 31(3): 262-265.

刘恩科, 朱秉升, 罗晋生, 2011. 半导体物理. 7 版. 北京: 电子工业出版社.

刘鉴民, 2010. 太阳能利用原理、技术、工程. 北京: 电子工业出版社.

罗运俊, 何梓年, 王长贵, 2005. 太阳能利用技术. 北京: 化学工业出版社.

彭方正, 房绪鹏, 顾斌, 等, 2004. Z 源变换器. 电工技术学报, 19(2): 49-51.

邵理堂, 李银伦, 2016. 新能源转换原理与技术——太阳能. 镇江: 江苏大学出版社.

王长贵, 王思成, 2009. 太阳能光伏发电实用技术. 北京: 化学工业出版社.

王立乔, 孙孝峰, 2010. 分布式光伏发电系统中的光伏发电技术. 北京: 机械工业出版社.

王斯成, 陈子平, 杨军, 等, 2005. 蓄电池剩余容量(SOC)数学模型探讨和在线测试仪的开发. 太阳能学报, 26(1): 6-12.

王兆安, 刘进军, 2010. 电力电子技术. 5 版. 北京: 机械工业出版社.

薛春荣, 钱斌, 江学范, 等, 2015. 太阳能光伏组件技术. 2 版. 北京: 科学出版社.

杨恒贵, 强生泽, 张颖超, 等, 2012. 太阳能光伏发电系统及其应用. 北京: 化学工业出版社.

赵争鸣, 刘建政, 孙晓英, 等, 2005. 太阳能光伏发电及其应用. 北京: 科学出版社.

中国气象局, 2008. 太阳能资源评估方法: QX/T 89—2008. 北京: 气象出版社.

周志敏, 纪爱华, 2010. 太阳能工程光伏发电系统设计与应用实例. 北京: 电子工业出版社.

朱美芳, 熊绍珍, 2014. 太阳电池基础与应用. 2 版. 北京: 科学技术出版社.

朱志辉, 1981. 任意方位倾斜面上的总辐射计算. 太阳能学报, 2(2): 209-212.

祝昌汉, 1985. 我国直射辐射的计算方法及分布特征. 太阳能学报, 6(1) : 1-11.

左大康, 1991. 地球表层辐射研究. 北京: 科学出版社.

MARKVART T, CASTANER L, 2009. 太阳能电池: 材料、制备工艺及检测. 梁骏吾, 等译. 北京: 机械工业出版社.

MESSENGER R A, VENTRE J, 2012. 光伏系统工程. 3 版. 王一波, 廖华, 伍春生, 译. 北京: 机械工业出版社.